FORSCHUNGSBERICHTE DES WIRTSCHAFTS- UND VERKEHRSMINISTERIUMS NORDRHEIN-WESTFALEN

Herausgegeben von Staatssekretär Prof. Leo Brandt

Nr. 248

Rheinische Aktiengesellschaft
für Braunkohlenbergbau und Brikettfabrikation, Köln

Untersuchungen der Bindemitteleigenschaften
von Braunkohlenfilteraschen

Als Manuskript gedruckt

Springer Fachmedien Wiesbaden GmbH

ISBN 978-3-663-03815-3   ISBN 978-3-663-05004-9 (eBook)
DOI 10.1007/978-3-663-05004-9

Forschungsberichte des Wirtschafts- und Verkehrsministeriums Nordrhein-Westfalen

Gliederung

A. Gesamtbericht über die durchgeführten Forschungs- und Entwicklungsarbeiten .... S. 5

    I. Problemstellung .... S. 5

   II. Verwertbarkeit der Fortuna-Filterasche, allgemeine Gesichtspunkte .... S. 8

  III. Verwertung der Fortuna-Filterasche als Baustoffbindemittel .... S. 13

   IV. Verwendung der Fortuna-Filterasche zur Herstellung von Baustoffen .... S. 29

    V. Versuchsanlage in halbtechnischem Maßstab zur Erzeugung von Bindemitteln auf der Basis Fortuna-Filterasche .... S. 32

   VI. Verhalten des Braunkohlenmischbinders "Fortunit" bei seiner Anwendung in der praktischen Bauwirtschaft .. S. 37

B. Einzelberichte .... S. 49

    I. Stellungnahme zu den Arbeiten von OTTEMANN über die Bedeutung der Wasserstoffionenkonzentration für die hydraulische Erhärtung von Braunkohlenasche ..... S. 49

   II. Zusammenfassender Bericht über Versuche mit Fortuna-Asche auf dem Kraftwerk Fortuna .... S. 62

  III. Bericht über die Entwicklung eines zuverlässigen Baustoffbindemittels mit guten Verarbeitungseigenschaften auf Basis Fortuna-Filterasche .... S. 73

   IV. Studie über die Verwendungsmöglichkeit von Filterasche aus rheinischer Braunkohle und Quarzsand zur Herstellung von Leichtbeton .... S. 89

    V. Untersuchungen mit der Rohstoffkombination Braunkohlen-Filterasche, Sand und Kalk .... S. 126

   VI. Weitere Untersuchungen mit der Rohstoffkombination Braunkohlen-Filterasche, Sand und Kalk .... S. 136

Forschungsberichte des Wirtschafts- und Verkehrsministeriums Nordrhein-Westfalen

    VII. Versuchsgießungen mit Braunkohlen-Filterasche des
"Rheinischen Elektrizitätswerkes im Braunkohlenrevier
A.G. Köln" zur Herstellung von Leichtbeton ..... S. 151

    VIII. Ergebnisse der Versuche mit Braunkohlen-
Filterasche (Schaumbetonverfahren) .... S. 157

C. Abschließende Betrachtungen .... S. 164

Forschungsberichte des Wirtschafts- und Verkehrsministeriums Nordrhein-Westfalen

A. Gesamtbericht über die durchgeführten Forschungs- und Entwicklungsarbeiten

I. Problemstellung

Mit der Entwicklung der Technik hat die Bewertung mancher Stoffe eine grundlegende Wandlung erfahren. Nicht selten wurden aus lästigen Abfallstoffen begehrte Rohstoffe. So wurden die Abraumsalze der Steinsalzgewinnung zum Rohstoff der Kaliindustrie, ein Abfallstoff der Kokereien, der Steinkohlenteer, zur Basis zahlreicher Farbstoffe und pharmazeutischer Präparate und das Abgas der Kokereien zur Grundlage einer Erzeugung von Amoniak, Ammonsalpeter und anderen chemischen Produkten.

Ein noch wenig genutzter Stoff steht uns in der Flugasche der Großkesselanlagen in beträchtlichen Mengen zur Verfügung. Wenn auch ein glänzender Aufstieg, wie ihn die oben genannten Stoffe genommen haben, bei der Asche kaum zu erwarten ist, so enthält diese doch eine Reihe wertvoller Bestandteile, die eine sorgfältige Untersuchung über die Möglichkeiten ihrer Ausnutzung als Rohstoff notwendig erscheinen lassen. Nach A. KRÜMMER [1] soll die Steinkohlenasche im Durchschnitt 0,7 kg pro Tonne an edlen und seltenen Metallen enthalten, die Braunkohlenasche etwa halb soviel. Dafür enthält die Asche der rheinischen Braunkohle bis zu 55 % CaO in Form von gebranntem Kalk und Gips (Anhydrit), während der Rest zum größten Teil aus Stoffen besteht, die als typische Bestandteile von Baustoffen bekannt sind.

In einem Falle soll die Gewinnung seltener Metalle aus Asche bereits verwirklicht worden sein. So soll in England aus einer bestimmten Steinkohlenasche Germanium, ein zinnähnliches Metall, produziert werden. Auch die Gewinnung von Vanadium aus Ruß, in dem offenbar dieser Aschenbestandteil angereichert wird sowie die Gewinnung von Aluminium aus Asche nach GUERTLER, die während des Krieges durchgeführt wurde, seien hier erwähnt.

Trotz mancher Fortschritte wird man doch annehmen können, daß auch in Zukunft die Isolierung einzelner wertvoller Bestandteile aus Flugasche mittels chemischer und metallurgischer Verfahren auf einzelne, an solchen Bestandteilen besonders reiche Aschen, beschränkt bleiben wird. Von

---

1. A. KRÜMMER, Staubtech. Tagung des V.D.I. 1950

Sonderfällen abgesehen bleibt also nur die Möglichkeit, die Asche in ihrer Gesamtzusammensetzung auf Produkte zu verarbeiten, die ohne allzu großen betrieblichen Aufwand als Massengüter hergestellt werden können.

Ein Beispiel der erfolgreichen Ausnutzung eines Abfallstoffes, das in diesem Zusammenhang besonders interessiert, ist die Verwertung von Hochofenschlacken zur Herstellung von Schlackensteinen, Schlackenwolle, Hüttenbims und vor allem zur Herstellung von Zementen und zementartigen Bindemitteln. Die Hochofenschlacke kann nicht nur zusammen mit Kalkstein als Ausgangsmaterial zur Herstellung von Portlandzement dienen, sondern geeignete basische Schlacken besitzen "latente" Bindemitteleigenschaften, die schon durch Vermahlen der Schlacke mit geringen Mengen von "Anregern", insbesondere mit Portlandzementklinker, geweckt werden. Die so hergestellten Hüttenzemente haben sich dank ihrer guten Eigenschaften in schärfstem Konkurrenzkampf mit dem Portlandzement durchgesetzt. Heute stellen viele Portlandzementwerke unter Verwendung von basischer Hochofenschlacke nach analogen Verfahren den sogenannten Eisenportlandzement her. Auch die Kalkindustrie verwendet basische Hochofenschlacke zur Herstellung der künstlichen hydraulischen Kalke.

Es hat nicht an Versuchen gefehlt, ähnlich wie die Hochofenschlacke auch die Flugasche der Staubfeuerungskessel zur Erzeugung von Baustoffen, Baustoffbindemitteln und anderen Produkten heranzuziehen. Während die Steinkohlenasche infolge ihres geringen Kalkgehaltes keine unmittelbaren Bindemitteleigenschaften besitzt und nur als Zuschlagstoff zu Beton (Injektionsbeton, Massenbeton) oder in Verbindung mit Kalk oder Zement zur Herstellung von Porenbeton zu gebrauchen ist, besitzen viele Braunkohlen-Flugaschen schon in rohem unbehandelten Zustand ausgeprägte Bindemitteleigenschaften.

Die Notwendigkeit, den Braunkohlenschwelkoks wirtschaftlich als Brennstoff zu nutzen, führte dazu, daß in Mitteldeutschland schon verhältnismäßig früh große Kraftanlagen mit Staubfeuerungen ausgerüstet wurden. Wegen der häufigeren Verwendung von Staubfeuerungen, auch für Rohbraunkohle, hatte man im mitteldeutschen Braunkohlengebiet schon früher Anlaß, sich mit dem Problem der Verwertung der Flugasche zu befassen [2], als im rheinischen Revier, wo noch lange die Treppenroste in den Kraftwerken

---

2. W. SIMON und H. SPRUNG, Chemiker-Zeitung 67, 150 - 53, (1943)

vorherrschten. Im rheinischen Revier ist die Verwertung der Braunkohlen-Flugasche durch die Modernisierung einer Reihe von Braunkohlen-Kraftwerken erst in jüngster Zeit zu einem aktuellen Problem geworden.

Um eine Belästigung der näheren und ferneren Umgebung durch Asche und Flugkoks auszuschließen, wurden den neuerrichteten Werken von den zuständigen Behörden Auflagen betreffs Reinigung der auszustoßenden Rauchgase gemacht. Eine wirksame Reinigung der Rauchgase ist notwendig, da die neuen Werke ausschließlich mit Braunkohlenstaubfeuerungen ausgerüstet sind [3]. Bei den Braunkohlenstaubfeuerungen, die in Form von Mühlenfeuerungen zur Anwendung kommen, wird die Kohle in Spezialmühlen unter gleichzeitiger Trocknung durch Heißluft und rückgeführte Rauchgase staubfein vermahlen und ohne Zwischenbunkerung unmittelbar in die Feuerung eingeblasen. Die Rückstände der Verbrennung passieren mit den Rauchgasen den Kessel und würden fast restlos durch den Kamin ausgestoßen werden, wenn nicht der feine Aschenstaub durch Reinigungsanlagen, meist Elektrofilter, abgeschieden würde.

Vor Errichtung des neuen 125 atü Vorschaltkraftwerkes Fortuna II betrug der Gesamtanfall an Filterasche bei den Kraftwerken Fortuna maximal 30 t/Tg. Seit Inbetriebnahme des Vorschaltwerkes beträgt der Filteraschenanfall, je nach dem Aschengehalt der verfeuerten Kohle 200 - 300 t/Tg. und wird nach Abschluß der geplanten Erweiterungen, Blockwerk Fortuna III, noch weiter auf wenigstens das Doppelte ansteigen [4].

Während nun die Rostasche der alten Kesselanlagen ohne Schwierigkeiten mit Wasser abgelöscht und auf die Halde gebracht werden konnte, erstarrt die Filterasche der Braunkohlenstaubfeuerungen, sobald sie mit nur wenig mehr Wasser benetzt wird als zur Vermeidung des Staubens unbedingt erforderlich ist, zementartig (wobei das Erstarren schon in 10 - 20 Minuten vonstatten gehen kann). Da das Anfeuchtwasser durch die Reaktion mit dem CaO-Gehalt der Asche verbraucht und im übrigen durch die Reaktionswärme schnell ausgetrieben wird, stellt die Beseitigung des feinen Filterstaubes ein noch nicht befriedigend gelöstes Problem dar.

---

3. Von einer gewissen Kesselgröße ab ist die Rostfeuerung bei Braunkohlen nicht mehr anwendbar.
4. Die Mengen betreffen die eigentliche Aschensubstanz ohne zusätzlichen Ballast

Der Zwang, die Asche im Interesse der Öffentlichkeit aus den Rauchgasen abzuscheiden, verursacht nicht unerhebliche Kosten, einerseits durch die Anschaffung und Unterhaltung teurer Abscheidungsanlagen (Elektrofilter), andererseits durch die Schwierigkeiten, den abgeschiedenen Staub, der zunächst in großen Bunkern gesammelt wird, zu beseitigen. Selbst wenn die Möglichkeit besteht, die Asche in einem benachbarten Tagebau unterzubringen, sind die Kosten, die für die notwendige Vorbehandlung der Asche zur Vermeidung des Staubes, den Bahntransport und die Verfüllungsvorgänge pro Tonne aufzubringen sind, nicht gering. Es besteht zwar wenig Aussicht, den Gesamtanfall der Großkraftwerke an Braunkohlenfilterasche so unter zu bringen, daß eine Aschenbeseitigung sich erübrigt. Aber bei Ausnutzung aller Verwertungsmöglichkeiten, konnte die Aschenmenge, die unter Kostenaufwand beseitigt werden muß, sicherlich ganz erheblich vermindert werden. Darüber hinaus läßt sich aus dem Absatz der Filterasche ein Erlös erzielen, durch den vielleicht die Kosten für die Rauchgasreinigung und die Beseitigung des nicht verwertbaren Aschenteiles gedeckt werden können.

In der Ausnutzung des Bindemittelcharakters der Braunkohlenfilterasche wird eine Möglichkeit gesehen, die Asche im großen zu verwerten. Da über die Bindemitteleigenschaften der Braunkohlenfilterasche des rheinischen Reviers nur wenig bekannt ist, sollen diese im Hinblick auf ihre praktische Ausnutzung bei der Herstellung von Baustoffbindemitteln und Baustoffen eingehend untersucht werden. Als Gegenstand der Untersuchungen hat die Flugasche der Kraftwerke Fortuna als Typ einer Braunkohlenfilterasche des rheinischen Reviers den Vorzug, daß ihr Kornaufbau von umfangreichen Untersuchungen her bereits bekannt ist [5].

II. Verwertbarkeit der Fortuna-Filterasche, allgemeine Gesichtspunkte

Schon vor einer Reihe von Jahren hatte man versucht, die Aschenrückstände der Treppenrostfeuerungen einer Verwendung zuzuführen. So trat man im Jahre 1929 mit Professor RUHEMANN, TH. Charlottenburg, wegen der Herstellung von Aktivkohle aus Verbrennungsrückständen in Verbindungen. In den

---

5. Siehe: Dr.-Ing. R. MELDAU, Auswertung von Gekörn-Analysen des Musterstaubes Flugasche Fortuna I. Forschungsberichte des Wirtschafts- und Verkehrsministeriums Nordrhein-Westfalen Nr. 1o5, (1955)

Forschungsberichte des Wirtschafts- und Verkehrsministeriums Nordrhein-Westfalen

Jahren 1931 - 32 wurde mit Professor SCHIARITZ wegen eines Verfahrens zur Herstellung von Steinen aus Aschenrückständen verhandelt. Da es sich damals um die Verwertung einer Asche handelte, die einen hohen Gehalt an unverbrannter Kohle, aber keine Bindemitteleigenschaften besaß, konnten Baustoffe nur mit Hilfe eines zusätzlichen Brennprozesses hergestellt werden, ein Verfahren, das unter den gegebenen Verhältnissen nicht als rentabel angesehen werden konnte.

Es lag nahe, den Bindemittelcharakter der Braunkohlenfilterasche, der bei ihrer Beseitigung so unliebsam in Erscheinung tritt, zur Grundlage ihrer Verwertung als Ausgangsstoff zur Herstellung von Baustoffbindemitteln und Baustoffen zu machen. Welche wirtschaftliche Bedeutung eine solche Filteraschenverwertung hätte, geht aus folgenden Überlegungen hervor:

Zur Erzeugung von 1 t Portlandzement sind etwa 0,3 t Steinkohle erforderlich; die Erzeugung von 1 t Baukalk bedarf eines ähnlich hohen Aufwandes an Kohle. Da in Deutschland Mangel an Brennstoffen besteht und auch in Zukunft bestehen wird, ist es eine Aufgabe von allgemeinem volkswirtschaftlichem Interesse, Baustoff-Bindemittel und Baustoffe zu entwickeln, die ohne einen besonderen Brennprozeß hergestellt werden können.

Infolge ihres hohen Gehaltes an CaO (40 - 55 %) und ihrer sonstigen Bindemitteleigenschaften scheint die Braunkohlenfilterasche der Kraftwerke Fortuna zur Herstellung solcher Bindemittel und Baustoffe geeignet.

In Tabelle 1 ist eine Analyse dieser Fortuna-Filterasche angeführt, die als typisch gelten kann (Tab. 1 siehe S. 10).

In dem "Glühverlust" der Analyse ist das "Unverbrannte" der Asche mit enthalten. Sein Anteil beträgt fast immer weniger als 1 %. Die Filterasche ist somit ihrer Zusammensetzung und ihrem Verhalten nach etwas ganz anderes als die Asche der alten Rostfeuerungen, die aus Kohleresten und zusammengesinterten, schlackenartigen Bestandteilen bestand. Die Fortuna-Filterasche stellt ein hellbraunes Pulver von Zementfeinheit dar, dessen Kalkgehalt zu einem beträchtlichen Teil wasserlöslich ist.

Die rheinische Braunkohlenflugasche, insbesondere die Fortuna Asche gehört zum Typ der "kalkreichen Braunkohlenaschen"; sie unterscheidet sich in ihrer chemischen Zusammensetzung von den bekannten mitteldeutschen Aschen dieses Typs durch einen hohen Eisengehalt, niedrigen Aluminiumgehalt und relativ hohen Magnesiumgehalt. Aus der Analyse der Fortuna Asche

Forschungsberichte des Wirtschafts- und Verkehrsministeriums Nordrhein-Westfalen

<u>T a b e l l e 1</u>

<u>Analyse einer Fortuna-Filterasche</u>

Glühverlust	2,07 %
HCl-unlöslicher Rückstand	6,12 %
Kieselsäure löslich (SiO_2)	1,19 %
Eisenoxyd (Fe_2O_3)	16,60 %
Aluminiumoxyd (Al_2O_3)	5,55 %
Calciumoxyd (CaO)	49,55 %
Magnesiumoxyd (MgO)	12,77 %
Sulfate (SO_3)	5,29 %
Sulfide	Spuren
Alkalien	0,79 %
Rest	0,07 %

geht hervor, daß ihre hydraulischen Eigenschaften nur schwach ausgeprägt sein können (niedriger Gehalt an SiO_2 und Al_2O_3).

Überschlägt man unter Vernachlässigung aller übrigen keineswegs wertlosen Bestandteile und Eigenschaften nur den Wert, den der Branntkalk-Gehalt (CaO) der Filterasche repräsentiert, so ergibt sich, daß bei einem Jahresanfall 100 000 - 150 000 t die Filterasche eines Kraftwerkes schon einen nicht zu vernachlässigenden volkswirtschaftlichen Wert darstellt, der im Falle der Nichtverwertung noch mit Kostenaufwand vernichtet werden muß.

Wegen ihres hohen Kalkgehaltes erscheint die Fortuna-Filterasche besonders geeignet als kalkartiges Bindemittel oder als Bestandteil kalkartiger Bindemittel sowie zur Herstellung kalkgebundener Baustoffe.

Solche Bindemittel brauchen nun keineswegs die hohen Festigkeitseigenschaften eines Normenzementes zu besitzen. Für Mauer- und Putzzwecke, für die große Mengen an Baustoffbindemittel benötigt werden, sind nur verhältnismäßig geringe Festigkeiten erforderlich; dagegen werden bestimmte Verarbeitungseigenschaften verlangt, die der Normenzement nicht besitzt.

Tabelle 2

Bindemitteleigenschaften der Fortuna-Filterasche nach DIN-Entwurf 4209 "Braunkohlenaschenbinder"

Festigkeitswerte nach 28 Tagen Luftlagerung	
Druckfestigkeit im Mittel	70 kg/cm^2
Biegezugfestigkeit im Mittel	20 kg/cm^2
Streuung der Druckfestigkeiten	± 30 kg/cm^2
Streuung der Biegezugfestigkeit	± 5 kg/cm^2
Höchstwert Druckfestigkeit	230 kg/cm^2
Höchstwert Biegezugfestigkeit	47 kg/cm^2
niedrigster Wert Druckfestigkeit	30 kg/cm^2
bei niedrigstem Wert Biegezugfestigkeit	10 kg/cm^2

Abbindezeiten		
	Anfang	12 - 25 Minuten
	Ende	20 - 55 Minuten

Wasserzusatz zum Abbindekuchen	30 - 80 %
Wasser-Zement-Faktor	0,6
Ausbreitmaß	13 - 23 cm

Siebfeinheit		
über Sieb	900 Maschen/cm^2	0,2 - 0,6 %
über Sieb	4900 Maschen/cm^2	1,4 - 7,0 %

Andererseits besteht keine Notwendigkeit von einem Baustoff aus Asche unbedingt die Festigkeiten eines Klinkers zu verlangen; es genügt vielmehr, wenn die Herstellung von Leichtbaustoffen aus der Filterasche gelingt, die zudem der modernen Bauweise mehr entsprechen.

Da die Filterasche der Kraftwerke Fortuna die Eigenschaft mit Wasser zementartig zu erhärten besitzt, war das Nächstliegende zu prüfen, ob sie sich nicht ähnlich wie manche mitteldeutsche Braunkohlenfilteraschen unmittelbar als Baustoffbindemittel verwenden lasse. Diese Untersuchung wurde unter Zugrundelegung des DIN-Entwurfes 4209 ("Braunkohlenaschenbinder") durchgeführt. Das Ergebnis der 28-Tage-Festigkeitswerte ist in Tabelle 2 wiedergegeben.

Forschungsberichte des Wirtschafts- und Verkehrsministeriums Nordrhein-Westfalen

Die Fortuna-Flugasche entspricht in ihren Bindemitteleigenschaften der höchsten Güteklasse Br 40 der DIN 4209 (40 kg/cm^2 Druckfestigkeit nach 28 Tagen). Ihre Festigkeiten liegen fast immer um ein beträchtliches über den geforderten Mindestfestigkeiten der DIN 4209.

Die Fortuna-Flugasche ist als Braunkohlenaschenbinder "Efa" (Abkürzung für Elektrofilterasche) als Mauer- und Verputzbindemittel amtlich zugelassen.

Beständigkeit bei Wasserlagerung wird nach DIN 4209 für die Braunkohlenaschenbinder nicht verlangt. Auch die Fortuna-Filterasche war im allgemeinen nicht bei der Wasserlagerung beständig.

Die Fortuna-Filterasche fand in reiner Form als Bindemittel für Mauerarbeiten und Innenputz in der Praxis beschränkte Verwendung. Bei sachgemäßer Verarbeitung sind Schäden nie aufgetreten. Unverputzte Mauern, die mit Fortuna-Filterasche-Mörtel errichtet worden waren, zeigen jetzt nach etwa 5 Jahren keinerlei Schäden; die Mörtelfugen sind sehr viel fester als bei einem gewöhnlichen Kalkmörtel.

Trotz dieser nicht ungünstigen Ergebnisse gelang es nicht, die Braunkohlenfilterasche als Bindemittel einer ausgedehnteren Verwendung zuzuführen. Bei sorgfältiger Prüfung der Hemmnisse, die einem weiteren Absatz entgegenstanden, zeigte sich, daß die Hauptursache in der Ungleichmäßigkeit des Abbindeverhaltens der Filterasche zu suchen ist. Außerdem unterliegt die Anwendung der Braunkohlenaschenbinder allgemein nach DIN 4209 gewissen Einschränkungen, insbesondere ist ihre Verwendung in Mischung mit Zement untersagt.

Man erkannte bald, daß die unveredelte Braunkohlen-Filterasche, wie sie in den Elektrofiltern anfällt, nur ein unvollkommenes Bindemittel abgeben könne und daß das Ziel der Entwicklung dahin gehen müsse, ein in seinen Abbindeeigenschaften gleichbleibendes Bindemittel zu schaffen, das selbst schon ohne die unstatthafte Zumischung von Zement hohe Festigkeiten und Wasserbeständigkeit besitzt. Eine Veredelung zu einem zuverlässigen Bindemittel mit guten Verarbeitungseigenschaften war nur durch eine systematische Entwicklungsarbeit verbunden mit einer gründlichen Erforschung dieses Gebietes zu erreichen.

Nachdem es aber intensivster Forschung während eines halben Jahrhunderts in aller Welt nicht gelungen war, den Chemismus der Zementerhärtung vollständig aufzuklären, bestand wenig Aussicht, die Abbindevorgänge bei der hydraulischen Erhärtung der sehr komplex zusammengesetzten Braunkohlenfilterasche im Rahmen einer 2 - 3 jährigen Forschung eines Unternehmens auch nur einigermaßen zu klären. Zudem liegt das Thema Baustoff-Forschung gänzlich außerhalb des Arbeitsgebietes eines Bergbau- und Energieunternehmens, so daß die Möglichkeit, die Entwicklungs- und Forschungsarbeiten mit vorhandenen Kräften und Einrichtungen durchzuführen, nur sehr beschränkt gegeben war. Die Bearbeitung mußte daher zum großen Teil durch Vergebung von Forschungsaufträgen an Unterforscher durchgeführt werden, wobei es im Interesse eines baldigen praktischen Ergebnisses zweckmäßig schien, das Gesamtthema in mehrere Einzelthemen mit Nahzielen aufzuteilen.

Da in nicht zu ferner Zukunft mit der Notwendigkeit der Verfeuerung ballastreicher, vor allem sandreicher Kohle gerechnet werden muß, wurde der Bearbeitung der Porenbetonherstellung aus Fortuna-Filterasche besondere Aufmerksamkeit geschenkt, da bei dieser Verwertungsmöglichkeit der Quarzsand, der sonst als lästiger Ballast angesehen werden muß, einen notwendigen Rohstoffteil darstellt.

III. Verwertung der Fortuna-Filterasche als Baustoffbindemittel

Zur Verbesserung der Bindemitteleigenschaften der Fortuna-Filterasche gab es drei Möglichkeiten, die auch zugleich Anwendung finden konnten:

1. Auswahl geeigneter Aschen bzw. Aussonderung schlechter Aschen,
2. Beeinflussung des Entstehungsprozesses der Filterasche,
3. Anwendung ergänzender Zusätze.

1. Die Auswahl geeigneter Aschen bzw. Aussonderung schlechter Aschen

In Verfolgung dieser Verbesserungsmöglichkeit unternahm man nachstehende Untersuchungen:

Zunächst hoffte man, Beziehungen zwischen der chemischen Zusammensetzung einer Filterasche und ihrem Bindemittelverhalten zu finden, um aus der Analyse die Brauchbarkeit einer Asche als Bindemittel erkennen zu können. Schon in dem DIN-Entwurf 4209 wird ganz eindeutig ausgesprochen, daß die Bindemitteleigenschaften einer Braunkohlenfilterasche sich nicht aus ihrer chemischen Analyse voraussagen lassen, und daß allein das Ergebnis der bindemitteltechnischen Prüfung ausschlaggebend ist. Diese Feststellung der DIN-Norm wurde auch für die Fortuna-Filterasche als gültig bestätigt. Aber wenn auch aus der elementaren Analyse das Bindemittelverhalten nicht vorausgesagt werden konnte, so bestand vielleicht die Möglichkeit, umgekehrt bestimmte negative Eigenschaften wie z.B. die Neigung zum Treiben, die an reinen Filteraschen bisweilen beobachtet wurde, mit der Analyse der Asche in Zusammenhang zu bringen. Von der Chemie des Portlandzementes her wußte man, daß Magnesiumoxyd (Periklas) zu Treiberscheinungen Anlaß geben kann, wenn mehr als 5 % von diesem Bestandteil im Zement vorhanden sind. Weiter war bekannt, daß Treiberscheinungen ausgelöst werden können, wenn die Möglichkeit zur Bildung der Sulfoaluminatverbindung "Ettringit" gegeben ist. Dies ist der Fall, wenn ein Portlandzement mehr als 2,5 % SO_3 (Sulfate) enthält.

Im Gegensatz hierzu enthalten Dolomitkalke, die als ausgezeichnete Bindemittel bekannt sind, ganz erhebliche Mengen an Magnesiumoxyd, das hier keinerlei Treiberscheinungen verursacht. Vom Gipsschlackenzement, der durch Vermahlen von geeigneten Hochofenschlacken mit Portlandzementklinker und Gips hergestellt wird, fordert man, daß er wenigstens 5 % SO_3 entsprechend 8,5 % Gips enthält. Der hohe SO_3-Gehalt wirkt also beim Gipsschalckenzement keineswegs schädlich, vielmehr ist er ein notwendiger Bestandteil dieses Bindemittels.

Es war also zu prüfen, ob die für Portlandzement gewonnenen Erfahrungen überhaupt auf die Braunkohlen-Filterasche als Bindemittel anwendbar seien. Zur Beantwortung dieser Frage wurden verschiedenartige Untersuchungen vorgenommen:

a) <u>Gegenüberstellung der Analysen von Filteraschen und ihren bindemitteltechnischen Festigkeits- und Raumbeständigkeitseigenschaften</u>

Diese Untersuchung wurde in Anbetracht der wahrscheinlichen Verwendung der Fortuna-Filterasche in Bindergemischen mit latent hydraulischen Zusätzen an Mischungen von 50 % Filterasche mit 50 % basischer Hochofenschlacke durchgeführt. Da die Untersuchung außerhalb des vom Ministerium für Wirtschaft und Verkehr geförderten Forschungsunternehmens im Rahmen einer Zusammenarbeit mit der Fa. Dyckerhoff Portlandzementwerke A.G., Wiesbaden-Biebrich, in deren Laboratorium durchgeführt wurden, sollen sie hier nur kurz erwähnt werden.

Forschungsberichte des Wirtschafts- und Verkehrsministeriums Nordrhein-Westfalen

Von 100 Einzelproben Fortuna-Filterasche wurden Vollanalysen ausgeführt und zugleich wurde das Bindemittelverhalten nach Methoden der DIN-Norm sorgfältig ermittelt. Unmittelbare Zusammenhänge zwischen Analysen und Bindemitteleigenschaften waren nicht zu erkennen, obwohl die einzelnen Filteraschen zum Teil sehr unterschiedliche Gehalte an Magnesiumoxyd bzw. Sulfaten auswiesen.

b) Mikroskopische Untersuchung der Filterasche im Hinblick auf ihre Bindemitteleigenschaften

Die mikroskopische Untersuchung einer größeren Anzahl von Aschenproben (etwa 50) gab gewisse Anhaltspunkte über ihr physikal-chemisches Verhalten als Bindemittel. Vor allem ist im mikroskopischen Bild der Grad der Sinterung und Einschmelzung der Asche zu Tröpfchen erkennbar, der für die Reaktionsfähigkeit der Asche als Bindemittel maßgeblich ist. Weiter lassen sich Schlüsse ziehen auf den Ausbrand der Kohle in der Feuerung und auf die Entstehung der Flugasche in einer mehr oxydierenden oder mehr reduzierenden Atmosphäre (Färbung der Eisenoxyde und der eisenhaltigen, glasartigen Schmelztröpfchen). Manche Aschen besitzen noch Teile, die die Zellstruktur der Kohle-Holzsubstanz noch deutlich erkennen lassen mit Übergangsstadien vom zusammengeschmolzenen deformierten Zellskelett bis zur vollständigen Kugelform der Teilchen, die bei allen Aschen vorherrscht. Andere Aschen bestehen fast auschließlich aus kugelförmigen Teilchen von weniger als $1\,\mu$ bis etwa $50\,\mu$ Durchmesser, in Farben von glasklar über gelb, orange und rot bis zum undurchsichtigem schwarz. Bei einigen Aschen herrschen mehr die hellen, bei anderen mehr die dunklen Kügelchen vor, ebenso ist die Größenverteilung sehr verschieden.

Bei der Untersuchung der Ursachen der Verschiedenheit der Aschenproben zeigte sich, daß weniger die Verschiedenheit der verfeuerten Braunkohle für den Charakter der Filterasche entscheident war, als die Verbrennungsbedingungen in den Kesselfeuerungen, denn es fielen gleichzeitig bei gleicher Kohle in Kesseln verschiedener Konstruktion oder verschiedener Betriebsweisen, verschiedenartige Filteraschen an.

c) Mineralogische (mikroskopische) Untersuchung der Filterasche und ihrer Bindemitteleigenschaften

Der Versuch, die mineralischen Bestandteile zu identifizieren, blieb erfolglos. Sofern Rest von Mineralien noch in der Filterasche vorhanden,

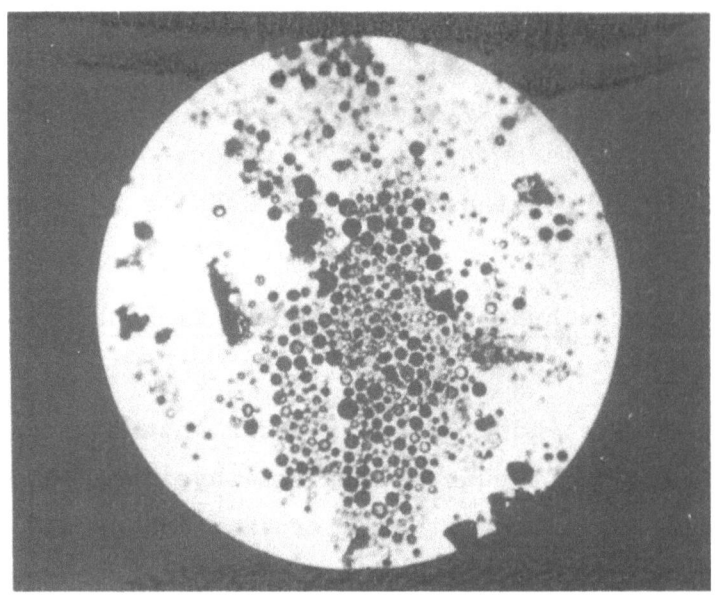

Abbildung 1

Mikroaufnahme einer Braunkohlenfilterasche. Vergrößerung etwa 2oo-fach
Es handelt sich um eine relativ feinkörnige Asche, die fast
vollständig zu Kügelchen eingeschmolzen ist. Die Kügelchen
sind glasklar bis undurchsichtig schwarz

sind diese in glasigen Schmelzen eingeschlossen. Eine genaue Beobachtung der Kristallformen ist dadurch unmöglich. Im Polarisationsmikroskop sind nur Quarzsplitterchen erkennbar sowie bisweilen optisch aktive Randzonen größerer Kügelchen, die wahrscheinlich aus Gipskristallen bestehen. In den Staubfeuerungskesseln, aus denen die Filterasche stammt, wurden Rohransätze gefunden, die ganz aus Kügelchen aufgebaut sind, von denen jedes eine unter gekreuzten Polarisationsfiltern hell leuchtende kristalline Randzonen besitzt. Es ist wahrscheinlich, daß die optisch aktiven Randzonen bei Einwirkung von Wasser bzw. Wasserdampf auf die Asche gebildet werden. Die Bildung von Kristallhüllen um die Kügelchen scheint aber nicht der entscheidende Teil der Abbindereaktionen zu sein. An Präparaten von abgebundenen Filteraschen konnten nur an einzelnen Stellen optisch aktive Kristallbildungen beobachtet werden.

d) Röntgenographische Untersuchungen und Bindemitteleigenschaften

Röntgenographische Untersuchungen an Fortuna-Aschen wurden außerhalb des vom Ministerium für Wirtschaft und Verkehr unterstützten Forschungsunternehmens von Herrn Dr. ENDELL, Bergakademie Clausthal, und Herrn Dr. GILLE, Forschungsinstitut der Zementindustrie Düsseldorf, ausgeführt. Hierbei ergab sich kurz folgendes:

Das Röntgendiagramm nach DEBEY-SCHERRER ist sehr kompliziert und hat eine gewisse Ähnlichkeit mit dem des Portlandzementes. Nur einige Bestandteile konnten einwandfrei identifiziert werden. So war freies CaO nachzuweisen sowie freies MgO in sehr feiner Verteilung. Über die anderen Bestandteile konnten nur Vermutungen ausgesprochen werden. Das Vorhandensein von Calciumferriten wird als ziemlich wahrscheinlich angesehen.

Die röntgenographische Untersuchung von Aschen, die einer Löschbehandlung mit Wasserdampf unterzogen worden waren, erbrachte kein eindeutiges Ergebnis. Nach Untersuchungen von Dr. ENDELL war das Röntgendiagramm einer Asche, die 10 Minuten lang auf dem Wasserbad mit Dampf behandelt wurde, mit dem der unbehandelten Asche identisch. Dieser Befund widerspricht der Tatsache, daß das freie CaO der Filterasche schon durch Benetzen mit Wasser unter Wärmeentwicklung in $Ca(OH)_2$ umgewandelt wird. Erst nach einer Behandlung der Filterasche mit Sattdampf unter Druck (3 Stunden bei 21 atü) [6] fand Dr. ENDELL an Stelle der Linien des CaO und MgO die von $Ca(OH)_2$ und $Mg(OH)_2$. Demgegenüber stellte Dr. GILLE bei der röntgenographischen Untersuchung einer Fortuna-Filterasche, die bei gleichem Druck doppelt so lang mit Sattdampf behandelt worden war (6 Stunden bei 21 atü), immer noch die Linien des freien MgO fest, während die Linien des $Mg(OH)_2$ sich nicht mit Sicherheit identifizieren ließen.

Daß zugängliches, freies, fein verteiltes MgO durch eine 6-stündige Behandlung mit Sattdampf von 21 atü nicht hydratisiert werden sollte, ist ganz unwahrscheinlich. Man muß daher annehmen, daß die von Dr. GILLE untersuchte Asche vielleicht infolge ungewöhnlicher Verbrennungsbedingungen das MgO vorwiegend in Form von Schlackeneinschlüssen enthielt. Das durch die Umhüllung reaktionsunfähig gemachte MgO wäre aber dann auch im Hinblick auf Treibvorgänge als inaktiv zu betrachten.

Im allgemeinen ist aber das MgO der Fortuna-Filterasche sehr reaktionsfähig. Nach Untersuchungen, die Dr. ENDELL an einer größeren Anzahl von Fortuna-Filteraschenproben durchführte, wird ein beträchtlicher Teil des

---

6. Entsprechend den Bedingungen der "Standard-Method of Test for Autoclave Expansion of Portland-Cement, A.S.T.M. Designation C 151

MgO-Gehaltes der Asche schon durch kohlensäurehaltiges Wasser in Lösung gebracht. 2 %ige Zitronensäure löst schon in wenigen Stunden bei Raumtemperatur den MgO-Gehalt der Fortuna-Filterasche nahezu vollständig.

Die leichte Löslichkeit des MgO steht mit dem röntgenographischen Befund einer sehr feinen Verteilung im Einklang. Nach einer Veröffentlichung von Dr. GILLE "Untersuchungen über das Magnesiatreiben von Portlandzement" [7] ist aber der Verteilungsgrad des MgO für das Auslösen von Treiberscheinungen von ausschlaggebender Bedeutung. Je kleiner die MgO-Kristalle sind, um so geringer ist ihre Wirkung. Die Treibwirkung des sehr fein verteilten MgO der Fortuna-Filterasche dürfte somit äußerst gering sein. Außerdem hat Dr. GILLE festgestellt, daß durch entsprechende Zusätze von Traß sowie von Hochofenschlacke das Magnesiatreiben praktisch ausgeschaltet werden kann.

e) Elektronenmikroskopische Untersuchung und Bindemitteleigenschaften

Bei den elektronenmikroskopischen Untersuchungen, die von Herrn Dr. J. ENDELL ebenfalls außerhalb des vom Ministerium für Wirtschaft und Verkehr unterstützten Forschungsunternehmens vorgenommen wurden, handelt es sich um Tastversuche, bei denen einstweilen nur festgestellt werden konnte, daß die Fortuna-Filterasche äußerst fein aufgeteilt ist, und daß einzelne Bestandteile auch bei den starken Vergrößerungen des Elektronenmikroskopes noch den Eindruck von strukturlosen Häufungen machen (etwa 80 % der Teilchen unter $20\,\mu\,\emptyset$).

f) Kolloidales Verhalten und Bindemitteleigenschaften

Die Untersuchungen des Quellverhaltens der Fortuna-Filterasche wurde Herrn Dr. J. ENDELL im Zusammenhang mit einer Prüfung ihrer Eigenschaften als Kalkdüngemittel außerhalb dieses Forschungsunternehmens untersucht. Es wurde beobachtet, daß das Quellverhalten der einzelnen Fortuna-Filteraschen-Proben sehr unterschiedlich war. Es gibt Filteraschen, die auf ein Vielfaches ihres Anfangsvolumens in Wasser aufquellen und solche, die nach Suspendieren in Wasser wieder vollständig sedimentieren und dann äußerlich unverändert am Boden liegen bleiben. Im allgemeinen quellen helle Aschen, die weniger weitgehend eingeschmolzen sind, stark; die

---

7. GILLE, Zement, Kalk, Gips 41, 142 - 151 (1952)

dunklen, fast ganz aus kugelförmigen Teilchen bestehenden Aschen bleiben fast unverändert.

Das Quellvermögen stand sonderbarerweise in keinem Zusammenhang mit der Löslichkeit der Erdalkali-Bestandteile in ganz schwach sauren Agentien wie CO_2-haltiges Wasser oder Citrat-Pufferlösung.

Die gut quellenden Aschen scheinen wegen ihrer größeren Reaktionsfähigkeit für Bindemittelzwecke geeigneter zu sein (Raumbeständigkeit), sie geben bisweilen geringere Festigkeiten als die dunkleren Aschen, da sie mehr einem Kalk ähneln, die dunklen mehr einem hydraulischen Bindemittel.

g) Trennung in Kornfraktion und Bindemitteleigenschaften

Man hat Fortuna-Filterasche durch Windsichtung (Laboratoriums-Windsichter der Fa. Walther, Köln-Dellbrück) in Fraktionen zerlegt. Zunächst wurde eine Asche, die Neigung zum Treiben gezeigt hatte, in eine gröbere und feinere Fraktion geschieden. Die Feinfraktion wurde ebenfalls bindemitteltechnisch geprüft. Man konnte erwarten, daß die feinkörnigeren Fraktionen dank ihrer größeren Oberfläche beim Abbinden vollständiger hydratisiert würden, und daß damit auch eine bessere Raumbeständigkeit bei Feuchtlagerung gegeben sei.

Die Erwartung, durch Aussichten der gröberen Aschenbestandteile, in denen möglicherweise CaO und MgO schwer zugänglich eingeschmolzen sein können, Treibfreiheit zu erreichen, hat sich nicht erfüllt. Die feine Sichtungsfraktion einer schlechten Asche zeigte sich nicht raumbeständiger als die Ausgangsasche.

Um die Wirkung der Windsichtung auf die Mengenverteilung der einzelnen Aschenbestandteile zu erforschen, wurden die vier Abscheidungsstufen des Walther-Laborsichters, Grobabscheidung, Feinabscheidung, Nachabscheidung und Tuchfilter, getrennt analysiert. In Tabelle 2 (S. 11) sind die Gesamtanalysen der einzelnen Fraktionen wiedergegeben. Grobgut und Feingut, die ungefähr einem Gewichtsverhältnis von 3 zu 2 entsprechen, stellen zusammen mehr als 95 % der Ausgangsmenge dar. Im Feingut konnte durch die Sichtung der Gehalt an HCl-unlöslichen Stoffen auf weniger als die Hälfte gesenkt werden. Die Verschiebung der Aschenzusammensetzung durch die Fliehkraftsichtung läßt sich am besten aus Tabelle 3b (S.20) ersehen, in der die selben Analysen auf die HCl-lösliche, glühverlustfreie Substanz umgerechnet sind. Wie zu erwarten ist, werden die schweren Eisenverbindungen

Forschungsberichte des Wirtschafts- und Verkehrsministeriums Nordrhein-Westfalen

Tabelle 3a

Sichtungsversuche mit Fortuna-Filterasche;
Chemische Analysen der Sichtungsfraktionen

Zusammensetzung	Grobgut	Feingut	Nachabscheider	Tuchfilter
Glühverlust	8,17 %	4,65 %	14,56 %	20,13 %
Unlösl. Rückstand	18,11 %	7,28 %	7,90 %	7,68 %
Lösl. SiO_2	4,09 %	1,10 %	0,44 %	1,92 %
Fe_2O_3	21,09 %	18,30 %	12,77 %	9,41 %
Al_2O_3	5,23 %	6,15 %	8,03 %	7,83 %
CaO	33,22 %	47,07 %	37,02 %	31,14 %
MgO	6,68 %	8,50 %	4,35 %	3,64 %
SO_3	3,31 %	6,46 %	14,54 %	18,25 %
Rest	0,10 %	0,49 %	0,39 %	-

Tabelle 3b

Sichtungsversuche mit Fortuna-Filterasche;
Chemische Analyse der HCl-löslichen, glühverlustfreien
Substanz der Sichtungsfraktionen

Zusammensetzung	Grobgut	Feingut	Nachabscheider	Tuchfilter
Lösl. SiO_2	5,55 %	1,25 %	0,57 %	2,66 %
Fe_2O_3	28,60 %	20,78 %	16,47 %	13,03 %
Al_2O_3	7,10 %	6,99 %	10,35 %	10,85 %
CaO	45,07 %	53,43 %	47,75 %	43,14 %
MgO	9,06 %	9,65 %	5,61 %	5,02 %
SO_3	4,49 %	7,34 %	18,75 %	25,30 %
Rest	0,13 %	0,56 %	0,50 %	-

im Grobgut, die leichten Aluminiumverbindungen in den feinsten Fraktionen angereichert. CaO und MgO werden in den Mittelfraktionen angereichert. Besonders auffällig ist die Anreicherung des SO_3 (Sulfate) in den feinsten und leichtesten Fraktionen. Diese läßt sich wohl nicht nur aus dem

Tabelle 4

Gegenüberstellung der bindemitteltechnischen Prüfungsergebnisse nach DIN-Entwurf 4209 einer Fortuna-Filterasche in unbehandeltem Zustand und nach Entfernung der gröberen Bestandteile durch Windsichtung

Filterasche Probe vom 8.2.1951, Kessel 1, Werk I		
	a) unbehandelte Asche	b) Feingut der Windsichtung
Druckfestigkeit nach 7 Tagen	41,2 kg/cm^2	25,5 kg/cm^2
Druckfestigkeit nach 28 Tagen	55,5 kg/cm^2	67,7 kg/cm^2
Biegezugfestigkeit nach 7 Tagen	10,8 kg/cm^2	6,5 kg/cm^2
Biegezugfestigkeit nach 28 Tagen	20,0 kg/cm^2	12,5 kg/cm^2
Abbindezeiten Anfang / Ende	0 Stunden 30 Min. / 0 Stunden 55 Min.	0 Stunden 25 Min. / 0 Stunden 45 Min.
Wasserzusatz für Kuchen	27 %	31 %
Wasser-Zement-Faktor	0,61	0,60
Ausbreitmaß	18,7 cm	19,4 cm
Kochprobe	mürbe, abgeblättert	feine Risse
Feuchtluftlagerung	nicht bestanden	feine Risse

niedrigen spezifischen Gewicht des $CaSO_4$ erklären, vielmehr dürfte auch die relativ größere Oberfläche der kleineren Korngrößen die Reaktionsgeschwindigkeit der Vereinigung des SO_3 der Rauchgase mit dem CaO der Asche, die in dem Gebiet der abfallenden Temperaturen im hinteren Teil des Kessels vor sich gehen kann, begünstigen, so daß bei den kleinen Korngrößen ein entsprechend höherer $CaSO_4$-Gehalt zu erwarten wäre.

Der Gehalt an löslicher Kieselsäure ist im Grobgut am höchsten. Dies steht mit der Beobachtung im Einklang, daß stark eingeschmolzene relativ grobkörnige Aschen, die also in ihrem Gesamtcharakter mehr dem Grobgut der Sichtung entsprechen, ausgeprägtere hydraulische Eigenschaften besitzen. Da die feinsten Fraktionen, die der Nachabscheidung und die des Tuchfilters mengenmäßig gegenüber den Fraktionen Grobabscheidung und Feinabscheidung kaum ins Gewicht fallen, ist der Anfall in der Feinabscheidung, das Feingut, das eigentliche Sichtungsprodukt. Wie die Analyse des Feingutes zeigt, gelingt es, den Anteil an HCl-unlöslichem, d.h. an wertlosen Bestandteilen durch die Windsichtung erheblich zu reduzieren. Daneben tritt auch eine gewisse Verschiebung in den Mengenverhältnissen der übrigen Bestandteile ein, die aber nicht so groß ist, daß hierdurch der Bindemittelcharakter der Filterasche merklich verändert wird. Die Sichtung stellt somit eine brauchbare Methode dar, aus sandreichen Filteraschen den Sand teilweise abzuscheiden, und damit die bindemittelwirksamen Bestandteile anzureichern, dagegen ist es offenbar nicht möglich, die Raumbeständigkeit einer Filterasche als Bindemittel durch Windsichtung zu verbessern. In Tabelle 4 (S. 21) sind die Ergebnisse der bindemitteltechnischen Prüfung einer Filterasche von unzureichender Raumbeständigkeit wiedergegeben, wobei die Eigenschaften der ungesichteten Filterasche denen des windgesichteten Produktes gegenübergestellt wurden. Durch den Windsichtungsprozeß ist die Raumbeständigkeit dieser Filterasche nicht verbessert, sondern sogar verschlechtert worden, worauf auch die Abnahme der Biegezugfestigkeit hindeutet. Diese Erscheinung kann aber vielleicht auch schon durch die Verminderung des Sandgehaltes der Asche verursacht sein, da in dem weniger gemagerten Bindemittel, dessen typische Eigenschaften stärker hervortreten.

h) Untersuchung über die Beziehungen zwischen pH-Wert und Bindemitteleigenschaften

Bei der Suche nach den Ursachen gelegentlich beobachteter Treiberscheinungen an Braunkohlenfilteraschen als Bindemittel stieß man auf die Veröffentlichungen von J. OTTEMANN [8].

Von Betrachtungen über die Unschädlichkeit hoher Sulfatgehalte in Gipsschlackenzementen ausgehend, kommt OTTEMANN zu dem Schluß, daß bei größeren Sulfatmengen in zementartigen Bindemitteln die Raumbeständigkeit

---

8. J. OTTEMANN, "Bedeutung der H-Konzentration für die hydraulische Erhärtung von Braunkohlenaschen und Gipsschlackenzement". Silikattechnik 2, S. 143 - 149 (1951)

dann gegeben ist, wenn das erstarrende Bindemittel einen relativ niedrigen pH-Wert besitzt. OTTEMANN glaubt, nachgewiesen zu haben, daß unter den Bedingungen des relativ niedrigen pH-Wertes der Abbindevorgang derart verläuft, daß schon primär die Sulfoaluminatverbindung "Ettringit" ($3 CaO \cdot Al_2O_3 \cdot 3 CaSO_4 \cdot 31 H_2O$) gebildet wird, während sich bei höherem pH-Wert primär eine andere Sulfoaluminatverbindung ($3CaO \cdot Al_2O_3 \cdot CaSO_4 \cdot 12H_2O$) bildet, die, nachdem der Abbindevorgang bereits mehr oder weniger weit fortgeschritten ist, sich sekundär in Ettringit verwandelt. Da die Kristalle des Ettringit ein um 140 % größeres Volumen einnehmen als die der sulfatärmeren Verbindung, setzt eine Ausdehnung und schließlich regelrechtes Treiben des Bindemittels ein. In diesem Prinzip sieht OTTEMANN auch die Erklärung für das zunächst unübersichtliche Treibverhalten der Braunkohlenfilteraschen.

Die Nachprüfung dieser Theorie, insbesondere in ihrer Anwendbarkeit auf die Braunkohlenfilterasche des rheinischen Reviers war für die praktische Verwertung dieser Asche von besonderer Bedeutung. Diese Nachprüfung wurde zum Gegenstand eines Forschungsauftrages gemacht, der Herrn Dr. J. ENDELL, Dozent an der Bergakademie Clausthal, erteilt wurde. Der Bericht Dr. ENDELLS wird im folgenden ungekürzt wiedergegeben.

Herr Dr. ENDELL kommt bei seinen Untersuchungen zu dem Schluß, daß bei der Fortuna-Filterasche ein Treiben durch Sulfoaluminatbildung schon deshalb unwahrscheinlich ist, weil der Aluminiumgehalt der Asche sehr gering ist. Ob bei Bindergemischen aus Fortuna-Filterasche mit Hochofenschlacke oder Traß, die ja einen höheren Al_2O_3-Gehalt besitzen, Sulfattreiben auftreten kann, hat Herr Dr. ENDELL nicht untersucht. Nach der Theorie OTTEMANN's ist aber in Gegenwart großer Mengen von Hochofenschlacke (oder Traß) ein Treiben durch Ettringitbildung nicht anzunehmen (siehe Gipsschlackenzement!). Abgesehen von der Beeinflussung des pH-Wertes [9] durch Zusätze von hohem Gehalt an löslicher Kieselsäure, dürfte schon die im Vergleich zu Portlandzement sehr langsame Erhärtung der Filterasche-Bindergemische eine Treibwirkung durch Ettringitbildung ausschließen.

---

9. Versuche, die nach Abschluß dieses Forschungsunternehmens in Fortuna durchgeführt wurden, haben ergeben, daß jedenfalls bei dem Bindergemisch 50 % Fortuna-Filterasche 25 % Hochofenschlacke und 25 % Traß eine Abhängigkeit der Raumbeständigkeit von dem pH-Wert im Sinne OTTEMANNs nicht besteht

Forschungsberichte des Wirtschafts- und Verkehrsministeriums Nordrhein-Westfalen

In Übereinstimmung hiermit hat man bei der bindemitteltechnischen Untersuchung von einigen Hundert Bindergemisch-Proben (Filterasche Anteil $\leq 50\%$) nie ein Anzeichen von Sulfattreiben beobachtet.

i) Spezielle bindemitteltechnische Prüfmethoden

Da das Ziel, die Brauchbarkeit einer Filterasche als Bindemittel mit Hilfe chemisch-physikalischer Untersuchungsmethoden schnell feststellen zu können, noch nicht erreicht werden konnte, mußte versucht werden, geeignete bindemitteltechnische Schnell-Prüfmethoden ausfindig zu machen oder zu entwickeln.

Neben der üblichen Kuchenmethode zur Beurteilung des Abbindeverhaltens, wurde eine Festigkeits-Schnellprüfmethode entwickelt, bei der Prismen 4 x 4 x 16 cm aus reiner Asche ohne Zuschläge hergestellt wurden, die schon nach 24 Stunden auf Druckfestigkeit und Biegezugfestigkeit geprüft werden konnten. Die Methode erwies sich bei reinen Aschenbindern im Zusammenhang mit anderen Schnellmethoden als brauchbarer Anhaltspunkt zur Beurteilung der Abbindefähigkeit.

Eine Eigenschaft des Braunkohlenaschebinders, die einer besonders sorgfältigen Erforschung bedarf, ist die sogenannte Raumbeständigkeit. Nach DIN 4o9 wird die Raumbeständigkeit an Kuchen untersucht, die entsprechend der Zementnorm DIN 1164 aus dem reinen Binder-Material hergestellt werden. Diese Kuchen dürfen, wenn der Binder nach DIN 4o9 als raumbeständig gelten soll, nach einer 28-tägigen Lagerung in wasserdampfgesättigter Atmosphäre bei 2o°C keine Risse oder stärkere Verkrümmungen zeigen. Diese Prüfmethode befriedigt nicht völlig, da die Verarbeitung der Kuchen nicht soweit festgelegt ist, daß verschiedene Prüfinstitute auch immer zu dem gleichen Ergebnis gelangen.

Ein Hauptnachteil ist aber die lange Prüfzeit von 28 Tagen, die die Methode zur Auswahl geeigneter Aschen unbrauchbar macht. Es wurde daher versucht, die Kochprobe der Zementnorm heranzuziehen. Obwohl die Kochprobe als eine scharfe Beanspruchung anzusehen ist, bedeutet ihr Bestehen nicht unbedingt, daß der Aschenbinder auch im Sinne der DIN 4o9 raumbeständig ist.

Es wurde daher von uns versucht, in Anlehnung an die Raumbeständigkeitsprüfung der DIN 4o9 eine Tropenluftlagerung bei 5o°C als Schnellmethode zu entwickeln. Diese Prüfmethode wurde aber aufgegeben, nachdem fest-

gestellt worden war, daß die Beurteilung der Filteraschen nach diesem
Verfahren zu günstig ausfällt. Bei einer Lagerung bei erhöhter Temperatur nehmen die Erhärtungsvorgänge einen schnelleren und vollständigeren
Verlauf, so daß eine Raumbeständigkeit erreicht wird, die für das Verhalten des Bindemittels bei normalen Temperaturen nicht maßgeblich sein kann.

Schließlich wurde auch zur Schnellprüfung der Raumbeständigkeit und evtl.
vorhandener Treibneigung die Behandlung in gespanntem Dampf bei 8 atü und
entsprechend der ASTM-Methode bei 21 atü herangezogen. Diese Dampfdruckbehandlung eignet sich als Forschungsmethode zum Studium der Hydrationsvorgänge und des Quellverhaltens. Als Test auf die praktische Brauchbarkeit von kalkartigen Bindemitteln, zu denen auch die Fortuna-Filterasche
zu rechnen ist, kann sie aber nicht verwandt werden, da sie Prüfungsmethoden anwendet, die den Beanspruchungen im praktischen Gebrauch auch
nicht im entferntesten entsprechen. Die Methode wird auch von der Kalkindustrie zur Prüfung hydraulischer und dolomitischer Kalke abgelehnt,
weil nach ihr altbewährte Produkte als unbrauchbar beurteilt werden
müßten.

Faßt man die Ergebnisse unserer Untersuchungen zusammen, so muß festgestellt werden, daß eine wirklich sichere Schnellprüfungsmethode zur Auswahl geeigneter oder Ausscheidung ungeeigneter Aschen noch nicht existiert. Es gibt also einstweilen nur den Weg der laufenden Überwachung
nach DIN 4209 unter ständiger Kontrolle der Entstehungsbedingungen der
Filterasche in den Kesselfeuerungen. Hierbei hat sich gezeigt, daß bestimmte Kesselkonstruktionen fast immer brauchbare Aschen liefern, andere
sehr häufig ungeeignete Aschen. Durch Teilung der Aschenbunker und getrennte Bunkerung der Aschen mit günstigen Eigenschaften und der schlechten Aschen (die nach Anfeuchten abgekippt werden) konnte im Zusammenhang
mit der laufenden Überwachung die Qualität des reinen Aschenbinders soweit verbessert werden, daß bei der Überwachung durch das Institut für
Bauforschung an der TH Aachen eine Beanstandung bisher nicht vorgekommen ist.

2. Die Beeinflussung des Entstehungsprozesses der Filterasche

Wie schon oben erwähnt, sind Schwankungen in der Zusammensetzung der mineralischen Bestandteile der Fortuna-Kohle von geringerem Einfluß auf den
Charakter der Filterasche als die Verbrennungsbedingungen in der Feuerung.

Diese Verbrennungsbedingungen sind nun bis zu einem gewissen Grade beeinflußbar. Zwar wäre es wohl kaum zu erreichen, daß allein der Filterasche wegen die Kessel in einer bestimmten Weise gefahren würden, oder daß gar bei der Konstruktion der Kessel besondere Rücksichten auf erwünschte Eigenschaften der Filterasche genommen würden, aber es hat sich gezeigt, daß erfreulicherweise die konstruktiven und betriebsmäßigen Ziele, vollständiger Ausbrand, geringe feuerseitige Verschmutzung der Kessel und lange Reisezeiten, die gleichen Verbrennungsbedingungen erfordern, unter denen auch eine reaktionsfreudige nicht überbrannte Filterasche von relativ hohem Gehalt an disponiblem Kalk entsteht. Entscheidend ist vor allem die Feuerraumbelastung und die Intensität der Durchwirbelung des Luft-Staubgemisches und nicht allein die Höhe der Feuerraumtemperatur. Bei den älteren Braunkohlenstaubkesseln war die Feuerraumbelastung meistens zu hoch und die Durchwirbelung schlecht. Ein später gebauter Kessel des Kraftwerkes Fortuna I mit geringerer Feuerraumbelastung liefert fast immer brauchbare Asche. Die Erwartung, daß die neuen Kessel der Vorschaltanlage einen weiteren Fortschritt in dieser Richtung darstellen, hat sich erfüllt.

Aber auch der Grad der Verschmutzung der Heizflächen und die Höhe des Luftüberschusses sind von merklichem Einfluß auf die Qualität der Filterasche.

Nach dem jetzigen Stand der Erfahrungen kann erwartet werden, daß ein gut konstruierter und wärmewirtschaftlich richtig betriebener Kessel auch eine günstige Filterasche liefert.

Durch Anwendung der beschriebenen Methoden, der Auswahl und der Beeinflussung der Filteraschenentstehung gelingt es zwar einen verbesserten Aschenbinder von ziemlich konstanter Qualität zu erzielen; die typischen Unvollkommenheiten des Braunkohlenaschenbinders, die nicht geregelten Abbindezeiten und die Unbeständigkeit bei der Wasserlagerung, können hierdurch jedoch nicht behoben werden.

Weiter hat man versucht, die Filterasche durch eine Nachbehandlung zu verbessern. Es liegt nahe, die Asche ihres freien CaO-Gehaltes wegen einer Löschbehandlung zu unterziehen. Es läßt sich ein in der Kalkindustrie bekanntes Löschverfahren anwenden, das ohne Einschalten eines Mahlvorganges zu einem trockenen staubfeinen Bindemittel führt. Das gelöschte Produkt besitzt genügend lange Abbindezeiten. Die hydraulischen Eigenschaften, die die nicht gelöschte Filterasche wenigstens bis zu einem gewissen

Grade besitzt, gehen aber oft vollständig verloren, und eine Wasserbeständigkeit wird nicht erzielt. Ein Mörtel aus gelöschter Filterasche besitzt demnach mehr den Charakter eines langsam erhärtenden Kalkhydrat-Luftmörtels, der ein schnelles Weiterbauen ausschließt; als Innenputzmörtel könnte er aber durchaus geeignet sein.

Tabelle 5

Bindemitteltechnische Prüfung einer vorbehandelten Fortuna-Filterasche

Filterasche Probe vom 1o. 12. 1951, Kessel 3, Werk I
Silo-Löschung im Laboratorium mit heißem Wasser,
2o % Wasser bezogen auf die Filteraschenmenge.

		nach 7 Tagen	nach 28 Tagen
Druckfestigkeit		34,2 kg/cm^2	89,0 kg/cm^2
		36,0 kg/cm^2	89,0 kg/cm^2
		33,0 kg/cm^2	95,4 kg/cm^2
		42,8 kg/cm^2	95,4 kg/cm^2
	Mittel	36,5 kg/cm^2	Mittel 92,2 kg/cm^2
Biegezugfestigkeit		nach 7 Tagen	nach 28 Tagen
		12,3 kg/cm^2	15,8 kg/cm^2
		1o,o kg/cm^2	14,6 kg/cm^2
	Mittel	11,2 kg/cm^2	Mittel 15,2 kg/cm^2
Abbindezeiten	Anfang	1o Stunden 4o Minuten	
	Ende	14 Stunden 1o Minuten	
Wasserzusatz für Kuchen		35 %	
Wasser-Zement-Faktor		0,6	
Ausbreitmaß		12,8 cm	
Kochprobe:		zerstört	
Feuchtluftlagerung:		bestanden	

3. Die Anwendung ergänzender Zusätze

Ein wasserbeständiges Bindemittel läßt sich nur erreichen durch Anwendung von Zusätzen, durch die vor allem der für ein hydraulisches Bindemittel zu

Forschungsberichte des Wirtschafts- und Verkehrsministeriums Nordrhein-Westfalen
___

niedrige Gehalt der Filterasche an löslicher Kieselsäure aufgebessert wird. Hierzu sind die latent hydraulischen Stoffe, der Traß und die basische Hochofenschlacke geeignet. Während die Untersuchungen in Fortuna, über die Herr Dr. K. BIEHL und der Verfasser ausführlich berichten, die Entwicklung eines zuverlässigen kalkartigen Bindemittels von mittleren Festigkeiten zum Ziel hatten, wurden in Zusammenarbeit mit der Firma Dyckerhoff, Portlandzementwerke A.G., Wiesbaden-Biebrich, systematische Untersuchungen mit Fortuna-Filterasche und verbessernden Zusätzen im Hinblick auf die Entwicklung eines zementartigen Bindemittels durchgeführt, deren Ergebnis auch für die Entwicklung des kalkartigen Bindemittels von besonderer Bedeutung war. Obwohl diese Arbeiten nicht im Rahmen des vom Ministerium für Wirtschaft und Verkehr unterstützten Forschungsunternehmens ausgeführt wurden, müssen sie daher hier doch kurz wiedergegeben werden.

In einer Großzahl von Einzeluntersuchungen wurden folgende Mischungen hergestellt und normenmäßig durchgeprüft:

a) <u>Zweistoffsystem</u>

   Filterasche-Traß in 8 verschiedenen Mischungsverhältnissen
   Filterasche-Hochofenschlacke   "   "   "
   Filterasche-Portlandzement   "   "   "

b) <u>Dreistoffsysteme</u>

   Filterasche-Traß-Kalk in   8 verschied. Mischungs-
                                                                verhältnissen
   Filterasche-Hochofenschlacke-Kalk in   4   "   "
   Filterasche-Traß-Portlandzement in   3   "   "
   Filterasche-Hochofenschlacke-Portlandzement in 3   "   "
   Filterasche-Traß-Hochofenschlacke in   5   "   "

c) <u>Vierstoffsystem</u>

   Filterasche-Traß-Hochofenschlacke-Portlandzement in 2 verschiedenen Mischungsverhältnissen.

Diese 40 Mischungen wurden durch Zusammenmahlen in einer großen Labor-Kugelmühle meist zweimal mit verschiedenen Mischungen von Filterasche in solchen Mengen hergestellt, daß mit jeder Mischung nicht nur alle normenmäßigen Untersuchungen durchgeführt werden konnten, sondern darüberhinaus noch von einer Reihe Proben Betonversuche an 20 x 20 x 20 cm Würfeln sowie Prüfung von Putzmischungen nach der Kalknorm DIN 1060.

Forschungsberichte des Wirtschafts- und Verkehrsministeriums Nordrhein-Westfalen

Von einer ausgewählten Reihe von Mischungen wurden auch praktische Putz- und Mauerversuche durchgeführt.

Das Gesamtergebnis von mehreren 1oo Einzeluntersuchungen war folgendes:

1) Mit hochofenschlackenreichen Filteraschenmischungen konnten ohne weiteres Festigkeiten erreicht werden, die denen des normalen Portlandzementes Z 225 nahe kamen [1o].

2) Mit Traßmischungen wurden sehr viel geringere Festigkeiten erzielt, dafür zeichneten sich aber die Traßgemische durch eine besonders gute Raumbeständigkeit aus.

3) Traß-Hochofenschlacke-Filterasche-Mischungen erreichen meist 28-Tage-Druckfestigkeiten von 1oo kg/cm^2 und mehr bei sehr guter Raumbeständigkeit. Sie bestanden sogar die außerordentliche scharfe Beanspruchung des in Europa auch für Portlandzement nicht verlangten amerikanischen ASTM-Dampfdruck-Testes.

4) Zusatz von Kalk zu Filteraschen-Traß oder Filteraschen-Hochofenschlackenmischungen erhöhte zwar die Geschmeidigkeit des Mörtels, setzte aber die Festigkeit herab und verminderte die Raumbeständigkeit bei der Prüfung mit gespanntem Dampf.

Hiernach ist die Herstellung eines raumbeständigen Bindemittels auf der Basis Fortuna-Filterasche-Traß-Hochofenschlacke ohne weiteres möglich. Da die Erhärtung dieses Gemisches aber sehr viel langsamer verläuft als die eines Normenzementes, erreicht es nach 28 Tagen nur etwa die Festigkeiten eines hoch hydraulischen Kalkes (erst nach mehreren Monaten werden Zementfestigkeiten erreicht). Seine Eigenschaften sind daher für eine Verwendung als Bindemittel für Mauer- und Verputzzwecke günstig, nicht aber für eine Verwendung als Zementbindemittel, von dem man schon nach kurzer Abbindezeit hohe Festigkeiten verlangt.

IV. Verwendung von Fortuna-Filterasche zur Herstellung von Baustoffen

Hält man sich die chemische Analyse unserer Braunkohlenfilterasche vor Augen, so wird man von vornherein sagen können, daß die Methoden zur Herstellung von Steinen, die bei der Steinkohlenfilterasche zu einem

---

1o. Siehe: Patent der Fa. Portlandzementwerke Dyckerhoff A.G., Wiesbaden-Biebrich, D.B.P. 852 671 Kl 8o b vom 3o.1o.1949 ausg. 16.1o.1952

Erfolg geführt haben, auf die Fortuna-Filterasche grundsätzlich nicht übertragbar sind.

Für ein Brennverfahren besteht kein Anreiz, da die Fortuna-Filterasche meist unter 1 % Unverbranntes enthält.

Andererseits besitzt sie für eine Verarbeitung mit Kalk zu einer Art Kalksandstein einen viel zu geringen Kieselsäuregehalt. Für Filterasche als Zuschlagstoff für eine Porenbetonherstellung gilt das gleiche.

Die Verwendung der Fortuna-Filterasche erscheint aber dann aussichtsreich, wenn sie nicht als Zuschlagstoff, sondern entsprechend ihrem hohen CaO-Gehalt als Bindemittel benutzt wird. Hierbei ergeben sich folgende Möglichkeiten:

1. **Bimsbaustoffe mit Braunkohlenfilterasche als Bindemittel**

Es ist durchaus möglich, Bimsbaustoffe von ausreichender Festigkeit mit Filterasche als ausschließliches Bindemittel herzustellen. Diese Baustoffe besitzen aber ein höheres Raumgewicht als die normalen zementgebundenen Baustoffe und dürfen nach dem DIN-Entwurf 4209 nur für Innenbauzwecke Anwendung finden. Der Fortunitbinder[11] eignet sich nicht ohne weiteres zur Herstellung von Bimsbaustoffen, da die Erhärtung zu langsam vonstatten geht. Versuche, die mit einem Braunkohlenmischbinder mit erhöhtem Hochofenschlackenzusatz zwecks Erzielung einer schnelleren Erhärtung durchgeführt wurden, zeigten, daß, auch wenn im Laboratorium recht gute Festigkeiten erreicht werden können, diese Art Bindemittel sich für die Großfabrikation von Hohlblocksteinen wegen ungenügender Klebewirkung und zu langsamer Erhärtung wenig eignet.

2. **Kalksandsteinartige Baustoffe mit Braunkohlenfilterasche als Bindemittel**

Es besteht weiter die Möglichkeit, die Fortuna-Filterasche an Stelle von Kalk zur Herstellung von kalksandsteinartigen Baustoffen zu verwenden. Bei der Förderung der Braunkohle fallen Feinsande an, die mit Filterasche als Bindemittel unter Verwendung von billigem Dampf aus dem Niederdrucknetz eines Kraftwerkes zu Bausteinen verarbeitet werden könnten. Bei

---

11. Siehe: "Versuchsanlage zur Erzeugung von Bindemitteln auf der Basis Fortuna-Filterasche"

Versuchen, die außerhalb des vom Ministerium für Wirtschaft und Verkehr unterstützten Forschungsunternehmens durchgeführt wurden, gelang es, kalksandsteinartige Baustoffe ausreichender Festigkeit mit Fortuna-Filterasche als Bindemittel im Laboratorium herzustellen. Die Übertragung des Verfahrens in den großtechnischen Maßstab ist noch nicht abgeschlossen.

3. Porenbetonversuche mit Braunkohlenfilterasche als Bindemittel

Im Laboratorium ist es gelungen, auf der Grundlage: Fortuna-Filterasche Quarzsand (gemahlen) ohne zusätzliche Bindemittel Porenbeton herzustellen. Bei einem Raumgewicht von 0,9 wurden Druckfestigkeiten von 70 kg/cm^2 erzielt. Es wird aber auch möglich sein, Porenbeton von geringerem Raumgewicht zu erzeugen.

Eine 1 Jahr alte Porenbetonprobe der obengenannten Art wurde zur Feststellung, ob sie noch nicht hydratisierte Bestandteile enthalte, die vielleicht Treiben verursachen könnte, nochmals einer nachträglichen Dampfbehandlung unterzogen, die auf 144 Stunden ausgedehnt wurde, ohne daß an dem Material irgend welche Schäden auftraten.

Durch diese Versuche im Laboratorium in Fortuna konnte wohl gezeigt werden, daß es grundsätzlich möglich ist, Porenbeton aus Braunkohlen-Filterasche herzustellen, sogar ohne Verwendung zusätzlicher Bindemittel. Die Beantwortung der Frage, ob eine Erzeugung von Porenbeton aus Fortuna-Filterasche als großtechnisch durchführbar und wirtschaftlich aussichtsreich anzusehen ist, konnte innerhalb der verfügbaren Zeit nur von Entwicklungs- und Forschungsinstituten beantwortet werden, die gestützt auf jahrelange Erfahrung mit der Verarbeitung ähnlicher Rohstoffe an die Bearbeitung dieses speziellen Falles herangehen konnten. Da die Problematik vor allem auf der technisch wirtschaftlichen Seite lag, kamen für die Bearbeitung vor allem Institute der Porenbetonindustrie in Frage. Da zur Zeit der Vergabe der Forschungsaufträge die Entwicklung der Porenbetonbaustoffe in Deutschland infolge des Krieges noch hinter der in Schweden erheblich zurückstand, glaubte man auf die Mitarbeit schwedischer Fachleute nicht verzichten zu können. Man entschloß sich daher, einen Teil der zur Verfügung gestellten Mittel zur Finanzierung von Forschungsaufträgen an folgende Stellen zu verwenden:

1) Ingenieurbüro Dr. Laubenheimer, Goslar
2) Westdeutsche Ytong A.G., Duisburg

Forschungsberichte des Wirtschafts- und Verkehrsministeriums Nordrhein-Westfalen

3) International Ytong Co. AB, Stockholm
4) Ingenieurbaugesellschaft Christiani und Nielsen, Hamburg.

Das Ingenieurbüro Dr. Laubenheimer wurde gewählt, weil Herr Dr. Laubenheimer durch seine Mitarbeit bei den Ytong-Werken in Watenstedt-Salzgitter besondere Erfahrungen auf dem Gebiete der Herstellung von Porenbeton aus Aschen besaß. Für die Durchführung von Großversuchen nach den von Herrn Dr. Laubenheimer und von der schwedischen Ytong ausgearbeiteten Rezepten schien die Westdeutsche Ytong-Werke in Duisburg der geringen Entfernung von Fortuna wegen am geeignetsten. Die Erfahrungen des Ingenieurbüros Christiani und Nielsen schienen für uns von ganz besonderem Wert, da dieses Unternehmen bereits eine Porenbetonfabrik auf Filteraschenbasis (Steinkohlenfilterasche) zusammen mit einer Elektrizitätsgesellschaft betrieb.

Die Versuchsberichte der einzelnen Institute werden im zweiten Teil dieses Forschungsberichtes ungekürzt wiedergegeben.

Das Gesamtergebnis sei hier vorausgenommen: Es ist zwar verschiedenen Bearbeitern gelungen, Porenbeton von ausreichender Festigkeit, bezogen auf das Raumgewicht, herzustellen. Die Porenstruktur der Produkte war aber in allen Fällen ungünstig (zuviel Mikroporen), und damit war auch eine Reihe physikalischer Eigenschaften unbefriedigend. Im großtechnischen Maßstab ist es bis jetzt nicht gelungen ein brauchbares Porenbetonprodukt aus Fortuna-Filterasche herzustellen.

V. Versuchsanlage in halbtechnischem Maßstab zur Erzeugung von Bindemitteln auf der Basis Fortuna-Filterasche

Aus der Gesamtheit der Versuche über die Bindemitteleigenschaften der Fortuna-Filterasche allein oder in Verbindung mit latent hydraulischen Zusätzen gewann man die wichtige Erkenntnis, daß das sonst veränderliche Bindemittelverhalten der Braunkohlenfilterasche dann weitgehend beherrscht werden kann, wenn man ihr in Bindemittelgemischen die Rolle des Anregers latent hydraulischer Stoffe zuweist.

Bei der Auswahl einer geeigneten Mischung für die Herstellung im großen entschied man sich bewußt für ein Gemisch mit dem Charakter eines kalkartigen Bindemittels für Mauer- und Verputzzwecke, das einen Kompromiß zwischen guter Verarbeitbarkeit und ausreichender Festigkeit und Raumbeständigkeit darstellt. Hier schien das Dreistoffgemisch 50 % Filterasche, 25 % Traß und 25 % Hochofenschlacke als besonders geeignet.

Herr Prof. A. HUMMEL, T.H. Aachen, der dieses erste praktische Endergebnis der Forschungs- und Entwicklungsarbeiten auf seine Eignung als Baustoffbindemittel prüfte, gab der Kombination von Filterasche mit latent hydraulischen Stoffen den Namen "Braunkohlen-Mischbinder". Auf Grund der Untersuchungsergebnisse der Institute für Bauforschung an der T.H. Aachen und T.H. Stuttgart wurde die amtliche Zulassung des neuen Bindemittels durch das Wiederaufbauministerium des Landes Nordrhein-Westfalen erteilt (Urkunde vom 12. November 1951), die zugleich auch für das gesamte Bundesgebiet Gültigkeit besitzt (s. Seite 46 - 48).

Nachdem die amtliche Zulassung vorlag und ein Überwachungsvertrag mit dem Institut für Bauforschung an der T.H. Aachen abgeschlossen worden war, wurde eine Versuchsanlage zur Herstellung des "Fortunit" genannten Bindemittels mit einer Leistung von stündlich 2 to aufgebaut, wobei man sich auf Erfahrungen stützte, die bei einem Großversuch in dem Zementwerk der Fa. TUBAG [12] ein Jahr zuvor gesammelt worden waren.

Durch den Bau und Betrieb der Versuchsanlage sollten eine Reihe wichtiger technischer und wirtschaftlicher Fragen geklärt werden, die durch weitere Arbeiten im Laboratoriumsmaßstab nicht zu beantworten waren. Es handelte sich einerseits um Probleme der technischen Herstellung des Bindergemisches, andererseits um die der Anwendbarkeit des Bindemittels in der praktischen Bauwirtschaft. So mußte u.a. festgestellt werden, ob die Herstellung des Bindemittels aus seinen Rohstoffen in einem einzigen Mahlprozeß durchgeführt werden könne, oder ob es nötig sei die Bestandteile erst einzeln vorzumahlen und anschließend durch gemeinsames nochmaliges Vermahlen zu vermischen. Weiter war zu ermitteln, wie unvermeidliche Schwankungen in der physikalischen und chemischen Beschaffenheit der Rohstoffe, vor allem der Filterasche sich einerseits auf den Herstellungsprozeß, andererseits auf die Qualität des Bindemittels auswirken würden.

Durch die laboratoriumsmäßige Prüfung und Überwachung gemäß der amtlichen Zulassung war zwar die Gewähr dafür gegeben, daß das Bindemittel ausreichende Festigkeitseigenschaften und Beständigkeitseigenschaften besitzt, ein Beweis dafür, daß es den Anforderungen der praktischen Bauwirtschaft

---

12. TUBAG Traß-Zement- und Steinwerke A.G., Kruft bei Andernach

Forschungsberichte des Wirtschafts- und Verkehrsministeriums Nordrhein-Westfalen

hinsichtlich guter Verarbeitbarkeit und rationeller Anwendbarkeit, die für den Erfolg eines neuen Produktes entscheidend sind, genügen würde, war damit aber noch keineswegs erbracht. Erst durch eine breitere Anwendung des Fortunitbinders in der Praxis konnten diese Fragen geklärt werden.

Die errichtete Versuchsanlage setzt sich aus folgenden Elementen zusammen: Die Grundlage der Produktion stellt ein Aschenbunker von etwa 80 to Kapazität dar, der in zwei Hälften geteilt wurde, um eine Auswahl zwischen brauchbaren und unbrauchbaren Filteraschen vornehmen zu können. Die eine Hälfte des Bunkers dient zur Aufnahme der als Rohstoff für die Binderherstellung geeigneten Aschen, die andere Hälfte nimmt die Aschen auf, die verworfen und nach Anfeuchten mit Wasser auf die Halde gekippt werden. Weiter besitzt die Versuchsanlage zwei Bunker von je 20 to Inhalt zur Speicherung von Traß und Hochofenschlacke. Des weiteren ist ein Fertiggutbunker von ebenfalls 20 to Kapazität vorhanden. Vor diesen drei 20 to-Bunkern, die in einem Stahlgerüst aufgehängt sind, liegt eine kleine Zweikammer-Kugelmühle (Länge 5,5 m, Durchmesser 1 m), die über ein Zahnradgetriebe durch einen Elektromotor angetrieben wird (etwa 30 Umdrehungen pro Minute). Unter den Bunkern befindet sich eine Bühne, auf der die Dosiereinrichtungen für Traß und Hochofenschlacke (sog. Telleraufgaben) angeordnet sind. Die beiden Materialien werden über eine Schnecke der Mühle zugeführt, die zugleich auch die Filterasche von dem großen Aschenbunker her fördert, wobei die Filteraschen-Dosierung durch ein Zellenrad erfolgt. Das Fertiggut, das die Mühle mit einer Feinheit von weniger als 8 % Rückstand auf dem Prüfsieb DIN 70 (4900 Maschen/cm^2) verläßt, wird mittels Preßluftförderung in den Fertiggutbunker gebracht und über diesen zur Abfüllmaschine, aus der es in Ventilsäcke zu 50 kg Inhalt abgefüllt wird. Die Förderung der Rohstoffe, Filterasche, Traß und Hochofenschlacke in die betreffenden Rohstoffbunker geschieht ebenfalls pneumatisch.

Im Interessse eines möglichst geringen Kostenaufwandes wurde die Anlage zum großen Teil aus entweder vorhandenen oder kostenlos zur Verfügung gestellten Elementen aufgebaut. So entstammen drei der Bunker der Wasserreinigungsanlage der Kraftwerke, in der sie früher als Kalkbunker dienten. Der gleichen Herkunft sind die Telleraufgaben für die Traß- und Hochofenschlackendosierung. Die Mühle ist eine stillgelegte Traßmühle eines Zweigbetriebes der Fa. Tubag. Der Mühlenantrieb setzt sich aus einem alten Kohlenförderungsgetriebe und einem Motor der Entaschung des inzwischen demontierten alten Kesselhauses des Kraftwerkes Fortuna II zusammen.

Der Bau der Anlage verursachte trotzdem erhebliche Kosten, da die einzelnen Elemente, die früher anderen Zwecken gedient hatten, soweit umgebaut bzw. ergänzt werden mußten, daß aus ihnen eine gut funktionierende Versuchseinheit zusammengestellt werden konnte. Immerhin stellten sich die Gesamtkosten sehr viel niedriger als die Aufwendungen, die zum Bau einer vollständig neuen Anlage erforderlich gewesen wären. Dies gilt besonders dann, wenn man berücksichtigt, daß ein nicht geringer Teil der Gesamtkosten auf das Konto Versuche zu buchen ist. Die Anlage wurde im April 1952 probeweise in Betrieb genommen. Hierbei zeigte sich, daß einige konstruktive Änderungen erforderlich waren, so daß ein regelmäßiger Betrieb erst im Juli 1952 zustande kam.

Das Ergebnis des Betriebes der Versuchsanlage war auf verfahrenstechnischem Gebiete zunächst die Feststellung, daß im Gegensatz zu den Erfahrungen bei dem Großversuch im Zementwerk der Fa. Tubag es nicht möglich

A b b i l d u n g 2

Versuchsanlage zur Bindemittelherstellung

Links die Rohrmühle, darüber die Rohstoffbunker für Traß und Hochofenschlacke sowie der Fertiggutbunker. Die darunter befindlichen Dosiereinrichtungen sowie die Abfülleinrichtung für Fertigprodukte sind durch die Holzverkleidung verdeckt. In der Mitte der Lagerschuppen für die Fertigprodukte. Rechts unter der Überdachung die pneumatische Fördereinrichtung für die Rohstoffe

Abbildung 3
Versuchsanlage zur Herstellung von Bindemitteln
während des Aufbaues; Seitenansicht

Links Aschenvorratsbunker mit Einrichtung zur Beseitigung nicht verwertbarer Asche. Rechts die Rohstoffbunker, darunter die Dosiervorrichtung und unter dieser die Abfüllvorrichtung. Weiter rechts Mühlenantrieb und Mühle

war, den Fortunitbinder, ausgehend von den Rohstoffen Filterasche, Schlackensand und gebrochenem Traß, in einem Mahlprozeß mit Hilfe einer Zweikammermühle herzustellen. Es zeigte sich, daß die glasharte Hochofenschlacke nur dann auf den notwendigen Feinheitsgrad gebracht werden konnte, wenn die Traßkomponente in bereits vorgemahlenem Zustand der Mühle zugeführt wurde, da anderenfalls die harte Schlacke sich in den weicheren Traß einbettet und damit bis zur vollständigen Zerkleinerung des Traßkornes geschützt bleibt. Der Zusatz von Filterasche erleichtert hingegen den Mahlvorgang sowohl beim Traß wie auch bei der Schlacke. Diese Eigenschaft der Fortuna-Filterasche beruht wahrscheinlich auf ihrer Fähigkeit im Traß oder in der Hochofenschlacke enthaltene Wasserreste zu binden, wodurch einem Schmieren der Mahlgüter entgegengewirkt wird. Bei Verwendung von vorgemahlenem Traß konnte dann durch Änderung der Kugelfüllungen in der ersten und zweiten Kammer dem Bindergemisch die nötige Kornfeinheit auch im Bezug auf alle drei Komponenten gegeben werden.

Die Dosierung der drei Komponenten machte keine grundsätzlichen Schwierigkeiten. Starke Verschleißerscheinungen an den Leitungen, durch die die Rohmaterialien pneumatisch gefördert werden, konnten durch Änderung der Leitungsführungen auf ein bei einer Versuchsanlage erträgliches Maß reduziert werden. Wegen des unvermeidlich hohen Verschleißes scheint die pneumatische Förderung bei Großanlagen jedoch nur für die Förderung des feingemahlenen Fertiggutes, nicht aber für die des scharfkantigen Rohstoffes Hochofenschlacke und des grobstückigen Rohstoffes Traß geeignet zu sein.

VI. Verhalten des Braunkohlenmischbinders "Fortunit" bei seiner Verwendung in der praktischen Bauwirtschaft

Kurze Zeit nach dem Anlaufen der Versuchsanlage wurden schon an einer Reihe größerer Bauten sämtliche Mauerarbeiten mit dem Braunkohlenmischbinder "Fortunit" ausgeführt. Hierbei zeigte sich, daß der Fortunit-Mörtel, bei vorschriftsmäßigen Abbindezeiten[13], nach seiner Verarbeitung im Mauerwerk sehr schnell "anzog", so daß auch verhältnismäßig dünne Mauern ohne Einlegen von Abbindepausen hochgemauert werden konnten. Die Klebekraft und Streichbarkeit des Mörtels war gut, wenn nicht ein scharfer gewaschener Sand, bei dem die kleineren Korngrößen fehlten, verwendet wurde.

---

13. Abbindeanfang nicht früher als 1 Stunde

Die plastischen Eigenschaften des Fortunitbinders konnten inzwischen durch Anwendung der voluminöseren Filterasche des Vorschaltwerkes Fortuna II in Mischung mit der zunächst allein verwandten Filterasche des Werkes Fortuna I und durch Einhalten einer hohen Mahlfeinheit nicht unwesentlich verbessert werden.

Da in dem DIN-Entwurf 4209, der die Prüfung und Anwendung von Braunkohlenaschenbindern regelt, ausdrücklich darauf hingewiesen wird, daß die Festigkeit von Braunkohlenaschenbindern bei Verarbeitungstemperaturen unter + 8° sehr stark abfällt, stand man der Verwendung des Braunkohlenmischbinders, der ja zu 50 % aus Braunkohlenfilterasche besteht, im Hinblick auf seine Verwendbarkeit bei tiefen Temperaturen zunächst kritisch gegenüber. Untersuchungen, die im Institut für Bauforschung an der T.H. Aachen bei Temperaturen von + 5°C an einer Reihe von Fortunitproben vorgenommen wurden, ergaben den erstaunlichen Befund, daß bei dieser niedrigen Temperatur bei einer Lagerung der Probekörper unter feuchten Tüchern nach den üblichen 28 Tagen wenigstens die gleichen Festigkeitswerte erreicht wurden, wie sie bei der normenmäßigen Prüfung bei der vorgeschriebenen Temperatur von + 20°C nach 28 Tagen vom gleichen Institut gemessen worden waren.

Bei der Errichtung einer größeren Siedlung des Ruhrbergbaues, deren Bauarbeiten sich fast über den ganzen Winter 1952/53 hinzogen, wurde fast ausschließlich "Fortunit" als Mauermörtel verwendet. Wie erst später bekannt wurde, sind die Bauten dieser Siedlung im Frühjahr 1953 von einer amtlichen Kommission von Bausachverständigen, unter denen sich auch Herr Prof. A. HUMMEL, Aachen, befand, sorgfältig untersucht worden. Die Prüfung ergab ausgezeichnete Mörtelfestigkeiten. Soweit Frostschäden festgestellt wurden, waren diese ohne Bedeutung und jedenfalls geringer als die Schäden an entsprechenden Bauten, die mit anderen Bindemitteln gebaut worden waren. Hiermit hat der Fortunitbinder auch im Winter seine Bewährungsprobe bestanden.

Die Eigenschaft des Fortunitbinders, nach seiner Verarbeitung im Mauerwerk schnell "anzuziehen", beruht vor allem auf seinem Gehalt an Traß. Feingemahlener Traß quillt infolge seiner kolloidalen Natur mit Wasser stark auf. Bei Wasserentzug durch die Saugwirkung poröser Steine tritt eine Verfestigung ein, die man mit dem Erstarren anderer Kolloide z.B. mit dem des Leimes vergleichen kann. Diese Verfestigung wird darauf durch den langsamer verlaufenden chemischen Abbindevorgang irreversibel gemacht. Fehlt die Saugwirkung der Steine, z.B. bei Anwendung porenloser Natursteine oder vollständig mit Wasser durchnäßter Trümmersteine, so bleibt der Mörtel auch nach seiner Verarbeitung noch längere Zeit plastisch, da für die Anfangsverfestigung jetzt der sehr viel langsamer verlaufende chemische Abbindevorgang neben dem sehr langsamen Trocknungsvorgang über die Mörtelfugen maßgeblich ist. Besonders bei nassem und zugleich kaltem Wetter kann dann die Erhärtung des Mörtels nur relativ langsam vor sich gehen. Ein schnelles Hochmauern von relativ dünnen Mauern mit Fortunitmörtel ist folglich nur mit Steinen von normaler Wasseraufnahmefähigkeit und bei nicht zu nasser Witterung durchführbar.

Dr. K. RUMMEL, RAG Fortuna

Forschungsberichte des Wirtschafts- und Verkehrsministeriums Nordrhein-Westfalen

Abschrift

Institut für Bauforschung
an der Rheinisch-Westfälischen Technischen Hochschule Aachen

Prüfungszeugnis Nr. A 525a/B 235/51

<u>Antragsteller:</u> TUBAG Traß-, Zement- und Steinwerke A.G.,
Kruft bei Andernach

<u>Antrag vom:</u> 18. 12. 1950. - Pl/E. -

<u>Inhalt des Antrages:</u> Prüfung auf Mahlfeinheit, Erstarrungszeit, Raumbeständigkeit und Festigkeit (vgl. unter Ziff. 1)

<u>Versuchsmaterial:</u> 6 Jutesäcke Bindemittel

Je 2 Säcke waren mit A, I und IV bezeichnet. Nach Angabe des Antragstellers vom 18. 12. 1950 handelt es sich um folgende Gemische:

- A: 50 Gwt. Braunkohlenfilterasche-Fortuna (ungesichtet)
  50 Gwt. Rheinischer Traß (TUBAG)

- I: 50 Gwt. Braunkohlenfilterasche-Fortuna (ungesichtet)
  25 Gwt. Rheinischer Traß (TUBAG)
  25 Gwt. granulierter Schlackensand (Duisburger Kupferhütte)

- IV: 50 Gwt. Braunkohlenfilterasche-Fortuna (ungesichtet)
  35 Gwt. Rheinischer Traß (TUBAG)
  15 Gwt. Kalkhydrat (Weißkalk)

1. Prüfungsumfang

Nach schriftlichem Antrag vom 18. 12. 1950 der TUBAG sollten die drei Bindemittel geprüft werden auf:

a) Mahlfeinheit % R (900 bzw. 4900);

b) Abbindezeit Vicat-Gerät;

c) Prüfung der Raumbeständigkeit:
Kochprobe an je 1 Kuchen, der 48 bzw. 96 Stunden in feuchter Luft lagerte;

d) Festigkeitsprüfung an Prismen 4 x 4 x 16 cm im Alter von 7 und 28 Tagen, wobei die Prismen mit soviel Wasser angemacht werden, daß das

Ausbreitmaß zwischen 16 - 2o cm liegt. Nach Anfertigung werden sämtliche Prismen 96 Stunden in feuchter Luft gelagert, danach bis zum Prüftermin in Wasser.

2. Prüfungsergebnisse

Die Prüfungen wurden antragsgemäß und in sinngemäßer Anwendung der DIN 1164 durchgeführt und lieferten die folgenden Ergebnisse:

a) <u>Mahlfeinheit</u> (Kornfeinheit) nach DIN 1164 § 22

Bindemittel bezeichnet	Gesamtrückstände in Gew.-% auf	
	9oo	49oo
	Maschensieb	
A	o,22	1,8
I	o,41	2,5
IV	o,29	1,5

b) <u>Erstarrungszeit</u> nach DIN 1164 § 24

Bindemittel bezeichnet	Wasseranspruch in Gew.-%	Erstarrungs-	
		Beginn	Ende
A	35,5	2 Stunden 14 Min.	6 Stunden 35 Min.
I	32	1 Stunde 15 Min.	5 Stunden 48 Min.
IV	35,5	4 Stunden 4 Min.	7 Stunden 33 Min.

c) <u>Raumbeständigkeit</u>

Sämtliche Bindemittel haben die Kochprobe nach 48- bzw. 96-stündiger Luftlagerung bestanden.

d) <u>Festigkeiten</u> nach DIN 1164 § 6 in Verbindung mit § 25

Die Festigkeiten wurden am weichen Normenmörtel aus

1 Gew.Teil Bindemittel,
1 Gew.Teil Normensand Körnung I,
2 Gew.Teilen Normensand Körnung II und bei allen 3 Bindern
o,6 Gew.Teil (= 15 Gew.-%) Wasser

ermittelt.

Als Prüfsand wurde der neuerdings zugelassene Sand von Neubeckum verwendet.

Die Ausbreitmaße waren:

Bei Mörtel aus Bindemittel A   16 cm

bei Mörtel aus Bindemittel I   18 cm

bei Mörtel aus Bindemittel IV   16,5 cm.

Die Festigkeitsprismen 4 x 4 x 16 cm wurden bestimmungsgemäß hergestellt, entfernt und antragsgemäß 96 Stunden in feuchter Luft, danach bis zum Prüfungstermin in Wasser von Normentemperatur gelagert.

Die Prüfung nach 7 und 28 Tagen ergab die folgenden Werte:

Mörtel aus Binde-mittel	Normenfestigkeiten	Einzelwerte kg/cm^2			Mittelwerte kg/cm^2
A	Biegezugfestigkeit: kg/cm^2				
	nach 7 Tagen	13,1	12,9	12,8	13
	nach 28 Tagen	20,0	19,5	19,5	20
	Druckfestigkeit: kg/cm^2				
	nach 7 Tagen	54,0	56,8	47,7	50
		50,0	45,5	43,3	
	nach 28 Tagen	72,6	70,2	74,8	74
		72,6	77,1	77,1	
I	Biegezugfestigkeit: kg/cm^2				
	nach 7 Tagen	23,5	22,8	22,9	23
	nach 28 Tagen	40,4	41,3	38,6	40
	Druckfestigkeit: kg/cm^2				
	nach 7 Tagen	75,0	79,5	72,8	74
		72,8	70,5	70,5	
	nach 28 Tagen	137	(148)	137	137
		137	139	137	

Fortsetzung

Mörtel aus Binde- mittel	Normenfestigkeiten	Einzelwerte kg/cm^2			Mittelwerte kg/cm^2
IV	Biegezugfestigkeit: kg/cm^2				
	nach 7 Tagen	8,9	8,4	9,5	9
	nach 28 Tagen	31,0	25,9	27,3	28
	Druckfestigkeit: kg/cm^2				
	nach 7 Tagen	24,8 24,8	26,2 24,8	23,5 23,5	25
	nach 28 Tagen	1o5 1o2	1o5 1o5	1o2 1o5	1o4

Aachen, den 28. Februar 1951

Der mit der Prüfung
beauftragte Ingenieur   Der Direktor

gez. Unterschrift   gez. HUMMEL

Forschungsberichte des Wirtschafts- und Verkehrsministeriums Nordrhein-Westfalen

Abschrift

Institut für Bauforschung und Materialprüfungen des Bauwesens
Staatliche Materialprüfungsanstalt an der Techn. Hochschule Stuttgart

An die
TUBAG
Verwaltungsgebäude Idylle
K r u f t
bei Andernach / Rh.

Ihre Zeichen: P/E   Unsere Zeichen: B 21903/Schä/Ba   29. Januar 1951

Betr.: Untersuchung von 3 Bindemitteln

Am 22. 12. 1950 erhielten wir von Ihnen je 2 Säcke (rd. 80 kg) mit 3 Bindemitteln mit der Bezeichnung A, I und IV.

Nach Ihren Angaben vom 18. 12. 1950 waren die Bindemittel aus Ihrem rheinischen Traß, ungesichteter Braunkohlenfilterasche der Braunkohlengrube "Fortuna", sowie mit granuliertem Schlackensand der Duisburger Kupferhütte und mit Weißkalkhydrat in einem Großmahlversuch hergestellt worden. Weitere Angaben über die Zusammensetzung der einzelnen Bindemittel sind aus der umstehenden Zusammenstellung ersichtlich (Ziffer 1).

Entsprechend Ihrem Auftrag vom 18. 12. 1950 waren die Bindemittel nach DIN 1164 zu prüfen, wobei die Raumbeständigkeitsprüfung durch den Kochversuch an Kuchen festzustellen war, die 48 bzw. 96 Stunden in feuchtigkeitsgesättigter Luft lagerten, und die Festigkeit an Prismen, die aus einem Mörtel mit einem Ausbreitmaß zwischen 16 und 20 cm hergestellt wurden und bis zum Alter von 96 Stunden in feuchtigkeitsgesättigter Luft, anschließend unter Wasser lagerten.

Das Ergebnis unserer Prüfungen ist aus der umstehenden Zusammenstellung ersichtlich (Ziffer 2 bis 5).

Bindemittel	A	I	IV
1. Zusammensetzung	50 GT Braunkohlenfilterasche, 50 GT Rheinischer Traß	50 GT Braunkohlenfilterasche, 25 GT Rheinischer Traß, 25 GT Schlakkensand	50 GT Braunkohlenfilterasche, 35 GT Rheinischer Traß, 15 GT Kalkhydrat

2. <u>Mahlfeinheit</u> (Rückstand auf den Sieben DIN 1171)

	A	I	IV
0,2 mm	0,1	0,2	0,2 Gew.-%
0,09 mm	0,9	1,2	1,0 Gew.-%

3. <u>Kochversuch</u> im Alter von 48 und 96 Stunden nach Lagerung in feuchtigkeitsgesättigter Luft

	A	I	IV
	bestanden	bestanden	bestanden

4. <u>Erstarren</u>

	A	I	IV
Wasserzusatz	36 2/3	33	36 2/3 Gew.-%
Erstarrungsbeginn	2 h 45 min	3 h 15 min	3 h 10 min
Erstarrungsende	5 h 45 min	6 h 15 min	6 h 45 min

5. <u>Festigkeiten</u> (Lagerung 96 Stunden in feuchtigkeitsgesättigter Luft, dann unter Wasser)

	A	I	IV
Wasserzementwert w	0,63	0,60	0,63
Ausbreitmaß	17,9	18,1	18,3 cm

<u>Biegezugfestigkeit</u> im Alter von

	A	I	IV
7 Tagen	(13,9+14,6+12,7) : 3 = <u>13,7</u>	(24+24+25) : 3 = <u>24</u>	(12,8+13,3+12,7) : 3 = <u>12,9</u> kg/cm²
28 Tagen	(22+21+21) : 3 = <u>21</u>	(39+39+42) : 3 = <u>40</u>	(34+35+32) : 3 = <u>34</u> kg/cm²

<u>Druckfestigkeit</u> im Alter von

	A	I	IV
7 Tagen	(45+48+43+44+43+44) : 6 = <u>44</u>	(74+78+71+73+73+76) : 6 = <u>74</u>	(41+41+41+42+43+44) : 6 = <u>42</u> kg/cm²
28 Tagen	(72+71+68+68+67+69) : 6 = <u>69</u>	(152+156+146+149+150+157) : 6 = <u>152</u>	(104+106+103+103+102+101) : 6 = <u>103</u> kg/cm²

Der Sachbearbeiter   Der Abteilungsleiter   Der Direktor

gez. Schäffler   gez. Unterschrift   gez. Unterschrift

Forschungsberichte des Wirtschafts- und Verkehrsministeriums Nordrhein-Westfalen

Abschrift

Der Minister für Wiederaufbau (22a) Düsseldorf, den 12. Nov. 1951
des Landes Nordrhein-Westfalen
- Bauaufsicht -
II A, 7.2o5 Nr. 2926/51

U r k u n d e

Allgemeine Zulassung des Braunkohlenmischbinders "Fortunit"

Geltungsbereich: Land Nordrhein-Westfalen
Geltungsdauer: bis 31. Dezember 1956
Zulassungsinhaber: Rheinisches Elektrizitätswerk im Braunkohlenrevier A.G., Köln, Kaiser-Friedrich-Ufer 55

"Fortunit" ist ein hydraulisches Bindemittel, das durch fabrikmäßiges Vermahlen von 5o Gewichtsteilen Fortuna-Braunkohlenfilterasche, 25 Gewichtsteilen Traß und 25 Gewichtsteilen basischer Hochofenschlacke hergestellt wird.

Nach der Verordnung über die allgemeine baupolizeiliche Zulassung neuer Baustoffe und Bauarten vom 8. November 1937 (RGBl. I S. 1177) und den zugehörigen Ausführungsbestimmungen vom 31. Dezember 1937 (RABl. 1938 S.I.11) wird der unter Verwendung von Braunkohlenfilterasche des Rheinischen Elektrizitätswerkes im Braunkohlenrevier Köln, im Werk Fortuna hergestellte Braunkohlenmischbinder "Fortunit" für die Verwendung zu Mauer- und Putzmörtel auf Grund der vorgelegten Prüfungsnachweise unter den nachstehenden Bedingungen als ausreichend brauchbar und zuverlässig zur Verwendung im Hochbau anerkannt.

Besondere Bedingungen

1. Die Verpackung muß in deutlicher schwarzer Beschriftung folgende Aufdrucke tragen:
   1.1 Die Bezeichnung "Braunkohlenmischbinder".
   1.2 Die Güteklasse "Br 8o".
   1.3 Den Verwendungszweck "Nur für Mauer- und Putzmörtel".
   1.4 Den Überwachungsvermerk "Amtlich überwacht".
   1.5 Das Bruttogewicht (bei Säcken 5o kg).
   1.6 Das Firmenzeichen.

Die unter 1.1 bis 1.3 genannten Buchstaben müssen 4 cm hoch sein.

2. Nach 28 Tagen soll die Mindestdruckfestigkeit 80 kg/cm^2, die Biegezugfestigkeit mindestens 20 kg/cm^2 betragen.

3. Der Braunkohlenmischbinder darf auf dem Sieb 0,09 nach DIN 1171 höchstens 8 % Rückstand aufweisen.

4. Die Prüfung nach DIN 1164 erfolgt mit der Abweichung, daß die Prismen zunächst 96 Stunden in feuchter Luft und anschließend unter Wasser gelagert werden.

5. Der Braunkohlenmischbinder "Fortunit" ist nur für Mauer- und Putzmörtel wie Kalkmörtel zu verwenden.

6. Zement darf nicht zugesetzt werden.

7. Die Herstellung von "Fortunit" ist durch das Institut für Bauforschung an der Rheinisch-Westfälischen Technischen Hochschule Aachen dauernd zu überwachen. Diese dauernde Überwachung richtet sich nach DIN 1164.

8. Die Einstellung der dauernden Überwachung zieht unabhängig von der festgesetzten Geltungsdauer dieser Zulassung das sofortige Erlöschen der Zulassung nach sich. Dieses gilt besonders dann, wenn die vorstehenden Bedingungen nicht eingehalten werden.

Allgemeine Bedingungen

1. Die allgemeine Zulassung befreit die örtlichen Baugenehmigungsbehörden von der Verpflichtung der grundsätzlichen, bereits von der Zulassungsstelle durchgeführten Prüfung des Baustoffes oder der Bauart. Sie entbindet jedoch nicht von der Verpflichtung, die Erfüllung der Zulassungsbedingungen und Voraussetzungen zu überwachen und die verwendeten Baustoffe auf ihre Eignung zu prüfen.

2. Die allgemeine Zulassung entbindet nicht von der Verpflichtung zur Einholung der bauaufsichtlichen Genehmigung für jedes einzelne Bauvorhaben.

3. Die Zulassung ist an den Inhaber gebunden. Sie läßt alle Rechte Dritter gegen den Inhaber der Zulassung aus der Verwendung des Baustoffes oder der Bauart unberührt.

4. Die Veräußerung der Rechte aus dieser Zulassung oder deren Überlassung für bestimmte Bezirke an Dritte bedarf der Genehmigung der für den Ort der gewerblichen Niederlassung oder für den Wohnort des Dritten zuständigen obersten Bauaufsichtsbehörde. Die Genehmigung ist gebührenpflichtig.

5. Die allgemeine Zulassung kann jederzeit und mit sofortiger Wirkung widerrufen, ergänzt oder geändert werden, besonders, wenn die Bedingungen der Zulassung nicht erfüllt werden, die zugelassenen Baustoffe oder Bauarten sich nicht bewähren oder wenn dies im öffentlichen Interesse erforderlich ist.

6. Die Zulassungsurkunde ist der Baugenehmigungsbehörde mit jedem Bauantrag unaufgefordert vorzulegen, soweit nicht bereits eine beglaubigte Abschrift oder Fotokopie ein für allemal bei der Baugenehmigungsbehörde hinterlegt ist.

7. Eine Vervielfältigung oder Veröffentlichung dieser Zulassungsurkunde für bauaufsichtliche, Werbungs- oder andere Zwecke darf nur im ganzen - nicht auszugsweise - erfolgen.

8. Werbeschriften, die durch ihren Inhalt oder ihre Form zu Beanstandungen Anlaß geben können, dürfen nicht in Verkehr gebracht werden.

                                            Im Auftrage

Stempel   gez.

Forschungsberichte des Wirtschafts- und Verkehrsministeriums Nordrhein-Westfalen

B. Einzelberichte

I. Stellungnahme zu den Arbeiten von OTTEMANN über die Bedeutung der Wasserstoffionenkonzentration für die hydraulische Erhärtung von Braunkohlenasche

1. Stellungnahme zu den Arbeiten von OTTEMANN

Für die Frage der Verwendung der Aschen rheinischer Braunkohlen als Baustoffbindemittel liegt es nahe, die Erkenntnisse, die an den Aschen anderer Braunkohlen bereits gesammelt wurden, auf diese anzuwenden. In den letzten Jahren sind verschiedene Arbeiten von Dr. Joachim OTTEMANN, Berlin, erschienen, die sich mit der Frage der Mineralbestandteile von Braunkohlenaschen und ihrer Bedeutung für die Beurteilung von Aschenbindern befassen. Vor einem Vergleich der Eigenschaften der Aschen rheinischer Braunkohlen mit den von OTTEMANN untersuchten Braunkohlenaschen Mitteldeutschlands sei zunächst der wesentliche Inhalt der Arbeiten OTTEMANN's beschrieben und kritisch beleuchtet.

In der Arbeit "über die Mineralbestandteile von Braunkohlenaschen und ihre Bedeutung für die Beurteilung von Aschenbindern (Akademieverlag, Berlin 1951)" wird ein Beitrag zur Grundlagenforschung der Aschenbinder gegeben. Unter Verwendung der bis dahin bekannten Literatur sowie der von OTTEMANN ausgeführten Untersuchungen wird ein ungefähres Bild von der Mineralzusammensetzung der Braunkohlenaschen entworfen und auf ihre mörteltechnische Bedeutung eingegangen.

Der Stand der Erkenntnisse wird in ausführlicher Form behandelt. Zunächst werden die Methoden zur Erforschung der Aschenmineralien, angefangen von der chemischen und physikalischen Untersuchung bis zu mikroskopischen und röntgenographischen sowie auch elektronenmikroskopischen Nachweisen besprochen. Folgerichtigerweise wird zunächst der Mineralbestand der Kohlen mit den wesentlichen Gruppen wie Tonmineralien, Eisensulfide, Karbonate, Kieselsäure, Eisenoxyde und Sulfate erwähnt und danach das Verhalten dieser, die Asche bildenden Mineralien bei dem eigentlichen Vorgang der Verbrennung dargestellt. Den einzelnen Gruppen der in wechselnden Mengen in den Kohlen auftretenden Mineralien wie die Tonmineralien, Eisensulfide, Karbonate, Kieselsäure, Eisenoxyde und Sulfate werden in ihrem mineralischen und chemischen Verhalten gekennzeichnet. Dem Einfluß erhöhter

Temperaturen, wie sie bei der Verbrennung der Kohle auftreten, wird besondere Beachtung geschenkt.

Nach diesen, in einer weitverzweigten Literatur beschriebenen Erkenntnissen, ist das Verhalten der Sulfate für die Aschen rheinischer Braunkohlen bzw. die Bildung der Aschen aus den anorganischen Bestandteilen der Kohle von Bedeutung. So ist bekannt, daß in dem salzsauren Auszug von Braunkohlen nur Spuren von Sulfat zu finden sind. Dagegen können die Kohlen je nach ihrer Entstehungsweise einen mehr oder weniger hohen Anteil an Salzen haben. Dieses sind im wesentlichen Sulfate und Chloride der Alkalien. Bei den mitteldeutschen Kohlen, insbesondere den sogenannten Salzkohlen, kann der Gehalt an Alkalien, ausgedrückt durch Na_2O bis zu 22 % betragen. Diese große Menge an Alkalien setzt einmal den Schmelzpunkt der Aschen bereits bei der Verbrennung der Kohle in den Kesseln stark herab, zum anderen findet bei diesem Schmelzvorgang ein Entmischen statt, so daß eine flüssige Alkalischmelze neben festen gesinterten Ascheteilchen zu beobachten ist. Der hohe Salzgehalt wirkt sich aber auch bei der Verwendung der Aschen als Mörtelbindemittel unangenehm aus, da Ausblühungen auftreten, die auch zu einem Zerstören des erhärteten Aschemörtels führen können. Dieses gilt besonders für die stark salzhaltigen Kohlen bzw. Aschen Mitteldeutschlands, aber wenig für die Aschen rheinischer Braunkohlen, deren Alkaligehalt unter 1 % liegt.

Die in dieser Arbeit von OTTEMANN beschriebenen Eigenschaften der Tonmineralien haben für die bisher untersuchten Aschen rheinischer Braunkohlen nicht die Bedeutung wie die von OTTEMANN selbst untersuchten mitteldeutschen Braunkohlen. Die Aschen mitteldeutscher Braunkohlen enthalten nach den Analysenangaben von OTTEMANN bei den in n/5 normaler Salzsäure zersetzbaren Ascheteilen 14 % Al_2O_3, während in den leicht zersetzbaren Schlacken der Anteil an Tonerde höher und zwar bei 27 - 28 Gew.-% liegt. Die bisher von J. ENDELL untersuchten Aschen rheinischer Braunkohlen enthalten nur sehr geringe Mengen an Tonerde, wobei der Gehalt an Tonerde nach den Analysen verschiedenster über das ganze rheinische Revier verteilter Aschen zwischen 2 und 5 Gew.-% liegt. Bei den von ENDELL untersuchten Braunkohlenaschen handelt es sich nach der Angabe der jeweiligen Kraftwerke um Aschen mittlerer Zusammensetzung, so daß dieser geringe Gehalt an Tonerde, in denen noch ca. 2 % Titandioxyd enthalten ist, wohl als Mittelwerte für die Aschen rheinischer Braunkohlen angesehen werden kann. Die von ENDELL untersuchten Aschen rheinischer Braunkohle stammen daher im Durchschnitt von recht reinen Braunkohlen, die nur wenig mit Ton verunreinigt waren.

Dieser sehr viel geringere Gehalt an Tonerde der Aschen rheinischer Braunkohle ist nicht nur in chemischer Hinsicht entscheidend für ihr Verhalten, sondern auch in Bezug auf die Frage der Erhärtung der Aschen als Baustoffbindemittel. Dementsprechend enthalten die Aschen rheinischer Braunkohlen nur recht geringe Mengen an hydraulisch wirkenden Verbindungen, während die von OTTEMANN untersuchten Aschen mitteldeutscher Braunkohlen nach ihrem hohen Gehalt an löslicher Tonerde und Kieselsäure zu mehr als 50 % aus hydraulisch wirkenden Stoffen bestehen und somit auch als hydraulisch wirkende Bindemittel anzusehen sind. Dieses ist aber bei den Aschen rheinischer Braunkohlen nur in geringem Maß der Fall.

Das von OTTEMANN erwähnte Verhalten der Eisensulfide, Karbonate, Kieselsäure und Eisenoxyde bei der Verbrennung der Braunkohlen beruht auf den bekannten chemischen Erkenntnissen. Besondere Aufmerksamkeit wird in den Arbeiten von OTTEMANN der Wechselwirkung zwischen Asche und den Brenngasen gewidmet. Ist es doch wesentlich zu wissen, wie der in den Braunkohlenaschen nachgewiesene wasserfreie Gips entstanden sein mag. So wird von OTTEMANN die Wechselwirkung zwischen Calciumoxyd und Schwefeltrioxyd wie auch von gebrannten Tonen und Schwefeltrioxyd behandelt. Die Aufnahme von Schwefeltrioxyd erreicht beim Brennen von kalkhaltigen und auch kalkfreien Tonen bei $400°$ ein Maximum. Darüber hinaus nehmen kalkhaltige Tone 3 mal soviel Schwefeltrioxyd bei $400°$ aus der Gasphase auf als die kalkfreien Tone. Bei höheren Temperaturen als $400°$ geht aber die Aufnahme des Schwefeltrioxydes wieder zurück und erreicht bei $1200°$, der Verbrennungstemperatur an der Oberfläche der Kohleteilchen nur noch 1/10 oder sogar 1/100 % SO_3, bezogen auf den gebrannten Ton. Andererseits ist der Einfluß der Rauchgase auf vorübergehend gebildetes Calciumsulfat von Bedeutung, wobei wiederum bei den Verbrennungstemperaturen der Gehalt an Schwefeltrioxyd auf 1/10 % absinkt. Der relativ hohe Gehalt von 6 bis 13 % in den Aschen gebundenen Schwefeltrioxyds ist wohl darauf zurückzuführen, daß die einzelnen Ascheteilchen sehr schnell aus der Feuerzone herausfliegen, während sich ein erstarrter Schlackenfilm gleichzeitig um die Mineralanteile bildet, der ein weiteres Austreiben des Schwefeltrioxydes verhindert. Somit ist es sehr schwer die von verschiedenen Forschern experimentell ermittelten Ergebnisse über die Bildung des Calciumsulfates und die Wechselwirkung der verschiedenen Komponenten auf die Bedingungen in der Feuerung zu übertragen. Werden doch experimentelle Untersuchungen jeweils bis zum Abschluß einer Reaktion ausgeführt, während man es bei den Aschen mit unterkühlten glasig erstarrten Schlackenteilchen zu tun hat, in denen ein Ungleichgewicht eingefroren ist. Der beste Beweis hierfür sind die von ENDELL noch in Arbeit befindlichen Untersuchungen über das Schmelzverhalten der Aschen rheinischer Braunkohlen, die beim Einschmelzen beträchtliche Mengen an SO_3 abgeben, was auf die Wechselwirkung zwischen dem in den erstarrten Schmelzen eingefrorenen Schwefeltrioxyd bzw. dem gebildeten Calciumsulfat und dem Eisenoxyd zurückzuführen ist.

Über die Reaktionen der Aschemineralien untereinander sowie das Schmelzverhalten der Aschen liegen eine große Anzahl von Arbeiten vor, die von OTTEMANN zitiert werden. Von OTTEMANN ausgeführte Untersuchungen beschränken sich im wesentlichen auf mikroskopische Betrachtungen der Aschen, deren Größe zwischen 0,1 - 0,001 mm liegen. Die Schlackenkugeln sind hell durchsichtig und wechseln in ihrer Farbe von grün, gelb bis braun. Daneben finden sich auch dunkle undurchsichtige Aschekugeln, die wohl größere Anteile an Magnesit oder Eisensulfid enthalten.

Aus den von einer großen Anzahl von Forschern erarbeiteten Erkenntnissen werden Schlußfolgerungen auf die mörteltechnische Bedeutung der Aschenschlacken gezogen. Nach den von OTTEMANN angegebenen Analysen der Zusammensetzung der zersetzbaren Ascheteile sowie der leicht zersetzbaren Schlackenteile ist die Frage des hydraulischen Verhaltens positiv zu beantworten. Darüberhinaus konnte von OTTEMANN auf mikroskopischem Wege der Nachweis erbracht werden, daß Teile der in den Braunkohlenaschen vorliegenden gesinterten bzw. geschmolzenen Schlacken in Gegenwart von Wasser chemische Wechselwirkungen erkennen lassen. So konnte lichtmikroskopisch die Bildung wohlkristallisierter Calciumaluminatsulfathydrate in den beiden bekannten Formen nachgewiesen werden. Es handelt sich hierbei um die sulfatreichere Verbindung

$$3\ CaO \cdot Al_2O_3 \cdot 3\ CaSO_4 \cdot 31\ H_2O \text{ (Ettringit)}$$

und die sulfatarme Verbindung

$$3\ CaO \cdot Al_2O_3 \cdot CaSO_4 \cdot 12\ H_2O.$$

Forschungsberichte des Wirtschafts- und Verkehrsministeriums Nordrhein-Westfalen

In den verschiedenen Abbildungen sind Glaskugeln der Schlackenteilchen wie auch die oben angegebenen kristallisierten Verbindungen zu erkennen. Den Bedingungen, unter denen diese beiden Verbindungen bestehen, wurde in 2 weiteren Arbeiten besondere Aufmerksamkeit geschenkt. Aus dem chemischen Aufbau und einem Vergleich der mikroskopischen Untersuchungen der Braunkohlenschlacken mit denen von Zementklinkern wird geschlossen, daß sich wohl auch in der Schmelzphase das Klinkermineral Brownmillerit befinden kann. Unwahrscheinlich ist das Auftreten kristallisierter Calciumsilikate. Über den Aufbau und die Natur der Schlackenkomponente werden keine Aufschlüsse gegeben, sondern es wird nur auf die Möglichkeiten hingewiesen, die sich aus der Wechselwirkung der einzelnen Mineralien nach dem heutigen Stand der Erkenntnisse ergeben können. In ähnlicher Form wird über die Frage der hydraulischen Eigenschaften der nicht verschlackten Aschenbestandteile diskutiert, wobei für die Aschen mitteldeutscher Braunkohle die Erkenntnisse aus der Zementchemie angewandt werden können.

Aus den bisher bekannten Erkenntnissen werden Schlüsse auf die mörteltechnische Bedeutung der Braunkohlenaschen gezogen, wobei für die aktiven Bestandteile zwischen den hydraulisch reagierenden, den nicht hydraulischen sowie den Anregerstoffen unterschieden wird. Es wird aber auch hier erkannt, daß die bisherigen Erkenntnisse auf dem Gebiet der Mörtelbindemittel nur schwer auf die meist glasigen oder auch kristallisierten Bestandteile der Braunkohlenaschen anzuwenden sind und daß es notwendig erscheint, das Verhalten jeder charakteristischen Ascheart durch experimentelle Untersuchungen zu ermitteln.

In 2 weiteren Arbeiten von OTTEMANN über "Untersuchungen zur Kenntnis der hydraulischen Erhärtung von Braunkohlenaschen" und über "die Bedeutung der Wasserstoffionenkonzentration für die hydraulische Erhärtung von Braunkohlen-Aschen und Gipsschlackenzement" werden die Fragen des Reaktionsvermögens und der Erhärtungsvorgänge der Aschen bei ihrer Verwendung als Baustoffbindemittel behandelt. Die bei den Temperaturen im Feuerraum gebildeten Schlackenteilchen, die in gesinterter oder auch geschmolzener und luftgranulierter Form vorliegen, enthalten nach der vorher besprochenen Arbeit von OTTEMANN hydraulische Komponenten, die überwiegend aus aluminatischen Verbindungen bestehen. Weiterhin geht aus den Analysen hervor, daß noch beträchtliche Mengen an freiem Kalk aber nur geringe Mengen an SO_3 in den Aschen bzw. den Schlacken enthalten sind.

Forschungsberichte des Wirtschafts- und Verkehrsministeriums Nordrhein-Westfalen

Für die Beurteilung der Vorgänge bei der Verfestigung von Aschenbindern sind daher die Erkenntnisse grundlegend, die an Zementen und Gipsschlakkenzementen erarbeitet wurden.

Für die von OTTEMANN ausgeführten Untersuchungen und vergleichenden Betrachtungen liegen die Beobachtungen zugrunde, daß schlackenreiche Aschen mit Wasser reagieren, und daß bei Betrachtung der Schlackenteilchen unter dem Mikroskop bei starker Vergrößerung Kristallneubildungen zu erkennen sind. So bedecken sich die Schlackenteilchen nach Minuten und Stunden mit einer Unzahl von dünnen Kristallnadeln, die radial nach außen gerichtet sind. Diese Kriställchen sind außerordentlich dünn und erreichen teilweise nur einen Durchmesser von 1μ. Bei den mikroskopischen Untersuchungen ließen sich aber immer noch Bestimmungen des Brechungsindexes ausführen, die bestätigen, daß es sich bei den mineralischen Neubildungen um Ettringitkristalle handelt. Die optisch ermittelten Daten sowie die Erscheinungsformen lassen auf die Bildung von Tricalciumaluminattrisulfathydrat ($3\ CaO \cdot Al_2O_3 \cdot 3\ CaSO_4 \cdot 31\ H_2O$) schließen. Die von anderen Forschern ausgeführten Untersuchungen über die Bildung sowie die Eigenschaften des Ettringits, der im Zementmörtel als "Zementbazillus" auftreten kann, ergeben die Bestätigung, daß es sich bei den Braunkohlenaschen um diese Kristallbildungen handeln muß.

Neben diesen nadelförmigen Kristallen lassen sich auch kleinste hexagonal begrenzte Kristallblättchen erkennen, die nach den bisher bekannten optischen Befunden wohl als Tricalciumaluminatmonosulfathydrat ($3\ CaO \cdot Al_2O_3 \cdot CaSO_4 \cdot 12\ H_2O$) zu deuten sind. Es ist von Bedeutung zu wissen, unter welchen Bedingungen diese beiden Kristallarten bei den Braunkohlenaschen entstehen, wie weit sie beständig sind und unter welchen Bedingungen sich die eine Form in die andere umwandeln kann. Es wird daher von OTTEMANN über die Bildungsbedingungen dieser Kristalle nach dem heutigen Stand der Erkenntnisse eingehend referiert und in einer Tabelle übersichtlich die Eigenschaften dargestellt.

Nach den Untersuchungen verschiedener Forscher ist nun bekannt, daß die Bildung, Beständigkeit wie auch die Existenzbedingungen dieser beiden Calciumaluminatsulfathydrate in einer Abhängigkeit von der Wasserstoffionenkonzentration steht. Es ist bekannt, daß sich in dem System $CaO - Al_2O_3 - CaSO_4 - H_2O$ je nach dem Grad der Wasserstoffionenkonzentration verschiedene feste Phasen ausscheiden. Um das Gebiet des Neutralpunkts herum scheidet sich Aluminiumhydroxyd aus. Zwischen p_H 10,8 und 12,5 kristallisiert die an Calciumsulfat und Wasser reichere Form "Ettringit" aus, während im noch stärker alkalischen Bereich die an Calciumsulfat und Wasser ärmere Form des Calciumaluminatmonosulfathydrates kristallisiert. Für die Verwendung von Braunkohlenaschen als Baustoffbindemittel ist es genau so wichtig wie bei den Gipsschlackenzementen zu wissen, welche dieser festen Phasen sich ausscheiden und in welcher Reihenfolge. Liegt beispielsweise eine hohe Alkalität vor, so würde sich die an Gips und Wasser ärmere Form des Calciumaluminatsulfathydrates ausscheiden, wobei aber die Gefahr besteht, daß sich bei Rückgang der Alkalität später die gipsreichere und auch wasserreichere Form des Ettringits bildet. Dieses würde im Laufe der Zeit zu Treiberscheinungen führen, die evtl. hergestellte Baustoffe wieder zerstören könnten.

Es wurde nun gefunden, daß der Grad der Basizität nicht nur von dem in den Aschen enthaltenen Kalk bei den Lösungsvorgängen, sondern darüber hinaus auch von den in den Aschen enthaltenen Alkalien entscheidend bestimmt wird. Behandelt man nämlich Braunkohlenaschen mit Wasser, so ergibt sich aus dem in Lösung gehenden Kalk sowie aus der Wechselwirkung zwischen dem Kalkhydrat und den Alkalisalzen Natronlauge, die den Wert der Alkalität heraufsetzt. Reines Kalkhydrat oder Kalkwasser hat einen p_H-Wert von 12,3, während nach den Untersuchungen von OTTEMANN die Wasserstoffionenkonzentration der mit Wasser behandelten Aschen höher liegt. Für die Verwendung der Braunkohlenaschen als Baustoffbindemittel ist es daher wesentlich, den Grad der Alkalität zu kennen, um so gegebenenfalls die Basizität beeinflussen zu können. Liegt in den gesättigten Lösungen eines angemachten Mörtels gerade der p_H-Bereich vor, der dem Ettringit, also der voluminösesten Verbindung entspricht, so werden sich diese Kristalle bei der Erhärtung ausbilden und man bekommt eine Verfestigung, die ähnlich der der Gipsschlackenzemente ist. Bildet sich aber bei der Erhärtung vorübergehend, beeinflußt durch vorhandenes Alkali, bei höherer Basizität die an Sulfat und Wasser ärmere Form, so besteht immer noch die Gefahr, daß in nicht kontrollierbaren Zeiträumen die voluminösere Form des Ettringits entstehen kann und dadurch längst erhärtete Mörtel durch Treiben zerstört werden.

In den Arbeiten von OTTEMANN werden die Möglichkeiten aufgezeigt, die bei den Braunkohlenaschen auftreten können. Es werden auch Hinweise für die Prüfung auf die einzelnen Basen sowie den Gehalt an Sulfat gegeben. Es

Forschungsberichte des Wirtschafts- und Verkehrsministeriums Nordrhein-Westfalen

werden aber leider keine Angaben über gemessene Werte der Wasserstoffionenkonzentration gemacht, woraus definitiv auf das Vorhandensein bestimmter Verbindungen der Calciumaluminatsulfathydrate geschlossen werden kann.

2. Wasserstoffionenkonzentration von Aufschlämmungen rheinischer Braunkohlenaschen

Im Rahmen der Untersuchung über die physikalisch-chemischen Grundlagen der Braunkohlenfilteraschen als Baustoffbindemittel wurde nach einer Kennzeichnung der physikalischen und chemischen Eigenschaften dieser Aschen insbesondere das Lösungsverhalten des Kalkes nach der Dampfbehandlung untersucht. Aus den Untersuchungen ergab sich, daß nach der Vorbehandlung der Braunkohlenaschen im gespannten Dampf die Löslichkeit des Kalkes und des Sulfates zurückgeht, was als ein analytischer Beweis für mineralische Neubildungen anzusehen ist. Bei der gleichen Behandlung steigt aber die Reaktionsfähigkeit der Magnesia an. Dieses ist darauf zurückzuführen, daß die in den Aschen enthaltene freie Magnesia bei der Dampfbehandlung weitgehend hydratisiert wird und bei der angewandten Untersuchungsmethode in kohlesäurehaltigem Wasser leichter löslich wird.

Es ist versucht worden, die mineralischen Neubildungen in ähnlicher Form wie es von OTTEMANN durchgeführt wurde, sichtbar zu machen. Der Kornaufbau der Aschen rheinischer Braunkohlen ist aber nach den eigenen Untersuchungen wahrscheinlich sehr viel kleiner als der der von OTTEMANN untersuchten Aschen. OTTEMANN konnte mit dem Lichtmikroskop gut sichtbar die Aschenteilchen abbilden, was bei den feinen Stäuben der Aschen rheinischer Braunkohlen nicht gelingt. Aus den früheren eigenen Arbeiten "über die Bildung von Braunkohlenaschen" sowie den "Aufbau und Eigenschaften der Aschen rheinischer Braunkohlen" geht hervor, daß die eigentlichen wertvollen, kalkhaltigen Ascheteilchen Korngrößen von 3 bis 10 μ haben, während die gröberen Teilchen überwiegend aus den Verunreinigungen wie Sand, gebranntem Ton oder Unverbrennlichem bestehen. Bei den Beobachtungen mit dem Lichtmikroskop sieht man zwar gut sichtbare Teilchen, doch besteht die Gefahr, daß es sich hierbei garnicht um die eigentlichen wertvollen Ascheteilchen, sondern nur um die groben Verunreinigungen handelt. Es war daher notwendig, für optische Untersuchungen das Elektronenmikroskop zu Hilfe zu nehmen. Hiermit ließen sich Aufnahmen von dampfbehandelten

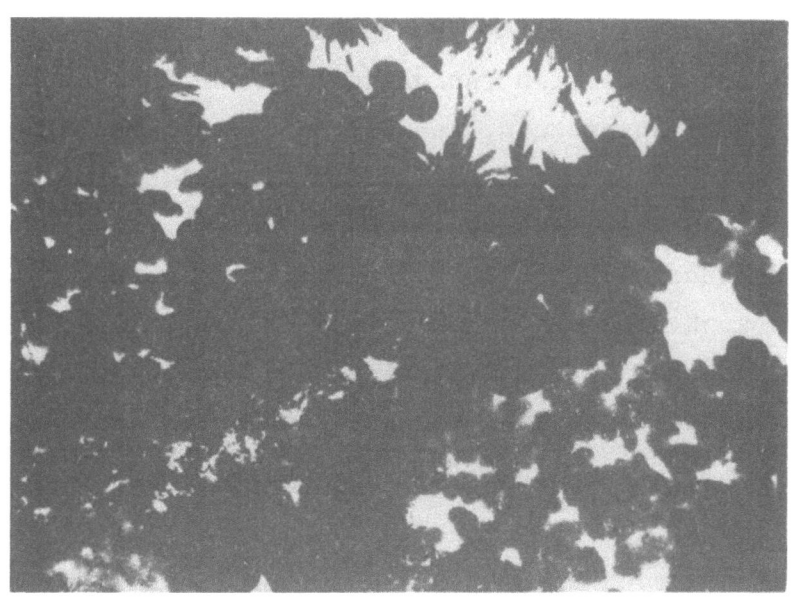

Abbildung 1
Braunkohlenasche D II nach der Dampfbehandlung
mit Wasser aufgenommen. Vergrößerung 8280 x

Braunkohlenaschen, die mit Wasser angemacht wurden, herstellen und auch kristalline Neubildungen nachweisen. Auf den Abbildungen, von denen ein Bild vorstehend wiedergegeben ist, sind nebeneinander unzersetzte mehr oder weniger kugelförmige Schlackenteilchen, kolloidale Neubildungen sowie wohl ausgebildete Kristalle zu erkennen.

Bei einem Vergleich der Größe der sichtbaren Teilchen mit dem Vergrößerungsmaßstab der Aufnahmen ist deutlich zu erkennen, daß die noch übriggebliebenen überwiegend rundlichen Schlacketeilchen einen Durchmesser von 1/2 bis 3 μ haben. Die Kristalle sind außerordentlich dünn, wobei man die Dicke der einzelnen sichtbaren Nadeln auf 1/10 μ schätzen kann. Hieraus ergibt sich gleichzeitig wieder die Schwierigkeit, daß es bei den elektronenmikroskopischen Aufnahmen kaum möglich ist, die einzelnen kristallinen Neubildungen zu identifizieren. Nach eingehenden Besprechungen mit den Mineralogen der Bergakademie Clausthal sowie einer kritischen Beurteilung dieser Aufnahmen im Zusammenhang mit den chemischen Analysen der Braunkohlenaschen wird geschlossen, daß es sich bei den Kristallen wahrscheinlich nur um Gips handelt. Es erscheint unwahrscheinlich, daß sich bei der Dampfbehandlung ein Calciumaluminatsulfathydrat gebildet hat, da einmal der Gehalt an Tonerde der Braunkohlenasche mit 2 bis 5 % sehr

Forschungsberichte des Wirtschafts- und Verkehrsministeriums Nordrhein-Westfalen

niedrig anzusehen ist. Andererseits sind auf den elektronenmikroskopischen Aufnahmen die nicht zersetzten runden und dichten Schlackentröpfchen erkennbar. Es ist wohl anzunehmen, daß bei den Aschen rheinischer Braunkohlen die Schlackensubstanz aus der Kalkferritschmelze, in der wohl auch Calciumaluminate und Calciumsilikate enthalten sind, relativ beständig ist, und daß daher aus deren Gerüst Kalk und Sulfat in Lösung gehen kann bzw. Kalkhydrat oder auch Gips wieder auskristallisiert. Nach dem Stand der Erkenntnisse ist auch bekannt, daß Ettringit in Wasser nicht beständig ist und sich Kristalle der einzelnen Komponenten insbesondere Gips bilden.

Als Grundlage für die Beurteilung der Raumbeständigkeit der Braunkohlenaschen als Baustoffbindemittel und als Bestätigung für die beobachteten Treiberscheinungen wurden analytisch-chemisch die p_H-Werte von Aufschlämmungen der untersuchten Braunkohlenaschen bestimmt. Für einen Vergleich der in der Arbeit über die physikalisch-chemischen Grundlagen der Braunkohlenfilteraschen als Baustoffbindemittel bestimmten Kalk- und Sulfatlöslichkeit mit dem Grad der Alkalität wurden einmal die Werte der Wasserstoffionenkonzentration in verdünnten Aufschlämmungen bzw. Lösungen bestimmt. Darüberhinaus wurde für die Bedingungen konzentrierter Lösungen auch eine Aufschlämmung mit Überschuß an Asche angesetzt, wobei der in den Aschen enthaltene reaktionsfähige Kalk nicht mehr ganz in Lösung gehen konnte.

Bei der Bestimmung der Wasserstoffionenkonzentration stark alkalischer Lösungen ergeben sich insofern Schwierigkeiten, als die Meßgenauigkeit von p_H-Meßgeräten mit Wasserstoffelektrode, Glaselektrode oder auch Röhrenvoltmeter nach Ansicht verschiedener Forscher, mit denen eingehende Besprechungen geführt wurden, stark zu wünschen übrig läßt. In Übereinstimmung mit den Erfahrungen dieser Forscher wurde daher die Wasserstoffionenkonzentration aus einer Titration mit stark verdünnter Salzsäure (n/100) errechnet.

Für die verdünnten Aufschlämmungen von 1 g Asche auf 1 Liter destilliertes Wasser ergaben sich p_H-Werte, die in einer annähernd linearen Beziehung zu dem Kalkgehalt der Asche stehen. Die Ergebnisse dieser Untersuchungen sind im nachstehenden Diagramm wiedergegeben. Die Abweichungen der Meßpunkte von der Mittellinie sind wohl auf den unterschiedlicher Gehalt an Alkalien und die damit verbundene höhere Alkalität bei dem jeweiligen Kalkgehalt zurückzuführen.

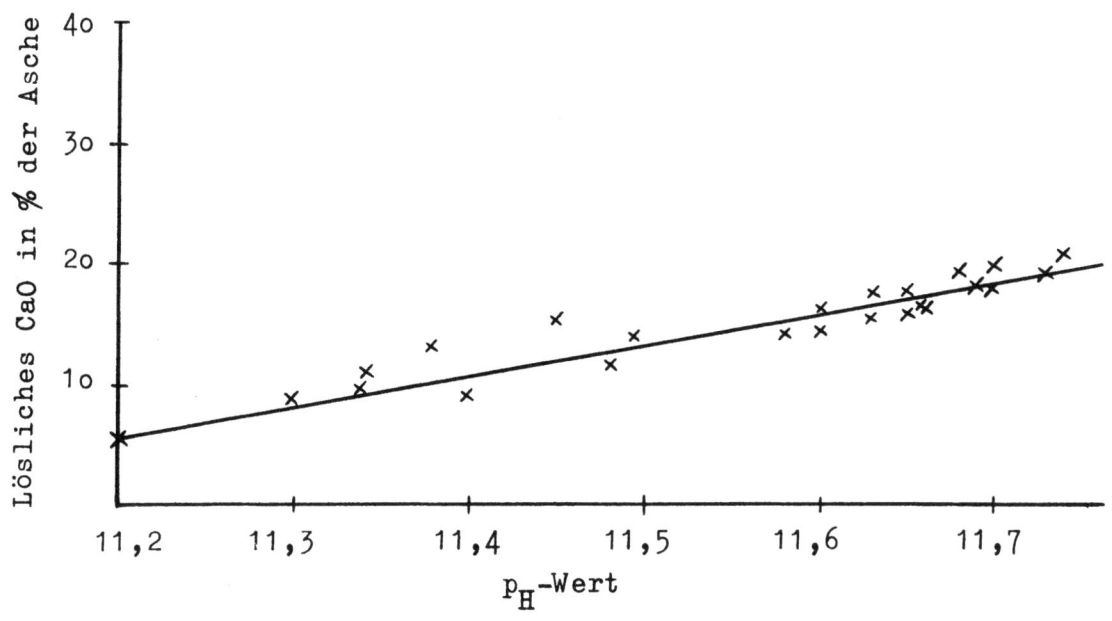

Abbildung 2

Kalkgehalt und Wasserstoffionenkonzentration verdünnter
Lösungen von Braunkohlenaschen

Bei Ansatz einer konzentrierteren Lösung von 1 g Asche auf 100 cm³ Wasser, bei der der Kalk nicht mehr in Lösung gehen kann und es sich daher um eine gesättigte Lösung von Kalkhydrat handelt, deren Alkalität durch die Löslichkeit von Alkalien überlagert wird, ergeben sich die in der nachstehenden Tabelle 1 wiedergegebenen Meßwerte. Es wurde hier wiederum die Wasserstoffionenkonzentration rechnerisch aus der zur Neutralisation

Tabelle 1

Wasserstoffionenkonzentration von Braunkohlenaschen
Lösung mit Kalkhydrat gesättigt. 1 g Asche auf 100 ccm

Bezeichnung	p_H-Wert	Bezeichnung	p_H-Wert
A_4	12,39	D IV	12,38
B_3	12,42	D V	12,56
C/SK	12,43	D I/52	12,45
C/BK	12,42	D II/52	12,44
D I	12,00	D III/52	12,43
D II	12,40	D IV/52	12,43
D III	12,44		

notwendigen Säuremengen ermittelt. Es ist aus den Werten die erhöhte Alkalität, die durch die löslichen Alkalien bedingt ist, deutlich zu erkennen, da gesättigtes Kalkhydrat einen p_H-Wert von 12,3 hat.

Bei plastischen wasserarmen Mörteln wird wahrscheinlich die Alkalität einer abgepreßten oder auch abfiltrierten Lösung noch höher sein, da sich in diesen konzentrierten Lösungen die starke Basizität der Alkalien noch stärker auswirken wird. Aus den vorher besprochenen Gründen über die Fragwürdigkeit der meßtechnischen Bestimmung von so geringen Wasserstoffionenkonzentrationen wurde auf eine p_H-Bestimmung von Aschenmörteln verzichtet.

3. Zusammenfassung

Es werden die Untersuchungen von OTTEMANN über den mineralischen Aufbau von Aschen mitteldeutscher Braunkohlen und ihre Bedeutung für die Verwendung der Aschen als Baustoffbindemittel besprochen. Die von OTTEMANN gefundenen Ergebnisse werden mit den eigenen Untersuchungen über die Aschen rheinischer Braunkohlen verglichen.

Auch bei den Aschen rheinischer Braunkohlen werden nach der Dampfbehandlung kristalline Neubildungen beobachtet, sowie auch ein Rückgang der Kalk- und Sulfatlöslichkeit chemisch nachgewiesen. Während die von OTTEMANN untersuchten Aschen mitteldeutscher Braunkohlen einen relativ hohen Gehalt an Tonerde aufweisen und daher die Bildung von Calciumaluminatsulfathydraten nachgewiesen werden konnte, erscheint für die Aschen rheinischer Braunkohlen mit sehr geringem Tonerdegehalt eine ähnliche Bildung wenig wahrscheinlich. Es ist wohl anzunehmen, daß beim Anmachen der Aschen rheinischer Braunkohlen mit Wasser bzw. nach der Dampfbehandlung neben Kalkhydrat in erster Linie Gips auskristallisiert, und daß dieser kristallisierte Gips in mehr oder weniger gesättigten Lösungen von Kalkhydrat sehr schwer löslich ist.

Eine Beeinflussung der Wasserstoffionenkonzentration durch die in den Aschen enthaltenen Alkalien konnte für verdünnte und konzentriertere Lösungen nachgewiesen werden. Bei dem hohen Gipsüberschuß gegenüber dem geringen Tonerdegehalt erscheint es möglich, daß sich wohl eher die voluminösere Form des kristallisierten Ettringits bilden wird als die gipsärmere Form des Monosulfathydrates.

Forschungsberichte des Wirtschafts- und Verkehrsministeriums Nordrhein-Westfalen

Dem rheinischen Elektrizitätswerk im Braunkohlenrevier danke ich für die Beschaffung der Mittel, die diese Untersuchung ermöglichten.

April 1953   Dr. J. ENDELL, Clausthal

Literaturverzeichnis

OTTEMANN, J.	Über die Mineralbestandteile von Braunkohlenaschen und ihre Bedeutung für die Beurteilung von Aschenbindern
OTTEMANN, J.	Untersuchungen zur Kenntnis der hydraulischen Erhärtung von Braunkohlenaschen. Akademie-Verlag Berlin 1951
OTTEMANN, J.	Die Bedeutung der Wasserstoffionenkonzentration für die hydraulische Erhärtung von Braunkohlenaschen und Gipsschlackenzement. Silikattechnik 2 (1951) S. 143
ENDELL, J.	Über die Bildung von Braunkohlenaschen, Braunkohle 1952, S. 138
ENDELL, J.	Aufbau und Eigenschaften der Aschen rheinischer Braunkohlen. Braunkohle 1952, S. 446
ENDELL, J.	Braunkohlenaschen als Baustoffbindemittel. 1953

Forschungsberichte des Wirtschafts- und Verkehrsministeriums Nordrhein-Westfalen

II. Zusammenfassender Bericht über die Versuche mit Fortuna-Asche auf dem Kraftwerk Fortuna

1. Aufgabe

Wir hatten uns die Aufgabe gestellt, unabhängig von den Großversuchen, die von der Dyckerhoff Portland-Zementwerke A.G. in deren Laboratorien in Neuwied und Amöneburg durchgeführt werden, nach einem Bindemittel aus Fortuna-Asche, sei es aus der Asche allein oder in Verbindung mit einem oder mehreren Zusätzen zu suchen, das als Mörtelbinder gleich gut für Mauer- und Verputzzwecke geeignet ist und alle Bedingungen in Bezug auf Abbindezeit, Raumbeständigkeit und Wasserbeständigkeit erfüllt.

Wenn es uns gelingen würde, in kurzer Zeit ein derartiges Bindemittel zu finden, wäre evtl. die Möglichkeit gegeben, schon jetzt in geringem Umfange mit verhältnismäßig einfachen Apparaten und Geräten eine kleine Fabrikation aufzuziehen, die es gestatten würde, den durch den Verkauf und die Verwendung der reinen Fortuna-Asche entstandenen Mißkredit wieder auszugleichen und auch Mittel für die weitere Durchforschung des Braunkohlenaschengebietes zu schaffen. Inwieweit dieses möglich ist, müssen die Kaufleute entscheiden.

Es mag schon hier gesagt sein, daß Herr Dr. RUMMEL und ich zu der festen Überzeugung gelangt sind, diese Aufgabe, soweit es sich um einen Mörtelbinder für Mauer- und Verputzzwecke handelt, voll und ganz gelöst zu haben.

2. Versuche

Ehe mit den endgültigen Versuchen begonnen werden konnte, richteten wir uns ein einfaches Baustofflaboratorium ein, das mit den von der TUBAG übernommenen Apparaten und einigen Neuanschaffungen ausgestattet wurde.

a) Rohstoffe

1) Fortuna - Asche

Wir waren uns von vorne herein darüber klar, daß wir die Fortuna-Asche als Ausgangsstoff nicht so verwenden konnten, wie sie im laufenden Betrieb anfällt, da sie doch in ihrem Sandgehalt erheblich schwanken kann, wenn auch die Asche ohne Sand chemisch betrachtet keine erheblichen Schwankungen in ihrer Zusammensetzung zeigt und daher auch keine großen

Unterschiede in ihren hydraulischen Eigenschaften zu erwarten waren. Für unsere Versuche verwendeten wir gesichtete Asche, die von der Maschinenbau-Firma Walther, Köln-Dellbrück, auf einem neuartigen Sichter nach Patenten von Dr. WOLFF, Ludwigshafen, gesichtet wurde. Es zeigte sich, daß die gewöhnlichen Durchschnittsaschen sich ohne weiteres so sichten ließen, daß keine höheren Sandgehalte als 10 % in dem gesichteten Gut vorhanden waren; Aschen allerdings mit Sandgehalten von 40 bis 60 % nicht einwandfrei von dem Sand befreit wurden. Wir haben dann nachträglich noch verschiedentlich weitere Sichtversuche durchgeführt, wobei wir feststellen konnten, daß es ohne weiteres möglich ist, durch geeignete Einstellung des Sichters (Grobluft und Aufgabenmenge) auch Aschen mit 60 % Sand auf unter 10 % Sand herunterzusichten. Man kann also nach diesen Versuchen damit rechnen, daß bei Einbau eines derartigen Sichters eine sehr gleichmäßige Asche in Bezug auf ihren Sandgehalt zu bekommen ist. Da, wie schon oben angedeutet, die chemische Zusammensetzung der gesichteten Asche nur in engen Grenzen schwankt, haben wir nunmehr in der gesichteten Asche ein Ausgangsgut, das wir als Grundlage für unsere Bindemittel-Versuche benutzen konnten.

2) T r a ß

Verwendet wurde normengemäßer Traß von der TUBAG, Kruft.

3) H o c h o f e n s c h l a c k e

Als Hochofenschlacke nahmen wir eine solche von der Kupferhütte in Duisburg, die uns vom Werk Neuwied zur Verfügung gestellt wurde.

4) K a l k

Als Kalkkomponente verwandten wir einen pulverförmigen Karbidkalk von Knapsack.

Alle Rohstoffe wurden auf eine Mahlfeinheit von unter 8 % Rückstand auf dem 4900 M.S. gebracht.

b) Vorversuche: Zweistoffbinder

Anschließend an unsere ersten Versuche in Kruft, die wir als Tastversuche ansprechen können, nahmen wir ganz systematisch die Fortuna-Asche vor und prüften sie allein und in Verbindung mit Kalk, mit Traß, mit Hochofenschlacke und auch als 3 Stoffgemisch Traß-Kalk-Fortuna-Asche, oder Hochofenschlacke-Kalk-Fortuna-Asche, oder Traß-Hochofenschlacke-Fortuna-Asche.

Für diese Versuche stellten wir einige hundert Abbindekuchen her, um zunächst mal folgende Punkte näher zu studieren:

        1) Abbindezeit
        2) Raumbeständigkeit
        3) Wasserbeständigkeit
        4) Verarbeitbarkeit

Da es ja darauf ankam, möglichst viel Fortuna-Asche in den zu entwickelnden Binder unterzubringen, nahmen wir als untere Grenze 50 % Fortuna-Asche an. Die obere Grenze mußte durch die Versuche mit den Probekuchen und deren Prüfung auf Abbindezeit, Raumbeständigkeit und Wasserbeständigkeit gefunden werden.

1) A b b i n d e z e i t

Die Fortuna-Asche allein erwies sich als Schnellbinder, sie war also für unsere Zwecke allein nicht zu gebrauchen. Wir gingen nun daran, sie mit Kalk, Traß und Hochofenschlacke zu verschneiden und steigerten dazu die Zusätze von 1o zu 1o %, also

    90 Asche : 1o Kalk oder Traß oder Hochofenschlacke
    8o   "   : 2o   "   "   "   "   "
    7o   "   : 3o   "   "   "   "   "
    6o   "   : 4o   "   "   "   "   "
    5o   "   : 5o   "   "   "   "   "

Hiermit stellten wir fest, daß bei rund 70 % Fortuna-Asche mit Kalk und Traß die Abbindezeiten der Mischungen normal werden und über 1 Stunde Abbindebeginn haben. Bei der Hochofenschlacke war die Abbindezeit immer noch unter 1 Stunde Anfang, so daß wir uns entschlossen, um allen Überraschungen bei unseren Versuchen auszuweichen, auf 6o % Fortuna-Asche als Höchstgehalt zurückzugehen.

2) R a u m b e s t ä n d i g k e i t

Als Raumbeständigkeitsproben wandten wir die Kugelglut- und die Kochprobe an.

Es zeigte sich anfänglich, daß die Probekuchen, die wir nach 2 Tagen der

Kochprobe unterwarfen, fast sämtlich beim Kochen zerfielen. Wir hatten mit einer verhältnismäßig starken hydraulischen Bindekraft der Fortuna-Asche gerechnet. Aus unseren Erfahrungen mit hydraulischen Kalken und mit Traßkalken heraus, nahmen wir dieselben Proben noch einmal vor und kochten sie nach 4 Tagen Lagerung im feuchten Kasten. Sämtliche Proben mit Fortuna-Asche und Kalk zerfielen beim Kochen wieder, während die Kuchen mit Traß und mit Hochofenschlacke beim Kochen auch bei einem Höchstgehalt an Fortuna-Asche von etwa 70 % die Kochprobe bestanden.

Wir haben auch hier ähnlich wie bei den Abbindezeiten einen Höchstgehalt des Bindemittels an Fortuna-Asche mit 70 % ermittelt. Auch hier entschlossen wir uns aus Sicherheitsgründen auf einen Höchstgehalt von 60 % Fortuna-Asche zurückzugehen.

3) Wasserbeständigkeit

Bei der Wasserkuchenprobe (Normenprobe) zeigten sich bei der Einlagerung der Kuchen in Wasser nach 2 Tagen ähnliche Erscheinungen wie bei der Kochprobe. Alle Proben mit Kalk und Fortuna-Asche zerfielen unter Wasser und auch ein Teil der Proben mit Traß und Hochofenschlacke. Auch hier wiederholten wir die Versuche und legten die Kuchen nach 4-tägiger Lagerung im feuchten Kasten unter Wasser. Nunmehr zeigte sich, daß wiederum die Kuchen aus Kalk und Asche unter Wasser zerfielen, die Kuchen mit Asche und Traß oder Hochofenschlacke mit einem Höchstgehalt von auch rund 70 % Fortuna-Asche nach 28 Tagen bei der Normen-Kaltwasserprobe eben- und rissefrei blieben.

Aufgrund dieser Versuche haben wir also den Höchstgehalt der Bindemittelmischungen an Fortuna-Asche mit rund 70 % ermittelt, wir gingen aber aus Sicherheitsgründen auf einen Höchstgehalt von 60 % zurück. Da wir als Mindestgehalt 50 % Fortuna-Asche festgestellt hatten, blieben uns als engere Auswahl nur die Binder mit 50 und 60 % Fortuna-Asche und 40 und 50 % Traß oder Hochofenschlacke.

4) Verarbeitbarkeit

Da es uns darum ging, zunächst einen Mörtelbinder zu schaffen, der sich gleich gut für Mauer- und Verputzzwecke eignet, ließen wir probeweise eine ca. 4 m^2 große Wandfläche an einem Stallgebäude der neuen Siedlungshäuser der Fortuna-Werke mit einem Mörtelbinder aus 50 Teil. Fortuna-Asche und 5o Teil.Traß im Verhältnis 1 : 3 Sand in RT putzen. Das Mauerwerk bestand aus Schwemmstein. Die Putzarbeiten wurden in unserer Gegenwart von einem Maurerpolier, der viel mit reiner Fortuna-Asche gearbeitet hatte, durchgeführt.

Wir hatten absichtlich die Mischung Fortunaasche - Traß gewählt, da nach unseren Erfahrungen, die Mörtel mit Traß viel geschmeidiger und schmierfähiger sind als solche mit Hochofenschlacke. Leider zeigte sich bei den Putzversuchen, daß ein Mörtel mit dem Traß-Aschenbinder 5o/5o als Putzmittel nicht den gestellten Anforderungen entspricht. Beim Anwerfen des Mörtels an die Wand fiel er immer wieder ab, er besaß also nicht die nötige Klebefähigkeit, um gute Haftung zu zeigen. Der Polier behauptete, daß ein geringer Kalkzusatz genügen würde, um dem Mörtel die fehlende Klebefähigkeit zu geben. Er führte uns dieses auch praktisch vor, indem er dem fertigen Mörtel im Speisfaß etwa 1 Schaufel gelöschten Kalk zufügte, was schätzungsweise 1o - 2o % der Bindemittelmenge entspricht und ohne Anstand ließ sich der Mörtel jetzt verarbeiten.

Der Putz, der heute etwa 8 Wochen alt ist, hat eine schöne zementgraue Farbe und ist, trotzdem er an der Wetterseite liegt, und dem heißen Sommerwetter mit seinen Gewittern ausgesetzt war, in jeder Beziehung einwandfrei. Er haftet völlig fest, ist eben und rissefrei und so fest, daß man nur mit Mühe Nägel eintreiben kann.

Dieser Versuch führte uns zu der Überzeugung, daß wir, um ein unbedingt vollkommenes Mörtelbindemittel zu bekommen, uns nur noch mit den Dreistoff-Bindern aus Fortuna-Asche - Kalk - Traß oder Hochofenschlacke beschäftigten brauchten.

c) Dreistoffbinder

Die Richtung, in der wir weiter suchen mußten, war uns durch diesen Vorversuch gegeben.

        Gehalt an Fortuna-Asche im Bindemittel   5o und 6o %
        Gehalt an Traß und Kalk   5o und 4o %
        Gehalt an Hochofenschlacke und Kalk   5o und 4o %

Die Verhältnisse von Kalk und Traß bzw. Hochofenschlacke wurden von 1o zu 1o variiert, so daß die Dreistoffbinder entstanden, die in Tabelle 1 zusammengestellt sind.

Forschungsberichte des Wirtschafts- und Verkehrsministeriums Nordrhein-Westfalen

Tabelle 1

Normenprüfung verschiedener Mischungen aus: Fortuna-Asche (Fa), Kalk, Traß und Hochofenschlacke (HOS) Duisburg (nach DIN 1164) verbunden mit Dampfprüfung bei 8 atü 8 Stunden

Nr.	Mischungen %				Raumgewicht		Feinheit % Rückst.		Raumbeständigkeit nach Koch-Normprobe	Bindezeit		Wasser % für Kuchen	Ausbreitmaß cm	CaO titriert %	Biegezug kg/cm²		Druckfestigkeit kg/cm²		Dampfprobe nach 28 Tagen 8 atü 8 Stunden	
	FA	Kalk	Traß	HOS	ef.	er.	900	4900		Beginn h Min	Ende h Min				7 Tage	28 Tage	7 Tage	28 Tage	Biegezug kg/cm²	Druckfestigkeit kg/cm²
1	50	10	40	-	870	1350	0,5	5,4	b	6⁰⁵	7⁴⁰	33	15,5	29,40	12,8	37,1	40	103	n.best.	210
2	60	10	30	-	870	1380	0,6	5,6	b	5⁰⁰	6⁵⁰	34	15,7	33,32	10,1	31,9	38	110	24,0	228
3x	50	20	30	-	830	1320	0,5	5,0	b	6¹⁰	8²⁵	35	15,2	38,08	8,5	31,0	34	106	17,0	183
4x	60	20	20	-	845	1330	0,5	5,6	b	5¹⁵	8⁰⁰	35	14,8	42,28	7,2	21,6	33	86	21,0	131
15	50	25	25	-	(955)	(1460)	(0,5)	(5,2)	(b)	(6³⁰)	(8¹⁰)	(31)	(19,2)	(37,48)	(31,3)	(54,9)	(106)	(201)	-	-
5	50	10	-	40	990	1520	0,6	5,2	b	3⁴⁰	6¹⁰	32	17,5	47,88	50,8	75,5	175	306	zerstört	
6	60	10	-	30	980	1535	0,6	5,6	b	3⁰⁵	4⁵⁵	33	16,8	49,56	32,9	59,1	116	251	zerstört	
7	50	20	-	30	940	1390	0,6	5,0	b	6⁵⁵	8²⁵	35	15,0	50,28	39,7	55,9	147	256	zerstört	
8	60	20	-	20	930	1390	0,4	4,8	b	4⁵⁰	7¹⁰	35	14,6	52,08	26,8	49,1	115	206	zerstört	
9	60	-	20	20	980	1490	0,6	5,4	b	4⁴⁰	6²⁰	31	15,6	38,92	19,1	(36,0)	67	(157)	zerstört	
10	50	-	30	20	960	1450	0,5	4,8	b	5³⁵	7²⁵	32	15,5	35,28	19,4	(39,7)	65	(161)	37,4	252
11	60	-	30	10	950	1440	0,5	4,8	b	5⁰⁰	6⁵⁰	33	17,2	33,32	10,2	(19,1)	35	(73)	33,9	228
12	50	-	40	10	920	1420	0,6	5,6	b	6⁰⁵	8⁰⁵	34	16,8	30,80	6,5	(15,1)	27	(64)	28,1	190
13	50	-	20	30	(945)	(1460)	(0,4)	(5,0)	(b)	(6³⁰)	(9⁰⁰)	(31)	(18,7)	(37,52)	(36,5)	(59,2)	(132)	(242)	-	-
14	60	-	10	30	(970)	(1470)	(0,5)	(5,8)	(b)	(4²⁰)	(6¹⁰)	(31)	(19,5)	(42,84)	(36,0)	(63,7)	(130)	(236)	-	-

Forschungsberichte des Wirtschafts- und Verkehrsministeriums Nordrhein-Westfalen

Um auch das Verhalten von Traß und Hochofenschlacke mit Fortuna-Asche zu prüfen, wurden hierbei noch Dreistoffbinder aus Fortuna-Asche - Traß oder Hochofenschlacke hergestellt, wobei wir die Hochofenschlacke als Kalkbringer an Stelle des Kalkes betrachteten.

Versuchsergebnisse

Die Versuchsergebnisse sind nun in der vorstehenden Tabelle 1 zusammengestellt.

1) R a u m g e w i c h t

Die Mischungen mit Traß und Kalk (1-4) haben vor allen anderen das geringste Raumgewicht; das will besagen, wenn man, wie in der Praxis üblich, nach Raumteilen mischt, gewichtsmäßig weniger Bindemittel benötigt als bei einem höheren Raumgewicht. Mischt man aber nach Gewichtsteilen, so hat man nach unseren Erfahrungen mehr Bindemittelleim im Mörtel, was höhere Dichtigkeit und bessere Verarbeitungsfähigkeit mit sich bringt. Die Differenz im Raumgewicht bei Bindern mit Traß und solchen mit Hochofenschlacke liegt je nach Mischungsverhältnis zwischen 1o - 2o % zu Ungunsten der Hochofenschlacke.

2) F e i n h e i t

Die Bindemittel wurden möglichst auf die gleiche Mahlfeinheit gebracht.

3) R a u m b e s t ä n d i g k e i t

Die Kochprobe wurde von allen Bindern einwandfrei bestanden, ebenso die Kaltwassernormenprobe.

4) B i n d e z e i t

Die Bindezeiten sind in allen Fällen als normal anzusprechen. Sie erscheinen für die Binder mit Traß gegenüber denen mit Hochofenschlacke etwas langsam, was aber auf den Mechanismus der Traßerhärtung zurückzuführen und ohne Bedeutung ist. Für die Verarbeitung sind erfahrungsgemäß Langsambinder immer von Vorteil, da der Maurer oft seinen Mörtel vor den Pausen anrührt und ihn nach denselben erst verarbeitet, wobei es leicht vorkommen kann, daß der Mörtel schon abgebunden ist, ehe er verarbeitet ist. Nachträglich den abgebundenen und trockenen Mörtel mit Wasser wieder geschmeidig zu machen, hat keinen Zweck, da er seine Bindekraft völlig verloren hat. Also die Abbindezeiten sind für unsere Binder einwandfrei.

5) **Wasserzusatz zum Kuchen**

Diese Angaben zeigen den Wasserbedarf zur Herstellung des Normenkuchens an. Die Binder mit Traß und Kalk haben infolge des Quellvermögens des Trasses einen etwas höheren Wasserbedarf als die Binder mit Traß und Hochofenschlacke und die Binder mit Hochofenschlacke und Kalk mit geringem Kalkgehalt. Höherer Kalkgehalt in den Bindern mit Hochofenschlacke haben infolge der Kalkquellung auch einen etwas höheren Wasserbedarf.

6) **Ausbreitmaß**

Das Ausbreitmaß gibt einen Anhalt für den Zusammenhalt und die Zähigkeit der Mörtel. Niedrige Werte deuten auf gute Klebrigkeit und Zähigkeit des Mörtels, die bei den Bindern mit Traß am günstigsten liegen. Auch zeugen einige Hochofenschlackenbinder (7, 8, 9 und 1o) gute Werte.

7) **Kalkgehalt**

Diese Rubrik gibt den Kalkgehalt des Bindemittels an, soweit er durch Titration zu erfassen ist. Diese Zahlen sind lediglich für die Fabrikation der Bindemittel von Interesse, da man sie zur Kontrolle der richtigen Zusammensetzung des Bindemittels während des Fabrikationsganges benutzen kann.

8) **Festigkeiten**

Die Festigkeiten der Traß-Kalk-Fortuna-Asche-Binder (1-4) liegen im Rahmen der hydraulischen bzw. hochhydraulischen Kalke. Sie reichen in jeder Beziehung für Mauer- und Verputzzwecke aus. Da man im Mauerwerk bei normalen Hausbauten bis zu 3 Stockwerken nur mit einer Fugenpressung bis zu $2,5 \text{ kg/cm}^2$ zu rechnen hat, hätte man in allen Fällen mindestens eine 4o-fache Sicherheit.

Bestechend für den mit der Materie weniger Vertrauten sind die Festigkeiten der Binder mit Hochofenschlacke (5-8). Wir kommen hier bei 5 - 7 über die Festigkeiten für normalen Zement. Nummer 8 liegt etwas niedriger. Normalerweise werden solche Festigkeiten bei Mauer- und Verputzmörtel nie ausgenutzt werden können. Für Betonarbeiten etc. dürfen aber ohne amtliche Zulassung solche Binder nicht verwendet werden.

Die Festigkeiten der Binder mit Traß und Hochofenschlacke (9-12) werden etwa im Rahmen der Binder 1 - 4 bleiben. Die fehlenden Zahlen für die 28 Tage-Festigkeit 9 - 12 sind in diesen Tagen fällig.

9) Putzversuche

Mit sämtlichen Bindern 1 - 12 wurden nunmehr Putzversuche durchgeführt. Es wurde eine Umfassungsmauer des Werkes Fortuna aus Bimsdielen, von demselben Polier, der anfangs den ersten Putzversuch machte, auf der Wetterseite verputzt. Es wurde jeweils eine Fläche von ca. 1/2 m^2 mit den einzelnen Bindern im Verhältnis 1 Binder : 3 Sand in R.T. verputzt. Als Sand stand ein reiner, lehmfreier, scharfer Sand von o - 3 mm Korngröße zur Verfügung. Die Mauer wurde vor dem Verputzen gut angenäßt.

Es ergab sich bei den Versuchen, daß sich alle Binder gut anwerfen ließen, daß aber nur die Mörtel 3, 4 und 7 sich besonders gut verreiben und glätten ließen, so daß man diese Binder den anderen vorziehen sollte.

In der Farbe sind die Putze mit den Bindern 1 - 4 am besten. Die braune Farbe der Asche ist völlig verschwunden und hat einer schönen grauen Zementfarbe Platz gemacht. Die Binder 5 und 6 (Hochofenschlacke) zeigen fast eine ähnliche gute Farbe, während die Binder 7 - 12 schon wieder den gelblich braunen Ton der Asche durchscheinen lassen.

Sämtliche Putze waren nach 2 Tagen so fest, daß sie mit dem Fingernagel nicht mehr zu ritzen waren, trotzdem die ersten Putze zeitweise im frischen Zustande Gewitterregen überstanden hatten.

Jetzt waren wir so weit, daß wir eine Reihe von Bindern hatten, die in etwa für den von uns gedachten Zweck brauchbar erschienen.

Nun hatte uns aber die Fortuna-Asche schon manche Überraschung bei all den Versuchen gebracht, daß wir der Sache immer noch nicht trauten, obwohl die üblichen Raumbeständigkeitsproben von unseren Bindern bestanden wurden. Wir mußten uns immer wieder die Frage stellen, wie sieht die Sache in 1 - 2 Jahren oder noch später aus? Behalten auch hier die Binder noch ihre Raumbeständigkeit? Da konnte nur noch ein Mittel uns die Gewißheit bringen, daß nach menschlicher Voraussicht die Dauerhaftigkeit und Beständigkeit der Binder gewährleistet ist: Die Dampfdruckprobe.

10) D a m p f d r u c k p r o b e

Wir nahmen mit unseren Prüfkörpern nunmehr die Dampfdruckprobe mit 8 atü für 8 Stunden vor. Nach einigen Fehlschlägen, die auf das zu frühe Einlagern der Proben in den Druckkessel und auf das noch nicht geklärte eigenartige Verhalten der Fortuna-Asche während der ersten Tage der Abbindezeit zurückzuführen ist - ich vermute, daß der Abbindevorgang bei der Asche ganz anders verläuft als bei den uns bekannten hydraulischen Bindemitteln, es scheint sich anfangs mehr um ein rein kolloidchemisches als um ein kristallines Problem zu handeln - kamen wir auch hier zum Ziel.

Es wurden sämtliche Binder geprüft, da sie ja die gewöhnlichen 28-Tagefestigkeiten der Normenprüfung einwandfrei bestanden hatten. Die Prüfkörper (Normenprismen) wurden also nach 28-tägiger Lagerung im feuchten Kasten, in den Autoklaven eingesetzt und mit langsamem Druckanstieg - 8 Stunden - im Autoklaven bei 8 atü belassen.

Die Resultate der Dampfdruckproben sind in den beiden letzten Spalten der Tabelle 1 (S. 67) wiedergegeben. Gleichzeitig sind auch die Festigkeiten aufgeführt, die die dampfgehärteten Körper erreichten. Die Zahlen bieten etwa ein Maß dafür, welche Festigkeiten die Mörtel etwa nach 1/2 - 1 Jahr unter normalen Umständen erreichen werden.

Es zeigte sich nun, daß die Aschenbinder mit Kalk und Traß die Dampfdruckprobe einwandfrei bestanden haben.

Die Aschenbinder mit Kalk- und Hochofenschlacke waren stark zertrieben, so daß Festigkeiten nicht ermittelt werden konnten.

Von den Aschenbindern mit Traß und Hochofenschlacke waren nur die im Dampfdruck beständig, die 30 und 40 % Traß enthielten (10-12). Die Probe 9 enthielt zu wenig Traß, um die treibende Wirkung der Asche aufhalten zu können. Traß in hinreichender Menge ist also nach diesen Versuchen durchaus in der Lage, absolut raumbeständige Bindemittel aus Braunkohlenaschen des Rheinischen Bezirks herzustellen.

3. Zusammenfassung

Nach zahlreichen Versuchen sind wir zu der Erkenntnis gekommen, daß es sehr wohl möglich ist, auf Basis der Braunkohlen-Asche der Fortuna-Werke ein in jeder Beziehung einwandfreies Bindemittel, das für alle Mauer- und Verputzzwecke gleich gut geeignet ist, herzustellen. Leider ließ es sich aus mörteltechnischen Gründen, z.B. Schmierfähigkeit, Verarbeitungsfähigkeit und Klebefähigkeit, nicht umgehen, ohne Kalk auszukommen. Traß ist zur Herstellung der Aschenbinder unbedingt erforderlich, da nur er allein nach unseren bisherigen Erfahrungen und Versuchen in der Lage ist, bei Zugabe in nicht zu geringen Mengen ca. 2o - 24 % die treibenden Eigenschaften der reinen Fortuna-Asche aufzufangen und auszugleichen, so daß die mit Traß hergestellten Binder auch den stärksten Beanspruchungen (Dampfdruckproben) gewachsen sind. Hierdurch ist nach menschlichem Ermessen die Gewähr gegeben, daß die Binder auf der Basis "Traß-Kalk-Braunkohlenasche" in der Praxis allen Ansprüchen gewachsen sind. Sie sind nicht nur im Hochbau, sondern auch im Tief- und Wasserbau ohne jede Gefahr bei Mauer- und Verputzarbeiten zu verwenden.

Man könnte, wie anfangs angedeutet, schon jetzt mit der Herstellung dieser Binder beginnen, um diese neuartigen Mörtelbinder in die Praxis einzuführen. Zu empfehlen wären die Mischungen 3 oder 4.

November 1950
Dr. K. BIEHL, Heidelberg

Forschungsberichte des Wirtschafts- und Verkehrsministeriums Nordrhein-Westfalen

III. Bericht über die Entwicklung eines zuverlässigen Baustoffbindemittels mit guten Verarbeitungseigenschaften auf der Basis der Fortuna-Filterasche

Von früheren Untersuchungen der Fortuna-Filterasche und ihrer Verwendung als Bindemittel in der Praxis war bekannt, daß ihre Bindemitteleigenschaften Schwankungen unterworfen sind. Um das Ausmaß der Streuungen ermitteln und bei den Entwicklungsarbeiten berücksichtigen zu können, wurden 1oo Filteraschenproben über einen Zeitraum von mehreren Wochen in Fortuna entnommen [1], von denen jede einzelne analysiert und auf ihre Bindemitteleigenschaften untersucht werden sollte.

Die Firma Dyckerhoff Portland-Zementwerke A.G., Wiesbaden-Biebrich, die sich in entgegenkommender Weise bereitfand, diese Untersuchungen in ihren Laboratorien durchführen zu lassen, hielt es für richtig, die Bindemittelprüfungen nicht an den reinen Ascheproben vorzunehmen, sondern an Mischungen dieser mit basischer Hochofenschlacke (Mischungsverhältnis 1:1). Durch den Zusatz von Hochofenschlacke wurde eine Beständigkeit der Probekörper bei der Lagerung unter Wasser erreicht, so daß die Prüfung in Anlehnung an die Zementnorm DIN 1164 vorgenommen werden konnte. Auf die Anwendung der Prüfmethoden der DIN 1164 legte die Firma Dyckerhoff besonderen Wert, da ihr Interesse vor allem der Frage galt, ob auf der Basis Braunkohlen-Filterasche zementartige Bindemittel hergestellt werden könnten.

Die Untersuchung der aus den 1oo Filterascheproben mit Hochofenschlacke hergestellten Gemische ergab nur eine relativ geringe Streuung der Bindemitteleigenschaften, obwohl die chemische Zusammensetzung der einzelnen Filterascheproben zum Teil erheblich von einander abwich. Hieraus zog man den Schluß, daß die Streuungen der Bindemitteleigenschaften der Braunkohlenfilterasche praktisch ohne Einfluß auf die Bindemitteleigenschaften derartiger Gemische sei. Die Durchführung der eigentlichen Entwicklungsarbeiten glaubte man daher mit einer Durchschnittsasche (Mischung der 1oo einzelnen Ascheproben) durchführen zu können. Die Abwicklung des umfangreichen Programmes, das in gemeinsamen Beratungen mit den Firmen Dyckerhoff und TUBAG vereinbart worden war und das die bindemitteltechnische Durchprüfung einer großen Zahl von 2-, 3- und 4-Stoff-Filteraschen-Gemischen

---

1. Da zur Zeit der Probenahme der Ballastgehalt der verfeuerten Kohle stark schwankte, wurden die entnommenen Filterascheproben durch Windsichtung auf einen normalen Gehalt an HCl-Unlöslichem gebracht

(Komponenten: Filterasche, Hochofenschlacke, Traß, Kalk, Zement) vorsah, konnte hierdurch erheblich vereinfacht und beschleunigt werden.

Noch bevor die Mitwirkung der Firma Dyckerhoff bei den Entwicklungsarbeiten feststand, waren im Laboratorium der Firma TUBAG Vorversuche unter der Leitung von Dr. K. BIEHL durchgeführt worden, aus denen hervorging, daß die Bindemitteleigenschaften der Fortuna-Filterasche durch Zusätze von latent hydraulischen Stoffen - wie Traß und Hochofenschlacke - außerordentlich verbessert werden können. Nach diesem günstigen Versuchsergebnis wurde beschlossen ein Baustofflabor in Fortuna einzurichten, um dort in Zusammenarbeit mit Herrn Dr. BIEHL die bei der Firma TUBAG begonnenen Untersuchungen fortsetzen und vertiefen zu können. Diese Arbeiten, bei denen von vornherein die Schaffung eines kalkartigen Bindemittels für Mauer- und Verputzzwecke angestrebt wurde, stellten somit eine Ergänzung des später in Zusammenarbeit mit der Firma Dyckerhoff beschlossenen Versuchsprogramms dar, das die Entwicklung eines zementartigen Bindemittels zum Ziel hatte.

Der Umfang der in Fortuna durchführbaren Untersuchungen war aber von vornherein durch die Tatsache festgelegt, daß nur eine beschränkte Zahl von Prismenformen verfügbar war und daß nur ein Laborant für diese Arbeiten eingesetzt werden konnte. Auf eine vollständige Durchprüfung einer großen Anzahl von Gemischen, wie sie im Programm für die Untersuchungen bei der Firma Dyckerhoff vorgesehen waren, mußte grundsätzlich verzichtet werden. Man überließ daher die Auffindung des im Bezug auf die Festigkeitseigenschaften günstigen Mischungsverhältnisses den Dyckerhoff-Laboratorien und faßte das Problem in anderer Weise an. Nach den erwähnten Untersuchungen, die unter der Leitung des Herrn Dr. BIEHL im Laboratorium der Firma TUBAG ausgeführt worden waren, konnte man schon sagen, daß bestimmte Mischungen von Filterasche mit Traß und vielleicht auch mit Hochofenschlacke den Anforderungen der Praxis an ein Bindemittel für Mörtel- und Verputzzwecke durchaus genügen würden. Nach den Erfahrungen des Herrn Franz KOLBE beim Vertrieb reiner Filterasche als Mörtel- und Verputzbindemittel wurde an der Filterasche nur die ungleichmäßige Abbindezeit, die zu geringe Schmierfähigkeit und Haftfestigkeit des verarbeitungsfertigen Mörtels und bisweilen auch die Neigung der Filterasche zu Ausblühungen beanstandet, aber nie ein Mangel an Festigkeit des abgebundenen Mörtels oder Putzes. Nachdem man bei einem praktischen Versuch, die Wand eines Gebäudes mit einem Filteraschen-Traßgemisch 50 : 50 % zu verputzen,

Forschungsberichte des Wirtschafts- und Verkehrsministeriums Nordrhein-Westfalen

Tabelle 1

1. Versuchsreihe mit Fortuna-Filterasche Nr. I und II, Prüfung nach DIN 1164

Versuchs-Nr.	Flug-Asche %	Kalk %	Traß %	Raumgewicht eingel.	Raumgewicht einger.	CaO %	Wasser für Kuchen %	W.Z.F.	Ausbreitmaß cm	Biegezug kg/cm² 7 Tage	Biegezug kg/cm² 28 Tage	Druckfestigkeit kg/cm² 7 Tage	Druckfestigkeit kg/cm² 28 Tage	Dampfdruckprüfung 8 atü Biegezug kg/cm²	Dampfdruckprüfung 8 atü Druckfestigkeit kg/cm²	Bindezeit Beginn h Min	Bindezeit Ende h Min	Normenprobe	Kochprobe	Siebfeinheit Rückstand 900 M	Siebfeinheit 4900 M
1	50	10	40	870	1350	29,40	33	0,60	15,5	12,8	37,1	40	103	-	210	6:05	7:40	best.	best.	0,5	5,4
2	60	10	30	870	1380	33,32	34	0,60	15,7	10,1	31,9	38	110	24,0	228	5:00	6:50	"	"	0,6	5,5
3	50	20	30	830	1320	38,08	35	0,60	15,2	8,5	31,0	34	106	17,0	183	6:10	8:25	"	"	0,5	5,0
4	60	20	20	845	1330	42,28	35	0,60	14,8	7,2	21,6	33	86	21,0	131	5:15	8:00	"	"	0,5	5,6
FA Kalk HOS.																					
5	50	10	40	990	1520	47,88	32	0,60	17,5	50,8	75,5	175	306	zerstört	zerstört	3:40	6:10	"	"	0,6	5,2
6	60	10	30	980	1535	49,56	33	0,60	16,8	32,9	59,1	116	251	"	"	3:05	4:55	"	"	0,6	5,6
7	50	20	30	940	1390	50,28	35	0,60	15,0	39,7	55,9	147	256	"	"	6:55	8:25	"	"	0,6	5,0
8	60	20	20	930	1390	52,08	35	0,60	14,6	26,8	49,1	115	206	"	"	4:50	7:10	"	"	0,4	4,8
FA Traß HOS.																					
9	60	20	20	980	1490	38,92	31	0,60	15,6	19,1	36,0	67	157	"	"	4:40	6:20	"	"	0,6	5,4
10	50	30	20	960	1450	35,28	32	0,60	15,5	19,4	39,7	65	161	37,4	252	5:35	7:25	"	"	0,5	4,8
11	60	30	10	950	1440	33,32	33	0,60	17,2	10,2	19,1	35	73	33,9	228	5:00	6:50	"	"	0,5	4,8
12	50	40	10	920	1420	30,80	34	0,60	16,8	6,5	15,1	27	64	28,1	190	6:05	8:05	"	"	0,6	5,6
FA Kalk Traß																					
17	50	10	40			31,92	31	0,60	17,8	17,8	42,5	78	148	40,0	224	4:25	5:45	"	"	0,4	5,6
18	60	10	30			33,80	31	0,60	17,7	6,8	30,7	40	113	39,8	245	3:45	4:55	"	"	0,5	5,2
19	50	20	30			37,80	33	0,60	16,5	-	23,3	29	91,6	45,2	360	4:30	7:00	?	"	0,5	6,0
20	60	20	20			42,00	33	0,60	16,5	Treiber	Treiber	Treiber	Treiber	-	-	4:00	5:40	zerstört	zerstört	0,5	5,0
FA Kalk HOS.																					
21	50	10	40			48,16	29	0,60	19,1	44,6	72,8	185	287	71,4	413	3:00	4:40	best.	best.	0,5	5,6
22	60	10	30			48,16	29	0,60	19,8	18,0	49,9	82	172	51,0	262	2:10	2:50	"	"	0,5	5,8
23	50	20	30			50,96	31	0,60	18,5	32,3	57,7	132	198	48,0	248	3:20	4:20	"	"	0,5	6,2
24	60	20	20			51,52	31	0,60	18,8	-	25,1	41	104	34,5	165	2:10	3:10	"	"	0,5	5,6
FA Traß HOS.																					
25	60	20	20			38,36	29	0,60	20,2	8,5	40,2	49	152	62,0	288	3:00	4:25	"	"	0,5	5,2
26	50	30	20			34,44	30	0,60	18,5	27,1	41,2	106	186	51,0	353	4:30	6:25	"	"	0,5	6,0
27	60	30	10			31,92	30	0,60	17,8	-	31,2	41	145	41,2	275	3:40	4:40	"	"	0,5	5,6
28	50	40	10			27,44	31	0,60	18,5	15,6	30,6	74	129	31,4	242	5:00	6:45	"	"	0,5	6,0

Die Proben wurden 96 Stunden in feuchter Luft aufbewahrt und dann ins Wasser gelegt

Filterasche Nr. I - Nr. 1 - 12   Filterasche Nr. II - Nr. 17 - 28

erkannt hatte, daß der Traßzusatz allein nicht in der Lage war, der Filterasche die für die Verarbeitung nötige Geschmeidigkeit zu verleihen, aber ein weiterer Zusatz von 1o - 2o % Kalkhydrat die gewünschten Verarbeitungseigenschaften gab, wählte Herr Dr. BIEHL für die Versuche in Fortuna 12 Grundmischungen, bestehend aus Filterasche mit Kalk und Traß, oder mit Kalk und Hochofenschlacke, oder mit Traß und Hochofenschlacke, aus, von denen jeweils eine größere Menge durch Zusammenmahlung in der Kugelmühle hergestellt wurde. Die Mischungsverhältnisse im einzelnen sind aus Tabelle 1 zu ersehen. Jede dieser Mischungen wurde

1. einer praktischen Prüfung auf Verarbeitungseigenschaften des Mörtels zum Mauern und für Verputzzwecke unterzogen,
2. nach der Zementnorm DIN 1164 durchgeprüft,
3. nach 28 Tagen Wasserlagerung (Normenprismen) der Einwirkung einer gesättigten Dampfatmosphäre von 8 Atm. 4 Stunden lang (Gesamtzeit mit An- und Abfahren: 8 Stunden) ausgesetzt, worauf Biegezug- und Druckfestigkeit erneut festgestellt wurden.

Die erste Versuchsreihe der 12 Mischungstypen wurde mit einer Filterasche durchgeführt, die schon wenigstens 1/4 Jahr in Papiersäcken gelagert hatte und dann bei der Firma Walther, Köln-Dellbrück, unter den gleichen Bedingungen, wie die 1oo Proben für die Versuche bei Dyckerhoff gesichtet wurde. Die Analyse dieser Filterasche ist in Tabelle 2 unter Filterasche I wiedergegeben. Die Zusammensetzung der Asche kann als normal bezeichnet werden bis auf den SO_3-Gehalt, der mit 4,68 % sehr niedrig liegt. Als Kalkhydrat wurde Karbidkalk aus Knapsack verwendet, als Traß gemahlener Traß der Firma TUBAG, als Hochofenschlacke ein feingemahlenes Produkt der Duisburger Kupferhütte, das von der Firma Dyckerhoff bezogen wurde.

Die Ergebnisse der ersten Versuchsreihe (Filterasche I) sind folgende:

1. Praktische Prüfung der Verarbeitungseigenschaften

In Gegenwart des Herrn Dr. BIEHL oder des Unterzeichneten wurde nacheinander aus allen 12 Mischungen der ersten Versuchsreihe mit einem gewöhnlichen Bausand im Verhältnis 1:3 Mörtel angemacht, und mit diesem wurde jeweils ein Versuchsputz-Feld auf dem gleichen Untergrund einer Schwemmsteinmauer angelegt. Nach Feststellung des Facharbeiters, der mit der Ausführung der Versuchsputze betraut worden war, haben sich die Mischungen Nr. 3 und Nr. 7 am besten verarbeiten lassen.

Forschungsberichte des Wirtschafts- und Verkehrsministeriums Nordrhein-Westfalen

Tabelle 2

	Filterasche		Filteraschekuchen	Filteraschekuchen auf Ausgangsasche umgezeichnet
	I	II		
Glühverlust %	6,8	2,5	23,0	2,0
HCl-Unlösliches %	13,7	6,5	6,2	7,9
Lösliches SiO_2 %	0,7	0,7	1,4	1,8
Fe_2O_3 %	15,3	16,6	16,1	20,4
Al_2O_3 %	4,6	3,4	2,0	2,5
CaO %	44,0	45,3	33,7	42,7
MgO %	9,9	12,9	9,9	12,5
SO_3 %	4,7	11,3	5,7	7,2
Rest %	0,3	1,8	2,0	3,0

Nr. 3 besteht aus: 50 % Filterasche, 30 % Traß und 20 % Kalkhydrat.

Nr. 7 besteht aus: 50 % Filterasche, 30 % Hochofenschlacke und 20 % Kalkhydrat.

Zwischen den übrigen Mischungen bis Nr. 8 einschließlich konnten keine nennenswerten Unterschiede bei der Verarbeitung bemerkt werden. Demgegenüber waren die Mischungen Nr. 9 - 12, bestehend aus Filterasche, Traß und Hochofenschlacke ohne Kalkhydratzusatz ausgesprochen schwer zu verarbeiten. Immerhin konnten mit allen Mischungen einwandfreie Außenputze angefertigt werden. Nach 6 Wochen Witterungseinwirkung hat sich das Aussehen und die Festigkeit der Putze nicht im geringsten verschlechtert (siehe Abb. 1 - 4).

Zum Aussehen der Putze wäre zu sagen, daß die der kalkhydrathaltigen eine merklich hellere Farbe besitzen als die der kalkhydratlosen Mischungen. Außerdem spielen die Grautöne der kalkhydrathaltigen Mischungen mehr ins Bläuliche, die kalkhydratlosen mehr ins Grünlichgelbe. Da die Mischungen ohne Kalkhydratzusatz mager sind, machen die mit ihnen angelegten Putze einen stumpfen Eindruck; dafür ist ihre Oberfläche aber sehr gleichförmig und

Abbildung 1

Abbildung 2

einheitlich im Farbton. Im ganzen sind alle Putze, auch die hellsten, dunkler als die in der Baupraxis meist angewandten.

Mit den Resten des Mörtels wurden jedesmal einige Ziegelsteine vermauert. Alle Mischungen waren als Mauermörtel brauchbar, aber nur die kalkhaltigen

Abbildung 3

Abbildung 4

hatten die von den Handwerkern gewünschte Klebekraft. Bei den kalkhydratlosen Mischungen wurde die Oberfläche des Mörtels durch einen Regen, der bald nach der Ausführung der Arbeiten niederging, ein wenig ausgewaschen, so daß sie an manchen Stellen einen sandigen Eindruck macht.

Forschungsberichte des Wirtschafts- und Verkehrsministeriums Nordrhein-Westfalen

2. Prüfungen der Mischungen nach DIN 1164

Sämtliche 12 Mischungen bestanden die Kochprobe und die Kugelglühprobe. Alle Mischungen waren wasserbeständig und raumbeständig.

Treiberscheinungen wurden in keinem Falle beobachtet.

Die Abbindezeit hatte bei allen Mischungen brauchbare Werte. Der Beginn des Abbindens lag zwischen 3 und 6 Stunden; das Ende der Abbindezeit bei 5 - 8 Stunden.

Die Auswirkung der Gemischkomponenten auf die Abbindezeit war derart, daß eine Erhöhung des Filteraschenanteils auf die Abbindezeit verkürzend wirkte. Die Erhöhung des Kalkanteils sowie die des Traßanteils wirkten sich verlängernd auf die Abbindezeit aus. Bei sonst gleicher Zusammensetzung waren die Abbindezeiten der Hochofenschlacken-Mischungen kürzer als die der Traßgemische.

Was die Festigkeitseigenschaften betrifft, so liegen die Druckfestigkeiten (28 Tage) der Hochofenschlackenmischungen erheblich über denen der Traßmischungen. Während die Druckfestigkeiten der Traßmischungen nur wenig über 100 kg/cm^2 liegen, betragen die der Hochofenschlackenmischungen mit mehr als 250 kg/cm^2, etwa das 2 1/2 - fache. Bei der Biegezugfestigkeit ist der Unterschied, bezogen auf die 28-Tage-Festigkeit, nicht ganz so groß; die 7-Tage-Festigkeiten der Hochofenschlackenmischungen sind dagegen etwa 3 mal so hoch als die der entsprechenden Traßmischungen. Das bedeutet, daß die Hochofenschlackengemische nicht nur eine große Härte erreichen, sondern auch schneller erhärten. Ob dies im Falle der Filteraschenbinder ein Vorteil ist, muß dahingestellt bleiben. Wahrscheinlich werden aber eventuelle Treibtendenzen der Filterasche weniger leicht zur Auswirkung kommen, wenn der Abbindevorgang bis zur Erreichung der Endfestigkeit langsamer verläuft. In der Filterasche noch vielleicht vorhandene treibende Stoffe (z.B. gebrannter Kalk) finden so Zeit, abzureagieren und sich zu beruhigen.

Eine Erhöhung der Filteraschenkomponente von 50 auf 60 % wirkt sich auf die Druckfestigkeit der Mischungen nicht einheitlich aus; auf die Biegezugfestigkeit wirkt er fast immer verschlechternd. Dies ist wohl so zu deuten, daß beim Überschreiten eines maximalen Filteraschenanteils schon schwache Treibtendenzen in Erscheinung treten.

Eine Erhöhung des Anteils der Kalkhydrat-Komponente wirkt sich in fast allen Fällen vermindernd auf die Festigkeitseigenschaften aus.

3. Prüfung in gesättigter Dampfatmosphäre von 8 atü

Wie erwähnt, galten die Untersuchungen der Firma Dyckerhoff vornehmlich der Beantwortung der Frage, ob es möglich sei, aus Braunkohlenfilterasche zementartige Bindemittel herzustellen. Nachdem mit Braunkohlenfilterasche-Hochofenschlacke-Gemischen Zementfestigkeiten erzielt worden waren, blieb noch zu prüfen, ob diese Gemische auch in ihren anderen Bindemitteleigenschaften, insbesondere in ihrer Raumbeständigkeit, den an ein zementartiges Bindemittel zu stellenden Anforderungen genügten.

Da manche der untersuchten Filteraschen einen so hohen Magnesiumgehalt besaßen, daß auch noch in den hieraus hergestellten Gemischen der MgO-Gehalt den für Zement zulässigen Höchstwert von 5 % MgO überschritt, hielt man es für notwendig, die Bindemittelgemische auf Magnesiatreiben zu prüfen (A.S.T.M. Autoclave-Test) [2].

Nach der Autoclav-Behandlung (3 Stunden bei 21 atü Sattdampf) zeigten die Versuchsprismen eine Ausdehnung, die das für Zement zulässige Maß weit überschritt. Als aber auch Bindergemische mit einem MgO-Gehalt von weniger als 5 % eine ebenso starke Ausdehnung bei der Autoclav-Probe zeigten, konnte man kaum annehmen, daß es sich hier wirklich um ein Magnesiatreiben handelte. Es stand also zur Frage, ob die Autoclav-Probe, in der speziell für Zement entwickelten Form, sich auf andere Bindemittel anwenden lasse.

Es gibt bekanntlich alt bewährte Bindemittel kalkartiger Natur, die die A.S.T.M. Autoclav-Prüfung nicht bestehen, weshalb dieses Prüfverfahren für derartige Bindemittel allgemein abgelehnt wird. Enthalten die Probekörper eines Bindemittels nach der vorgeschriebenen Luftlagerung von 24 Stunden noch irgendwelche Bestandteile, die unter der Einwirkung von gespanntem Dampf quellen, so ist eine Ausdehnung bei der Autoclav-Probe unvermeidlich. Die Ausdehnung unterbleibt nur dann, wenn die quellfähigen Bestandteile bereits vor Beginn der Dampfeinwirkung chemisch fixiert sind.

---

2. American Society for Testing Materials "Autoclave Expansion of Portland-Cement", Designation 151

Dies ist nur dann der Fall, wenn die Erhärtungsreaktionen wie beim Zement schnell verlaufen. Bei Bindergemischen auf Braunkohlenfilterasche-Basis geht die Erhärtung (auch wenn die gemessenen Abbindezeiten relativ kurz sind) unvergleichlich viel langsamer vor sich als beim Zement. Nach 24 Stunden ist die Erhärtung von Aschebindergemischen meist noch nicht soweit fortgeschritten, daß die Prüfkörper eine Wasserlagerung ohne Schaden vertragen. In diesem Zustand kann nicht von ihnen erwartet werden, daß sie der Beanspruchung des A.S.T.M. Autoclav-Testes widerstehen.

Die Auffassung, daß vor Anwendung der Autoclav-Prüfung ein gewisses Erhärtungs-Stadium erreicht sein muß, wurde durch die Beobachtung gestützt, daß sogar ein Kuchen, der nur aus einer Filterasche normaler Zusammensetzung (mit relativ hohem MgO-Gehalt) [3] und Wasser hergestellt war und etwa 4 Wochen gelagert hatte, nicht nur eine 6-stündige Dampfbehandlung bei 8 atü Sattdampf ohne jedes Anzeichen des Treibens aushielt, sondern auch einer Beanspruchung bei 21 atü (A.S.T.M.-Apparatur durchgeführt bei Firma Dyckerhoff) widerstand.

Nachdem Versuche mit Prüfkörpern aus Filterasche-Bindergemischen ergeben hatten, daß diejenigen, die eine 4 - 5 stündige Dampfbehandlung mit 8 atü aushielten auch die 3-stündige Autoclav-Probe bei 21 atü bestanden, wurde zur Autoclav-Prüfung der Filterasche-Bindergemische folgendes Verfahren entwickelt: Zur Prüfung dienten die normalen 4 x 4 x 16 cm Prismen aus Bindemittel und Normensand nach der Vorschrift der DIN 1164. Diese Prismen wurden nach 2-tägiger Feuchtluftlagerung unter Wasser gelagert. Nach 28 Tagen wurden Druck- und Biegezugfestigkeit zunächst unmittelbar an den wassergelagerten Prismen, sodann an solchen, die noch einer zusätzlichen Dampfbehandlung (4 - 5 Stunden [4] bei 8 atü) unterzogen worden waren, gemessen.

Die Prüfung galt als bestanden, wenn keinerlei Anzeichen von Treiben, eine Zunahme der Druckfestigkeit und zu mindest keine Abnahme der Biegezugfestigkeit festgestellt werden konnten.

In dieser Form konnte die Autoclav-Prüfung der Bindergemische mit den in Fortuna verfügbaren Mitteln in Angriff genommen werden.

---

3. Siehe Tabelle 2, Seite 77
4. Einschließlich Anfahr- und Abfahrzeit etwa 8 Stunden

Abbildung 5

Abbildung 6

Das Ergebnis war sehr aufschlußreich:

Sämtliche Prismen aus Filterasche, Traß und Kalk (nach 28 Tagen Wasserlagerung) bestanden nicht nur die 5-stündige Dampfbehandlung bei 8 atü, sondern ihre Druckfestigkeiten wie auch ihre Bezugsfestigkeiten wurden durch diese Behandlung etwa verdoppelt.

Forschungsberichte des Wirtschafts- und Verkehrsministeriums Nordrhein-Westfalen

Demgegenüber wurden sämtliche Prismen aus Filterasche mit Hochofenschlacke und Kalk völlig zerstört.

Die Prismen aus Filterasche mit Hochofenschlacke und Traß bestanden die Prüfung dann, wenn der Traßzusatz 30 % und mehr betrug.

Der Zustand der Prismen ist aus den Abbildungen 5 und 6 (S. 83) zu ersehen (eines der Prismen auf Abb. 5 bestand schon vor der Dampfbehandlung aus zwei Stücken).

Zusammen mit den Prismen wurden auch Kuchen, die aus den gleichen Mischungen, jedoch ohne Sandzusatz (nach Art der Kuchen für die Kochprobe) hergestellt wurden und die genau wie die Prismen gelagert worden waren, der Dampfeinwirkung ausgesetzt. Alle Kuchen der 12 Mischungen bestanden die Prüfung nicht. Die Kuchen, die Hochofenschlacke enthielten, wurden hierbei viel vollständiger zerstört als die aus Traßgemischen hergestellten. Dagegen vertrug ein Kuchen aus einer Mischung 50 % Filterasche und 50 % Traß, der zugleich mitgeprüft wurde, die Dampfbehandlung ohne jeden Schaden.

Aus dem Ergebnis der Dampfdruckprüfung läßt sich folgendes schließen: Die Tatsache, daß ein Körper, der nur aus Fortuna-Filterasche normaler Zusammensetzung und Wasser hergestellt war (siehe Tabelle 2, S. 77, unter Filteraschekuchen), die Dampfdruckprüfung bei 8 atü und auch bei 21 atü ohne das geringste Anzeichen von Treiberscheinungen aushielt, beweist, daß es Fortuna-Filteraschen gibt, die trotz ihres für Zementbegriffe hohen MgO-(12,5 %) und SO_3-(7,2 %)-Gehaltes nach vollständigem Abbinden frei von treibenden Bestandteilen sind. Nachdem die Tragweite dieser Feststellung erkannt worden war, wurden Untersuchungen eingeleitet, mit dem Zweck, festzustellen, ob das beschriebene Verhalten bei der Einwirkung von gespanntem Dampf die Eigenart einzelner Aschen ist, oder für die Fortuna-Filterasche allgemein angenommen werden kann. Die Ergebnisse stehen aber noch aus [5].

Nehmen wir einmal an, die Fortuna-Filterasche verhalte sich unter den gleichen Voraussetzungen allgemein der Dampfwirkung unter Druck gegenüber resistent, so könnte hieraus der Schluß gezogen werden, daß der ziemlich hohe MgO-Gehalt der Asche offenbar nicht in Form eines Periklas vorliegt, der Magnesiatreiben verursacht.

---

5. Siehe Nachtrag, Seite 88

Forschungsberichte des Wirtschafts- und Verkehrsministeriums Nordrhein-Westfalen

Man könnte weiter den Schluß ziehen, daß das ebenfalls in nicht geringen Mengen vorhandene SO_3 in der Filterasche keinen Partner vorfindet, mit dem es treibende Sulfo-Aluminate bilden könnte. Da die Filterasche aber in Verbindung mit Hochofenschlacke im Dampfautoklav zerfällt, könnte man annehmen, daß das SO_3 der Filterasche in Bestandteilen der Hochofenschlacke Partner findet, mit denen es sich unter Volumenvermehrung während der Dampfbehandlung vereinigt [5].

Vom Traß weiß man, daß er in Verbindung mit Anregern in gespanntem Dampf beständig ist und daß er auch gegenüber treibenden Bestandteilen seiner Partner nicht nur nahezu unempfindlich ist, sondern darüber hinaus auf diese einen stabilisierenden Einfluß ausübt. Dies trifft offenbar auch für sein Verhalten gegenüber der Fortuna-Filterasche zu. In Gegenwart einer genügenden Menge Traß wird auch die Hochofenschlacke in Gemischen mit Filterasche gegenüber der Dampfeinwirkung beständig (s. Mischung 1o-12).

Die zweite Versuchsreihe wurde in gleicher Weise mit denselben 12 Mischungen durchgeführt wie die erste, nur mit dem Unterschied, daß eine andere Filterasche (Filterasche II, s. Tab. 2, S. 77) Anwendung fand. Als Filterasche wurde eine beliebige Filterasche von mäßigem Gehalt an HCl-Unlöslichem genommen, die wenige Tage vor Beginn der Versuchsreihe angefallen war. Sowohl der MgO- wie auch der SO_3-Gehalt liegen bei der Filterasche II merklich höher als bei Filterasche I. Außerdem war die Filterasche II im Gegensatz zur Filterasche I nicht gesichtet.

Die Ergebnisse der Prüfung nach DIN 1164 sind in Tabelle 1 wiedergegeben. Auch wenn diese noch nicht vollständig vorliegen, so lassen sich aus ihnen doch schon wichtige Schlußfolgerungen ziehen.

Bei dieser Versuchsreihe bestanden ebenfalls alle Mischungen die Kugelglühprobe und die Kochprobe. Die Kuchen waren wasser- und raumbeständig. Aber schon die Abbindezeiten der Mischungen weichen von den entsprechenden der ersten Versuchsreihe nicht unerheblich ab. Besonders bei den Hochofenschlacken-Mischungen liegt der Anfang der Abbindezeiten sehr viel früher und die Abbindezeiten selbst sind bedeutend kürzer.

Vor allem aber machen sich die Unterschiede bei den Festigkeiten bemerkbar. Und zwar werden die 7-Tage-Biegezugfestigkeiten der ersten Versuchsreihe im allgemeinen nicht erreicht. Bei Mischung 17 ist die 7-Tage-Biegezug-

---
5. Siehe Nachtrag, Seite 88

festigkeit praktisch 0, bei Mischung 20 wurden die Prismen bei der Wasserlagerung vollständig zerstört. Nur bei den Mischungen 17 und 26 liegen sowohl Biegezugfestigkeiten wie Druckfestigkeiten höher als bei Versuchsreihe I, und zwar sehr viel höher. Bei Mischung 27 liegt die Druckfestigkeit höher als bei Versuchsreihe I, obwohl die Biegezugfestigkeit praktisch 0 ist.

Dies dürfte genügen, um zu beweisen, daß zwischen den Filteraschen der beiden Versuchsreihen ganz beträchtliche Unterschiede im Verhalten gegenüber ihren Partnern, Traß, Hochofenschlacke und Kalk bestehen. Die Filterasche II ist anscheinend aktiver (vielleicht infolge eines höheren Gehaltes an freiem CaO) und erreicht daher unter bestimmten Voraussetzungen höhere Festigkeiten, aber sie neigt ganz offensichtlich zum Treiben, wenn ihre Aktivität nicht durch einen genügend hohen Traßzusatz gebändigt wird. Sie darf offensichtlich in den Mischungen nicht in einem höheren Prozentsatz als 50 % verwandt werden.

Warum die Filterasche II in ihrem Verhalten so stark von der Filterasche I abweicht, läßt sich noch nicht mit Sicherheit sagen. Als Ursachen kommen weiter in Frage: Der höhere MgO- und SO_3-Gehalt der Asche, der frischere Zustand und schließlich der Umstand, daß sie nicht gesichtet wurde. Inzwischen wurde ein Teil der Asche nachträglich wie Filterasche I gesichtet, und mit dem gesichteten Material werden nun Gegenversuche durchgeführt, um festzustellen, ob die Sichtung eine stabilisierende Wirkung auf die Asche ausübt. Umgekehrt wird man feststellen können, ob andere Aschen mit niedrigem MgO- und SO_3-Gehalt in frischem Zustand und ungesichtet oder auch abgelagert und gesichtet sich ebenso wie Filterasche II verhalten können.

Beide Versuchsreihen betreffend ist noch zu erwähnen, daß dem Auftreten von Ausblühungen besondere Beachtung geschenkt wurde. An den Mischungen konnten in keinem Falle Salzausblühungen festgestellt werden, weder bei den praktischen Versuchen noch bei den Laboratoriumsprüfungen.

<u>Zusammenfassung</u>

a) Aus <u>Filterasche, Traß und Kalkhydrat</u> lassen sich Aschenbinder herstelsen, die folgende Eigenschaften besitzen:

Ausreichende Festigkeit für Mörtel- und Verputzzwecke (50 bis 100 kg/cm^2),

lange Abbindezeit,

sehr gute Verarbeitbarkeit,

hohe Beständigkeit auch bei Prüfung mit Dampf unter Druck (8 atü),

der Kalkhydratgehalt soll 20 %, der Filteraschengehalt möglichst 50 % nicht überschreiten.

b) Aus Filterasche, Hochofenschlacke mit Kalkhydrat zusammengesetzte Aschenbinder besitzen folgende Eigenschaften:

Sehr gute Festigkeiten (225 kg/cm^2 und höher),

etwas kürzere Abbindezeiten als die Traßmischungen,

sehr gute Verarbeitbarkeit,

aber keine Beständigkeit gegenüber einer Dampfdruckprüfung (8 atü).

Der Kalkhydratanteil soll auch hier 20 % nicht überschreiten.

Der Filteraschenanteil darf auf keinen Fall 50 % überschreiten.

c) Aus Filterasche, Hochofenschlacke und Traß (ohne Kalkhydrat) kann ein Aschenbinder mit folgenden Eigenschaften hergestellt werden:

Gute Festigkeiten (80 bis 150 kg/cm^2),

ziemlich lange Abbindezeiten,

wahrscheinlich noch ausreichende Verarbeitungseigenschaften,

gute Beständigkeit auch bei der Dampfdruckprüfung (8 atü).

Der Traßanteil soll etwa 30 % betragen, der Filteraschenanteil 50 % nicht überschreiten.

Für welchen Typ von Aschenbindern man sich entscheidet, hängt vor allem davon ab, welche Bedeutung man der Prüfung im Dampf unter Druck beimißt. Der Unterzeichnete vertritt die Ansicht, die auch Herr Dr. BIEHL teilt, daß man bei einem noch so wenig bekannten Stoffgemisch, wie ihn die Filterasche darstellt, die Ergebnisse der Prüfung im Dampfautoklaven nicht außer Acht lassen darf, wenn die Frage der Sicherheit in den Vordergrund der Betrachtung gestellt wird.

Die Untersuchungen, über die hier berichtet wurde, sind in der Forschungsstelle Kraftwerke Fortuna in Zusammenarbeit des Herrn Dr. K. BIEHL mit dem Unterzeichneten durchgeführt worden.

September 1950   Dr. K. RUMMEL, RAG Fortuna

Forschungsberichte des Wirtschafts- und Verkehrsministeriums Nordrhein-Westfalen

Nachtrag

Zur Zeit der Durchführung dieser Untersuchungen war über die Einflüsse der Verbrennungsbedingungen auf die Bindemitteleigenschaften der Braunkohlenfilterasche nur wenig bekannt. Bei späteren Untersuchungen hat sich dann ergeben, daß die Aschen, mit denen die ersten Versuche in Fortuna durchgeführt worden waren, Beispiele von Aschen besonders ungünstigen Verhaltens waren. Es handelte sich um Aschen, die zu hohen Temperaturen im Feuerraum ausgesetzt waren (überbrannte Aschen). Man fand, daß Kessel mit hoher Feuerraumbelastung häufig solche Aschen liefern [6]. Wenn diese überbrannten Aschen grundsätzlich für die Verwertung als Bindemittel ausgeschlossen werden, können auch mit Traßzusätzen von weniger als 30 %, ja sogar mit Hochofenschlacke allein ohne Traßzusatz (50 % Hochofenschlacke, 50 % Filterasche) Bindemittel hergestellt werden, die die Prüfung mit Dampf unter Druck ohne weiteres bestehen. Bei der "Fortunit"-Herstellung hat man einen Traßzusatz von 25 % beibehalten. Der Traßzusatz wirkt sich vor allem günstig auf die plastischen Eigenschaften des Mörtels aus, verlängert die Abbindezeiten und bietet eine zusätzliche Sicherheit im Hinblick auf die Beständigkeit des Bindemittels.

Dr. K. RUMMEL, RAG, Fortuna

---

6. Siehe: Verwertung der Fortuna-Filterasche als Baustoffbindemittel, 1. Auswahl geeigneter bzw. Aussonderung schlechter Aschen

Forschungsberichte des Wirtschafts- und Verkehrsministeriums Nordrhein-Westfalen

IV. Studie über die Verwendungsmöglichkeit von Filterasche aus rheinischer Braunkohle und Quarzsand zur Herstellung von Leichtkalkbeton

1. Materialproben und ihre Vorbereitung

Von der Firma Rheinisches Elektrizitätswerk im Braunkohlenrevier A.G., Köln, Kaiser-Friedrich-Ufer 55, wurde meinem Büro die Aufgabe gestellt, Untersuchungen über die Verwendungsmöglichkeit von Filteraschen aus den bestehenden und teilweise im Ausbau befindlichen Kraftwerken der Gesellschaft zwecks Herstellung von Porenbeton auf Kalkbasis durchzuführen. Die im Abraum der Braunkohlengruben anstehenden bemerkenswert reinen, feinkörnigen Quarzsande sollten ebenfalls in die Versuche einbezogen werden.

Die Überlegungen, die zur Vornahme dieser Versuche führten, verfolgten eine nutzbringende Verwertung von Stoffen, die als Nebenprodukte bisher gar nicht oder nur zum geringen Teil genutzt werden. Da man Porenbeton in kleinen Laboratoriumseinrichtungen nicht so herstellen kann, wie es zur Wiedergabe technischer Vorgänge notwendig ist, wurden die Proben in den großen Härtekesseln des Ytongwerkes in Watenstedt unter betriebsmäßigen Bedingungen gehärtet.

Als Ziel der Untersuchung wurde angestrebt, mit den bemusterten Stoffen einen Leichtkalkbeton von genügender Festigkeit und ausreichend geringem Raumgewicht zu erzeugen, der bautechnisch keine Mängel zeigt. Als typische Eigenschaften verlangt man bei einem Leichtkalkbeton von einer Trockenwichte von 0,65 eine Druckfestigkeit von ≥ 50 kg/cm^2. Außerdem darf der Baustoff keine schädlichen Bestandteile enthalten, nicht schwinden und muß in der Porigkeit nicht zu feinporige Struktur aufweisen.

Die Firma Rheinisches Elektrizitätswerk im Braunkohlenrevier lieferte folgende Proben:

```
     ⎧ 1. ca. 15 kg Fl.A. grob    von Lurgifilter Trichter A
  I  ⎨ 2. ca. 15 kg  "    mittel    "      "         "    B
     ⎩ 3. ca. 15 kg  "    fein      "      "         "    C
     ⎧ 4. ca. 10 kg  "    grob      "   Waltherfilter
  II ⎨
     ⎩ 5. ca. 15 kg  "    fein      "      "
  III  6. ca. 10 kg  "    AD 3  von der alten Anlage
  IV   7. ca. 12 kg Grubensand Fortuna (weißer Quarzsand)
```

Forschungsberichte des Wirtschafts- und Verkehrsministeriums Nordrhein-Westfalen

Von allen Proben wurden Sieb- und chemische Analysen angefertigt. Sie sind in Anlage 1 zusammengestellt.

Da die Probemengen für Gießversuche sehr klein waren, andererseits auch im Großbetrieb die verschiedenen feinen Aschen gemischt werden müssen, wurden die jeweils zusammengehörigen Flugascheproben vermischt. Die einzelnen Mischungen erhielten die Bezeichnungen: I, II, III, und zwar besteht Mischung I aus je 1/3 der 3 Lurgifiltermuster, Mischung II aus 1/3 grob und 2/3 fein des Waltherfilters und Mischung III stellt die Probe AD 3 der alten Anlage dar.

Der Sand wurde fein gemahlen (s. Anlage 1, IV) und Parallelversuche mit einem bewährten Glasschleifsand ausgeführt (s. Anlage 1, V) sowie mit Zusatz von Hochofenschlacke (s. Anlage 1, V).

Der Branntkalk wurde als feingemahlener Kalk von dem Kalkwerk Winterberg (Bad Grund) geliefert.

2. Versuchsdurchführung

Die Versuche entsprachen dem Fabrikationsgang. Man mischt Asche (Quarzsand) mit Branntkalk, bringt die Stoffe auf die optimalen Feinheiten, versetzt sie mit Aluminiumpulver und einer bestimmten Wassermenge und rührt sie zu einem dünnflüssigen Brei, der in Stahlformen absetzt und gärt. Nach einer bestimmten Zeit steift die Rohmasse an. Sie erreicht dabei etwa die Konsistenz einer Biskuitmasse. Vor dem Härten im Autoklaven wird diese Masse in die gewünschte Form gebracht.

Für eine Gießung in der Probeform werden etwa 6 kg trockene Masse benötigt, um die Rohwichte von 0,65 zu erhalten. Durch umfangreiche Vorversuchsreihen wurde festgestellt, daß sich die Aschen nur bei Zusatz von Sand und Branntkalk zu Gasbeton verarbeiten lassen. Die günstigste Temperatur des Mischwassers betrug 28 °C. Die einzelnen Aschensorten verlangen jedoch zu ihrer richtigen Konsistenz beim Gießen verschiedene Wassermengen, die im allgemeinen gegenüber dem bekannten Leichtkalkbeton als zu hoch anzusprechen sind und daher zu schlechter Porigkeit führen.

Als Gärmittel wurde stets 0,15 % Alu-Pulver einer für Gießungen 0,65 bewährten Sorte benutzt.

Die Mischung der Masse erfolgte in einem 50-l-Propellermischer jeweils 4 Minuten lang und nach Zugabe des Alu-Pulvers noch 1,5 Minuten. Es wurden

Forschungsberichte des Wirtschafts- und Verkehrsministeriums Nordrhein-Westfalen

Anlage 1
Rohstoffe für die Versuche

I. Lurgifilter Trichter A, B und C je 1/3 (Asche)

Siebanalysen	Trichter A	Trichter B	Trichter C	Mischung
+ 0,09 mm	10,5	3,9	1,6	5,3 %
0,09 - 0,06 mm	4,2	2,1	1,2	2,5 %
- 0,06 mm	85,3	94,0	97,2	92,2 %

Chemische Analyse

	A	B	C	Mischung
chem. geb. H_2O	0,57	0,60	0,45	0,54
CO_2	0,96	1,13	1,23	1,11
Organische Substanz	1,67	1,00	0,68	1,11
Glühverlust	3,20	2,73	2,36	2,76

Aufschluß der geglühten Substanz — titriert mit 1/1 n HCl

	A	B	C	Mischung	
SiO_2	12,73	7,67	5,96	8,79	
Al_2O_3	4,84	3,29	2,79	3,64	
Fe_2O_3	21,81	20,87	19,71	20,80	
CaO	38,70	43,30	46,46	42,82	44,2 %
MgO	11,60	12,55	11,57	11,91	
SO_3	7,15	8,36	10,11	8,54	
Na_2O	n.b.	n.b.	n.b.	0,36	
K_2O	n.b.	n.b.	n.b.	0,22	
n.b. Rest	3,17	3,96	3,40	2,92	
	100,00	100,00	100,00	100,00	

Bindungsverhältnisse

Der Schamottgehalt (n. Zinzen SiO_2/Al_2O_3 = 1,8 + 4 % MgO) ist verhältnismäßig gering (rd. 10 %). Für die Bildung hydraulischer Ca-Aluminate ist der Tonerdegehalt nicht ausreichend. SO_3 dürfte im wesentlichen an CaO als Anhydrit (mikroskopisch deutlich nachweisbar), weniger an MgO

($MgSO_4$ dissoziert bereits bei 880°, in Gegenwart von SiO_2 schon bei 660°C) und Alkalien gebunden sein. Freies CaO ist kaum vorhanden, da bei Berührung mit Wasser keine Wärmeentwicklung festzustellen ist. Etwas $Ca(OH)_2$ liegt vor. Der P_H-Wert einer 1o %igen Suspension liegt bei 11,5, das entspricht o,o8 g CaO/l bzw. o,1 % $Ca(OH)_2$ auf Trockensubstanz bezogen.

Neben 15 % Anhydrit dürfte CaO auch in Form von weniger Mono- als von Dikalziumferriten (nicht hydraulisch, mikroskopisch an der gelbbraun durchscheinenden Farbe und an der starken Doppelbrechung erkenntlich sowie in n/1o HCl löslich) und in den eutektischen Schmelzen des Vielstoffsystems SiO_2 - Al_2O_3 - Fe_2O_3 - FeO - MgO - $CaSO_4$ - CaS enthalten sein. Bei der Nachrechnung der möglichen Glas- und Mineralbildung zeigt sich jedoch, daß für die Temperaturstufen bis 14oo °C, wie sie in der Feuerung anzunehmen sind, noch ein beträchtlicher Überschuß an CaO vorhanden sein müßte, der jedoch - wie sich bei den Versuchen nerausstellte - für die Temperaturentwicklung und Ansteifung der Masse nicht merklich zur Auswirkung kommt. Die sehr hoch liegende HCl-Löslichkeit (s. titrierte Werte mit 1/1 n HCl) deutet darauf hin, daß CaO und MgO, soweit silikatisch gebunden, in der Glasphase vorliegen müssen.

II. Waltherfilter grob : fein = 1 : 2 (Asche)

Die Mischung wurde so angesetzt, wie sie sich etwa quantitativ aus den Abscheidermengen ergeben wird.

Siebanalyse	grob	fein	Mischung 1 : 2
+ o,o9 mm	48,9	3,5	18,6
o,o9 - o,o6 mm	15,9	3,8	7,8
- o,o6 mm	35,2	92,7	73,6
Chemische Analyse			
chem. geb. H_2O	o,62	o,56	o,58
CO_2	o,24	1,o3	o,73
organische Substanz	1,11	o,41	o,68
Glühverlust	1,97	2,oo	1,99

Aufschluß der geglühten Substanz

SiO_2	45,73	8,39	20,84	titriert mit
Al_2O_3	6,06	5,69	5,81	1/1 n HCl
Fe_2O_3	28,54	23,18	24,97	
CaO	10,42	41,88	31,39 }	
MgO	3,06	10,46	7,99 }	31,1 %
SO_3	2,23	8,83	6,63	
n.b. Rest	3,96	1,57	2,27	
	100,00	100,00	100,00	

Bindungsverhältnisse

Die Zusammensetzung dieser Asche ist vom hydraulischen Standpunkt günstiger. Neben etwa 10 % Anhydrit ist das Vorhandensein saurer sowie hydraulischer Silikate wahrscheinlicher als bei der Mischung I.

III. Alte Anlage (nur 1 Muster): Asche

Siebanalyse
+ 0,09   2,7 %
0,09 - 0,06   2,2 %
- 0,06   95,1 %

Chemische Analyse   chem.geb. H_2O 0,50
   CO_2 0,79
   Organ. Substanz   0,15

Glühverlust   1,44

Aufschluß der geglühten Substanz

SiO_2	10,69	titriert mit
Al_2O_3	5,56	1/1 n HCl
Fe_2O_3	21,42	
CaO	41,04 }	
MgO	11,35 }	43,4 %
SO_3	8,70	
n.b. Rest	1,24	
	100,00	

Diese Asche entspricht nach Feinheit und chemischer Analyse der Mischung I, in der Struktur jedoch einer Steinkohlenflugasche (Hohlkugeln und Schlackentröpfchen)

IV. Grubensand Fortuna

Siebanalyse		
	1,2 - 5 mm	2,1 %
	0,6 - 1,2	0,2 %
	0,2 - 0,6	20,8 %
	0,09 - 0,2	74,0 %
	0,06 - 0,09	2,1 %
	- 0,06	0,8 %
		100,0 %
Chemische Analyse	Feuchtigkeit	0,51 %
	Organische Substanz	0,09 %
	SiO_2	97,94 %
	R_2O_3	1,30 %

Der Sand ist für Gasbeton brauchbar, muß jedoch auf ca. 3500 cm^2/g (nach BLAINE) = 5 % Rückstand auf dem 4900 Maschensieb (0,09 mm) gemahlen werden.

V. Für Vergleichsversuche wurde auch ein Glasschleifsand, der sich an anderer Stelle gut bewährt hatte, und eine Hochofenschlacke verwandt

Glasschleifsand

Feinheit		
	+ 0,09 mm	2,5 %
	0,09 - 0,06 mm	7,5 %
	- 0,06 mm	90,0 %
	Spezifische Oberfläche	3950 cm^2/g (BLAINE)
	Alkalinität äqu.	0,1 % NaOH
Chemische Analyse	SiO_2	97,05 % (hiervon löslich 0,7 %)
	R_2O_3	2,05 %
	CaO	0,54 %
	$Na_2O + K_2O$	0,20 %
		99,84 %

Hochofenschlacke (gemahlen)

Feinheit	+ 0,2 mm	0,2 %
	+ 0,09 mm	6,4 %

Chemische Analyse	SiO_2	31,2 %	$\frac{CaO}{SiO_2} = 1,37$
	Al_2O_3	10,8 %	
	Fe_2O_3	5,8 %	
	CaO	42,8 %	
	MgO	5,7 %	
	S	1,8 %	

VI. Branntkalk

Der für die Versuche verwandte gebrannte Kalk vom Kalkwerk WINTERBERG hatte folgende Zusammensetzung:

Feinheit	+ 0,09 mm	4,0 %		
Chemische Analyse	H_2O	0,5 %	$Ca(OH)_2$	2,05 %
	CO_2	1,5 %	$CaCO_3$	3,4 %
	SiO_2	1,1 %		
	R_2O_3	0,7 %		
	MgO	2,0 %		
	CaO	93,8 %	CaO frei	90,1 %
	SO_3	0,4 %	$CaSO_4$	0,7 %
		100,0 %		

VII. Mischwasser

Trinkwasser der Hütte Watenstedt

Karbonathärte	10° d.H.		
bleibende Härte	10° d.H.		
Gesamthärte	20° d.H.	=	0,2 g CaO/l

Forschungsberichte des Wirtschafts- und Verkehrsministeriums Nordrhein-Westfalen

Erläuterung zur Horizontalspalte der Prüftabellen Anlage 2

Die "Versuchs-Nr." stellt jeweils das Ergebnis zweier Parallelgießungen dar.

Die "Gießmasse" stellt die Zusammensetzung der Trockenmischung dar.

"W/F" = Wasser-Feststoffaktor = Verhältnis der Massermenge zur Feststoffmenge in kg.

"CaO titriert" ist der mit $^n/_{10}$ HCl in der Gießmasse titrierte, auf CaO bezogene Äquivalentwert.

"Steife" ist die mit einer Spindel gemessene Konsistenz. Die Zahlen entsprechen einer im Großbetrieb benutzten Skala.

"Temp.max" ist die höchste erreichte Temperatur während der Ansteifzeit, die mit dem Schwimmthermometer gemessen wird (8 cm Eintauchtiefe).

"Ansteifzeit" ist die Summe der Gär- und Abbindezeit bis zur Sägesteife, d.h. bis zu dem Zeitpunkt, an dem die Masse im Großbetrieb gesägt werden muß (nicht früher oder später!).

"Kappe" ist die über den Formenrand gequollene Masse. Sie ist ein Maßstab für den richtigen Alupulverzusatz und beabsichtigte Gärverhältnisse. Bei der Berechnung der Zusammensetzung wird mit 3 cm Höhe gerechnet, womit die gewünschte Rohwichte erzielt wird.

"Rohwichte" ist das Raumgewicht des fertigen Leichtbetonblockes in kg/dm^3. Das Naßgewicht bezieht sich auf den Zustand nach der Härtung, und das Trockengewicht wird durch Trocknung bei 70 °C bestimmt.

O = "oben" heißt in der oberen Hälfte des Blockes

U = "unten" heißt in der unteren Hälfte des Blockes in Gärrichtung gesehen.

"Druckfestigkeit" wird mit der Prüfpresse an Würfeln bestimmt. Im vorliegenden Falle wurden 10 cm-Würfel verwandt.

"Biegezugfestigkeit" wird nach DIN 1164 an Prismen 4 x 4 x 16 cm mit dem Michaelisgerät gemessen.

"H_{10}-Zahl" ist eine aus der Erfahrung entwickelte Beziehung zwischen Druckfestigkeit und Rohwichte bei 10 Vol.% Feuchtigkeit.

Die Formel lautet $H_{10} = \dfrac{D_{10}}{\gamma_{tr} - 0,3}$

H_{10} = Festigkeitszahl
D_{10} = Druckfestigkeit $\quad$ } bei 10 Vol.% Feuchtigkeit
γ_{tr} = Trockenrohwichte

Mit Hilfe dieser Zahl kann man also die erhaltene Druckfestigkeit auf verschiedene Rohwichten umrechnen.

Forschungsberichte des Wirtschafts- und Verkehrsministeriums Nordrhein-Westfalen

A n l a g e 2

Aschegemisch M I: Lurgi-Trichter A, B, C je 1/3 ($\emptyset$ 5,32% +4900 M/cm²)

Vers. Nr.	Gießmasse	Gießung W/F	Gießung CaO titriert	Gießung Steife	Gießung Temp. °C	Gießung Ansteif-zeit	Gießung Kappe	Rohwichte+) naß	Rohwichte+) trocken	Druckfestigkeit kg/cm²	H_{10}-zahl	Biege-zug-festig-keit kg/cm²
1	47 % M I 41 % Sand 12 % Branntkalk 0,15 % Alu	0,93	24,6	+ 6	51°	5³⁰	+ 4	o 0,92 } $\emptyset$ 0,86 0,81 0,84 u 1,00 } $\emptyset$ 0,97 0,93 0,93 Mittel 0,91	0,61 0,67 0,64	22,0 } $\emptyset$ 25,2 18,8 34,9 32,5 33,4 } $\emptyset$ 40,0 54,0 32,6	81 108 96	
7	wie Nr. 1 jedoch 13,5 % Branntkalk	0,92	26,6	+ 6	50°	3⁴⁵	+ 1	o 0,95 } $\emptyset$ 0,95 0,95 $\emptyset$ u 1,06 } $\emptyset$ 1,07 1,09 $\emptyset$ Mittel 1,01	0,63 0,63 0,63 0,63 0,64 0,635 0,63	18,8 } $\emptyset$ 18,8 18,8 28,0 } $\emptyset$ 27,0 26,0	57 81	8,6 10,5 9,5
4	44 % M I	0,95	29,4	+ 5	47°	3⁴⁰	+ 2	o 0,72 } $\emptyset$ 0,69 0,66 $\emptyset$ u 0,72 } $\emptyset$ 0,73 0,74 $\emptyset$ Mittel 0,72	0,60 0,60 0,60 0,60 0,60 0,60	26,7 } $\emptyset$ 23,1 19,6 22,1 } $\emptyset$ 22,6 23,1 22,8	70 77 75 76	12,6 12,7 12,6
10	32,7 % M I 32 % Glasschleifsand 21,5 % Ho-Schl. 2 % Aktivator 11,7 % Branntkalk	0,91	31,9	+ 7	49°	5¹⁰	+ 2	o 0,99 } $\emptyset$ 0,97 0,96 $\emptyset$ u 1,11 } $\emptyset$ 1,09 1,07 $\emptyset$ Mittel 1,03	0,70 0,69 0,695 0,69 0,73 0,71 0,70	28,0 } $\emptyset$ 29,5 31,0 39,9 } $\emptyset$ 37,2 34,5 33,3	75 91 83	14,8

+) Anmerkung zu "Rohwichte"; o bzw. u vor den Naßrohwichten bedeutet "oben" bzw. "unten", bezogen auf den in Gießrichtung aufgestellten Block

Anlage 2

Aschegemisch M II: Waltherfilter 1/3 grob + 2/3 fein ($\emptyset$ 18,6 % + 4900 M/cm²)

Vers. Nr.	Gießmasse	Gießung W/F	CaO titriert	Steife	Temp. max.	Ansteif- zeit	Kappe	Rohwichte naß	Rohwichte trocken	Druckfestigkeit kg/cm²	H_{10}-zahl	Biege- zug- festig- keit kg/cm²
2	47 % M II 41 % Sand 12 % Branntkalk 0,15 % Alu	0,76	22,7	+ 6	52 °C	4⁴⁰	+ 3,5	o| 0,92 0,89 }0,90 0,87 u| 1,02 1,02 }1,02 1,02	0,64⁵ — 0,76 — $\emptyset$ 0,70	31,3 28,0 }33,5 25,0 49,8 39,0 40,5 }48,8 43,0 72,5 41,1	97 (144) 1o6 (158) 1o1	
8	wie Nr. 2 jedoch 13,5 % Branntkalk	0,77	24,0	+ 6	51 °C	3²⁰	− 0,5	o| 0,93 }0,95 0,88 u| 1,00 }0,98 0,96	0,75 0,76⁵ 0,76 $\emptyset$ 0,76	46,5 }40,5 34,5 46,3 }49,1 52,0 44,8	90 1o5 97⁵	15,4 15,3 15,4
5	44 % M II 42,7 % Glasschleifsand 13,3 % Branntkalk 0,15 % Alu	0,74	23,8	+ 6	47 °C	3³⁰	+ 3,5	o| 0,80 }0,79 0,78 u| 0,86 }0,87 0,88	0,69⁵ 0,71 0,70 $\emptyset$ 0,70	35,1 }35,0 34,8 33,6 }37,0 40,3 36,0	89 90 90	13,6 13,6 13,6
11	32 % M II 31,5 % Glasschleifsand 21,5 % HO-Schlacke 13,3 % Branntkalk 0,15 % Alu	0,76	31,8	+ 7	51 °C	4⁵⁵	+ 3	o| 0,93 }0,93 0,93 u| 1,09 }1,10 1,11	0,73 0,75⁵ 0,74 $\emptyset$ 0,74	33,5 }35,8 38 63,5 }58,9 54,3 47,3	83 (148) 129 1o7	18,2

Forschungsberichte des Wirtschafts- und Verkehrsministeriums Nordrhein-Westfalen

Anlage 2

Flugasche III: Alte Anlage ($\emptyset$ 2,7 % + 4900 W/cm²)

Vers. Nr.	Giesmasse	W/F	CaO titriert	Gießung Steife	Temp. max.	Ansteif- zeit	Kappe	Rohwichte naß	Rohwichte trocken	Druckfestigkeit kg/cm²	H_{10}-zahl	Biege- zug- festig- keit kg/cm²
3	47 % Flugasche 41 % Sand 12 % Branntkalk 0,15 % Alu	0,69	22,4	+ 6	52 °C	5⁰⁵	+ 3	0,98 o 0,94 } 0,95 0,94 - 1,08 1,05 } 1,06 u 1,05 -	0,69 0,85 $\emptyset$ 0,77	29,3 41,0 } 38,0 27,7 54,0 51,5 54,0 } 55,6 52,0 65,0 46,8	97 (138) 101 (118) 99	
9	wie Nr. 3	0,69	22,7	+ 5	49 °C	3²⁰	- 0,5	o 0,97 } 0,94 0,91 u 1,02 } 1,00 0,98	0,80 0,82⁵ $\emptyset$ 0,81	44,3 } 39,4 34,5 44,0 } 48,0 52,0 43,7	79 91 85	16,9 14,7 15,8
6	47 % Flugasche 42,7 % Glasschleifsand 13,3 % Branntkalk	0,69	22,4	+ 4	50 °C	2²⁰	- 2,5	o 0,90 } 0,89 0,88 u 1,02 } 1,01 1,00	0,74 0,74 $\emptyset$ 0,74	33,7 } 32,4 31,2 32,6 } 47,7 62,8 40,1	74 108 91	11,8 13,7 12,8

gleichzeitig stets 2 Probeformen gegossen. Nach dem Gären und Absteifen der über den Formrand gequollenen Masse (des weiteren als "Kappe" bezeichnet) wurden die Formen in den Härtekessel eingefahren und bei 1o atü 18 h lang gehärtet. Der 49 cm hohe Block wurde dann mit der Karborundumsäge so aufgeteilt, daß wowohl Würfel von 1o x 1o x 1o cm als auch Prismen 4 x 4 x 16 cm erhalten wurden und zwar jeweils vom oberen und unteren Teil des Blockes, um Entmischungserscheinungen und Porigkeit beurteilen zu können.

An den Würfeln wurden die Druckfestigkeit und die Rohwichte bestimmt. Die Prismen dienten der Bestimmung der Biegezugfestigkeit, des Schwindverhaltens, der Wasseransaugung und -abgabe sowie der Ausblühneigung.

In Anlage 2 sind die Versuchsergebnisse zusammengestellt. Die an den Prismen studierten bautechnischen Eigenschaften folgen in einem besonderen Bericht.

Forschungsberichte des Wirtschafts- und Verkehrsministeriums Nordrhein-Westfalen

3. Beurteilung der Versuche nach Anlage 2

a) Ansteifen

Das Treiben der Masse war im allgemeinen mit 20 - 25 Minuten bis zur gewünschten Kappenhöhe normal, jedoch sind die darauffolgenden Ansteifzeiten mit 3 1/2 - 5 1/2 h ungewöhnlich lang, da trotz ausreichender Kalkzugabe die Temperaturen 50 °C kaum übersteigen.

Der Versuch Nr. 2 war mit einem W/F-Faktor von 0,52 wiederholt worden, die Ansteifung erfolgte jedoch hierbei zu schnell. Eine gewisse Regulierung durch den Wasserzusatz ist also möglich, jedoch nur bei Erzeugung hoher Rohwichten (über 0,75). Die für den Porenbeton wichtigsten Rohwichtebereiche liegen aber zwischen 0,5 und 0,65. Diese verlangen jedoch ausreichenden Wasserzusatz.

b) Wasserbedarf

Dieser ist bei Braunkohlenaschen infolge ihrer Feinheit und Struktur bedeutend höher als bei Steinkohlen-Flugaschen. Am günstigsten verhält sich die Asche der alten Anlage, am unangenehmsten die des Lurgifilters, das Waltherfilter liegt in der Mitte.

Dieser hohe Wasserbedarf läßt in der Form nur wenig Treibhöhe zu, so daß die Porenstruktur sehr ungünstig ausgebildet ist (sog. Wasserporigkeit), die sich nachteilig auf die bautechnischen Eigenschaften auswirkt (Wasseraufnahme und -abgabe).

c) Rohwichte

Die errechneten Rohwichten wurden nicht in allen Versuchen erreicht. Die Sedimentation, erkenntlich an den höheren Rohwichten, im Unterteil des Blockes, lassen sich bei Ansteifzeiten von etwa 3 1/2 h ausgleichen (s. Vers.-Nr. 7, 8, 9).

d) Festigkeiten

Das Festigkeitsbild ist im allgemeinen unbefriedigend.

Bei den Lurgiaschen (Mischung I) liegen die Druckfestigkeiten am niedrigsten. Selbst der beste Wert (Vers.-Nr. 1, unterer Blockteil) mit $H_{10}=108$ reicht für einen B 25 (Betonfestigkeit 25 kg/cm^2) nur aus, wenn im praktischen Betrieb eine Rohwichte von 0,6 angestrebt wird. Die übrigen

Versuche zeigen jedoch, daß wegen des hohen Wasserbedarfs die Standzeit nur durch erhöhte CaO-Zugabe verkürzt werden kann, dann jedoch die Festigkeiten fallen. Weder feinstgemahlener Sand noch hydraulische Zusätze, wie gemahlene basische Hochofenschlacke bringen eine Verbesserung.

Die besten Druckfestigkeiten wurden mit der Asche des Waltherfilters erzielt. Sie ist gröber als die Lurgiasche, so daß mit annehmbareren Wassermischungen (W/F = 0,76) gefahren werden konnte. Sie scheint auch eine günstigere chemisch-physikalische Struktur zu besitzen. Nach dem Versuch Nr. 8 ist ein B 50 mit der Rohwichte = 0,81 erreichbar. Ein Zusatz von Hochofenschlacke scheint vorteilhaft zu sein (s. Vers.Nr. 11).

Ein ähnliches Bild in etwas abgeschwächter Form zeigen die Versuche mit Asche der alten Anlage (III).

Die Biegezugfestigkeiten, am Prisma 4 x 4 x 16 cm bestimmt, sind im allgemeinen günstiger als die Druckfestigkeiten erwarten lassen, d.h. - mit anderen Worten -, daß befriedigende Biegezugfestigkeiten leichter als die Druckfestigkeiten mit den Braunkohlenaschen erreichbar sind. Ein Zusatz von Hochofenschlacken wirkt sich hierbei günstig aus, ungünstig dagegen der Glasschleifsand. Man darf jedoch nicht übersehen, daß die guten Bz-Werte nur an hohen Rohwichten ($>0,74$) festgestellt wurden. Wahrscheinlich fallen sie bei leichterem Material stark ab.

Bei der Wärmebehandlung (5 Tage bei 70 °C und 1 Tag bei 105 °C) tritt bei allen Gasbetonarten eine Erhöhung der Festigkeit ein.

	Festigkeiten in kg/cm^2			
	Biegezug		Druck	
	vorher	nachher	vorher	nachher
Lurgiasche				
Vers.Nr. 7 (Sand)	9,5	7,8	22,9	37,2
Vers.Nr. 4 (Glasschleifsand)	12,6	9,7	22,8	37,5
Waltherasche				
Vers.Nr. 8 (Sand)	15,4	17,5	44,8	63,7
Vers.Nr. 5 (Glasschleifsand)	13,6	10,6	36,0	40,2

Forschungsberichte des Wirtschafts- und Verkehrsministeriums Nordrhein-Westfalen

Festigkeiten in kg/cm^2

	Biegezug		Druck	
	vorher	nachher	vorher	nachher
Flugasche alte Anlage				
Vers.Nr. 9 (Sand)	15,8	16,1	43,7	63,1
Vers.Nr. (Glasschleifsand)	12,8	–	40,1	67,4
Durchschnitt	13,3	12,3	35,1	51,5
Ergebnis		– 1 = –7,5%		+ 16,4 = +47%

Bei Einwirkung von trockener Wärme (70 °C und 105 °C) läßt die Biegezugfestigkeit etwas nach, die Druckfestigkeit wird jedoch um etwa 50 % erhöht. Dieses Verhalten ist am stärksten bei den Lurgiaschen und am schwächsten bei den Waltheraschen ausgeprägt.

e) Schwindung

Die Schwindeigenschaften eines Baustoffes bei der Austrocknung sind von größter Wichtigkeit für sein Verhalten im fertigen Mauerwerk. Überschreitet die Schwindung ein gewisses Maß (nach den Baunormen für Leichtbaustoffe mit max. 0,5 mm/m festgelegt), so können sich in der Wand Risse bilden. Die dampfgehärteten Baustoffe halten sich meist innerhalb der zulässigen Schwindgrenzen, während luftgehärtete Leichtbaustoffe diese erst nach langer Lagerzeit erreichen.

Die Schwindmessung wird gewöhnlich an Prismen 4 x 4 x 16 cm, in deren Enden Meßzapfen einzementiert werden, durchgeführt. Die Prismen werden aus der Blockmitte in Treibrichtung herausgeschnitten und stets 3 Prismen aus oberem, mittlerem und unterem Blockteil der Messung unterworfen. Mit dem Schwindmeßgerät können zuverlässig Längenänderungen von 1/100 mm festgestellt werden. Die Messung beginnt im wassergesättigten Zustand (24 h Wasserlagerung der Prismen) und wird in gewissen Abständen mit fortschreitender Wasserabgabe wiederholt. Hierbei werden die Prismen nach DIN 4164 über Pottasche in verschlossenen Kästen gelagert, um eine stets gleiche Atmosphäre von ca. 60 % relativer Feuchtigkeit halten zu können.

Die Ergebnisse der Messung sind in den folgenden Tabellen und den Abbildungen 1 und 2 wiedergegeben.

Tabelle 1 (s. hierzu Abb. 1)

Schwindung vom wassergesättigten bis zum lufttrockenen Zustand
(60 % relative Feuchtigkeit der Luft)

M I: Lurgiasche

Vers.Nr. Komponenten Rohwichten	7 Grubensand 0,63		4 Glasschleifsand 0,57		10 Glasschleifsand + HO-Schlacke 0,70	
	Gew.% Wasser	Schwindung mm/m	Gew.% Wasser	Schwindung mm/m	Gew.% Wasser	Schwindung mm/m
nach 24 h Wasser- lagerung	83,0	0	83,0	0	62,5	0
nach 3 Tagen	62,8	0,11	64,4	0,06	43,2	0,12
" 5 "	42,7	0,16	45,9	0,17	22,4	0,30
" 10 "	11,9	0,17	17,3	0,15	4,1	0,36
" 21 "	1,6	0,39	1,7	0,39	2,0	0,44
" 28 "	1,6	0,37	1,7	0,41	1,5	0,41

M II: Waltherasche

Vers.Nr. Komponenten Rohwichte	8 Grubensand 0,73		5 Glasschleifsand 0,68		11 Glasschleifsand + HO-Schlacke 0,74	
	Gew.% Wasser	Schwindung mm/m	Gew.% Wasser	Schwindung mm/m	Gew.% Wasser	Schwindung mm/m
nach 24 h Wasser- lagerung	63,5	0	64	0	56,5	0
nach 3 Tagen	46,2	0,08	47,8	0,14	34,4	0,19
" 5 "	32,1	0,25	33,0	0,26	16,7	0,36
" 10 "	10,2	0,18	13,8	0,23	3,0	0,39
" 21 "	1,0	0,36	1,5	0,34	1,5	0,46
" 28 "	1,0	0,32	1,5	0,39	1,5	0,44

Flugasche III: Alte Anlage

Vers.Nr. Komponenten Rohwichte	9 Grubensand 0,80		6 Glasschleifsand 0,74	
	Gew.% Wasser	Schwindung mm/m	Gew.% Wasser	Schwindung mm/m
nach 24 h Wasserlagerung			60,5	0
nach 3 Tagen			44,1	0,07
" 5 "			28,0	0,19
" 10 "			6,6	0,19
" 21 "			1,4	0,37
" 28 "			1,4	0,36

T a b e l l e 2 (s. hierzu Abb. 2)

Schwindung von lufttrockenen bis zum absolut trockenen Zustand
(bei 70 °C und 105 °C)

M I: Lurgiasche

Vers.Nr. Rohwichte	7 0,63		4 0,57		10 0,70	
	Trocknung Verlust	Schwindung mm/m	Trocknung Verlust	Schwindung mm/m	Trocknung Verlust	Schwindung mm/m
nach 1 Tag bei 70°C	0	0,50	0	0,39	0	0,61
" 2 " " "	0	0,44	0	0,40	0	0,62
" 3 " " "	0	0,46	0	0,41	0	0,62
" 4 " " "	0	0,55	0	0,50	0	0,65
" 5 " " "	0,5 Gew.%	0,55	0	0,54	0	0,73
" 1 " " 105°C	1,0 "	1,00	0,6 Gew.%	0,93	1 Gew.%	1,33

Tabelle 2 (Fortsetzung)

M II: Waltherasche

Vers.Nr. Rohwichte	8 0,73		5 0,68		11 0,74	
	Trocknung Verlust	Schwindung mm/m	Trocknung Verlust	Schwindung mm/m	Trocknung Verlust	Schwindung mm/m
nach 1 Tag bei 70°C	0	0,52	0	0,47	0	0,62
" 2 " " "	0	0,50	0	0,46	0	0,62
" 3 " " "	0	0,51	0	0,47	0	0,64
" 4 " " "	0	0,55	0	0,53	0	0,68
" 5 " " "	0,5 Gew.%	0,61	0	0,58	0	0,77
" 1 " " 105°C	1 Gew.%	1,10	0,8 Gew.%	1,06	1 Gew.%	1,44

Flugasche III: Alte Anlage

Vers.Nr. Rohwichte			9 0,80		6 0,74	
			Trocknung Verlust	Schwindung mm/m	Trocknung Verlust	Schwindung mm/m
nach 1 Tag bei 70°C			0	0,57	0	0,46
" 2 " " "			0	0,57	0	0,45
" 3 " " "			0	0,57	0	0,48
" 4 " " "			0	0,62	0	0,52
" 5 " " "			0	0,65	0,5 Gew.%	0,58
" 1 " " 105°C			0,5 Gew.%	1,17	1,2 "	1,06

Das <u>Schwindverhalten</u> ist für alle Versuchsgießmassen <u>sehr gut</u>. Das Schwindmaß bleibt stets unter 0,5 mm/m. Berücksichtigt man, daß vom Einbauzustand des Blockes im Mauerwerk bis zur Ausgleichsfeuchte die Grenzen zwischen 40/50 und etwa 10 Gew.% liegen können, so beträgt die höchste praktische Schwindzahl bei der Lurgiasche 0,25 mm/m, bei der Waltherasche 0,3 mm/m und bei der Flugasche der alten Anlage 0,1 mm/m.

Forschungsberichte des Wirtschafts- und Verkehrsministeriums Nordrhein-Westfalen

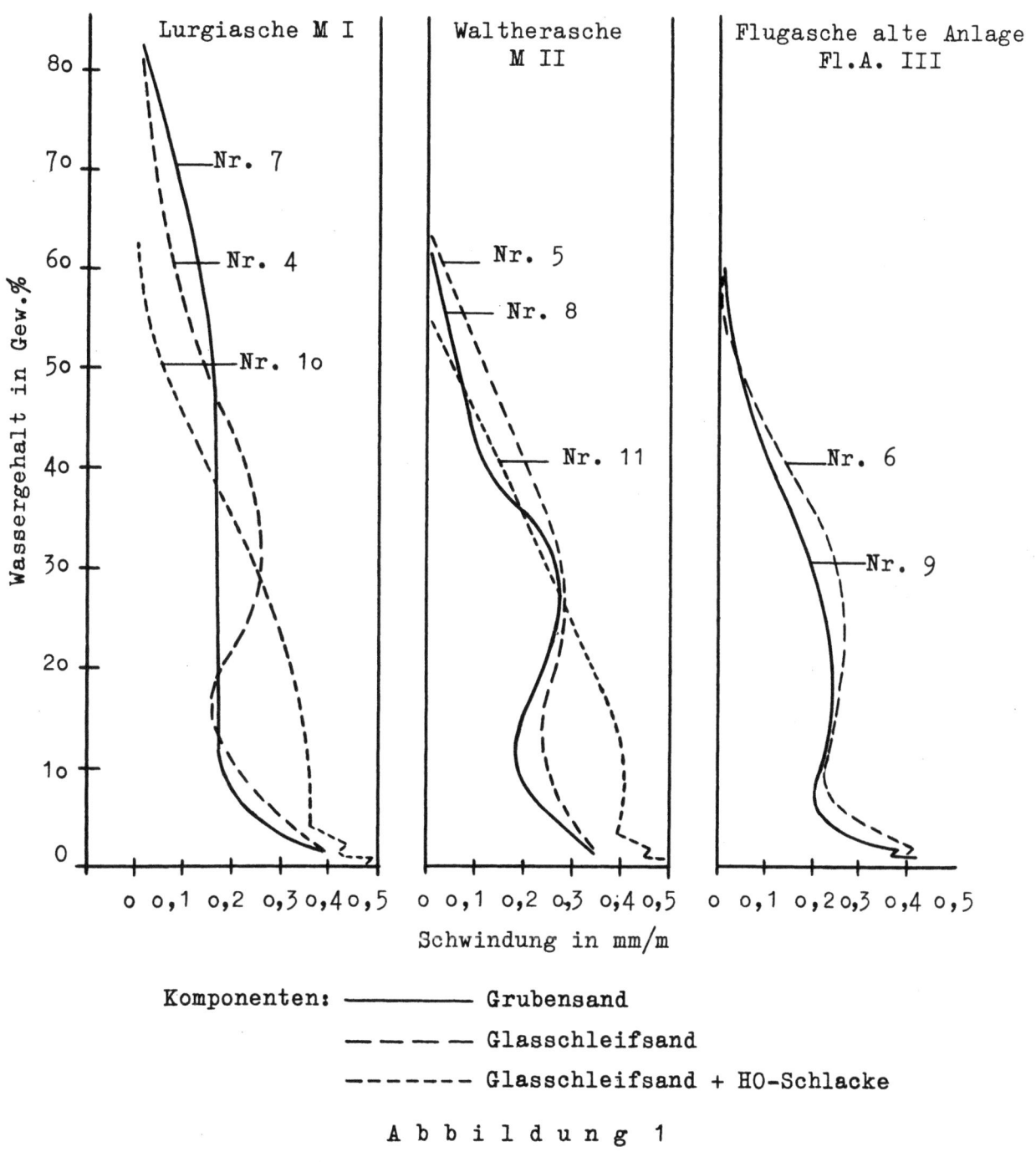

Abbildung 1

Schwindung nach 24 h Wasserlagerung

(über Pottasche nach DIN 4164)

Aus Abbildung 1 ist weiterhin der Einfluß der verschiedenen Komponenten deutlich abzulesen: Die gröbere Sandmahlung (Grubensand) verringert die Schwindung gegenüber dem feineren Glasschleifsand. Bei etwa 25-30 Gew.% Feuchtigkeit erreicht die Schwindung ein Maximum, um dann durch Quellung bei der Ausgleichsfeuchte einem Minimum zuzustreben. So kommt es, daß die

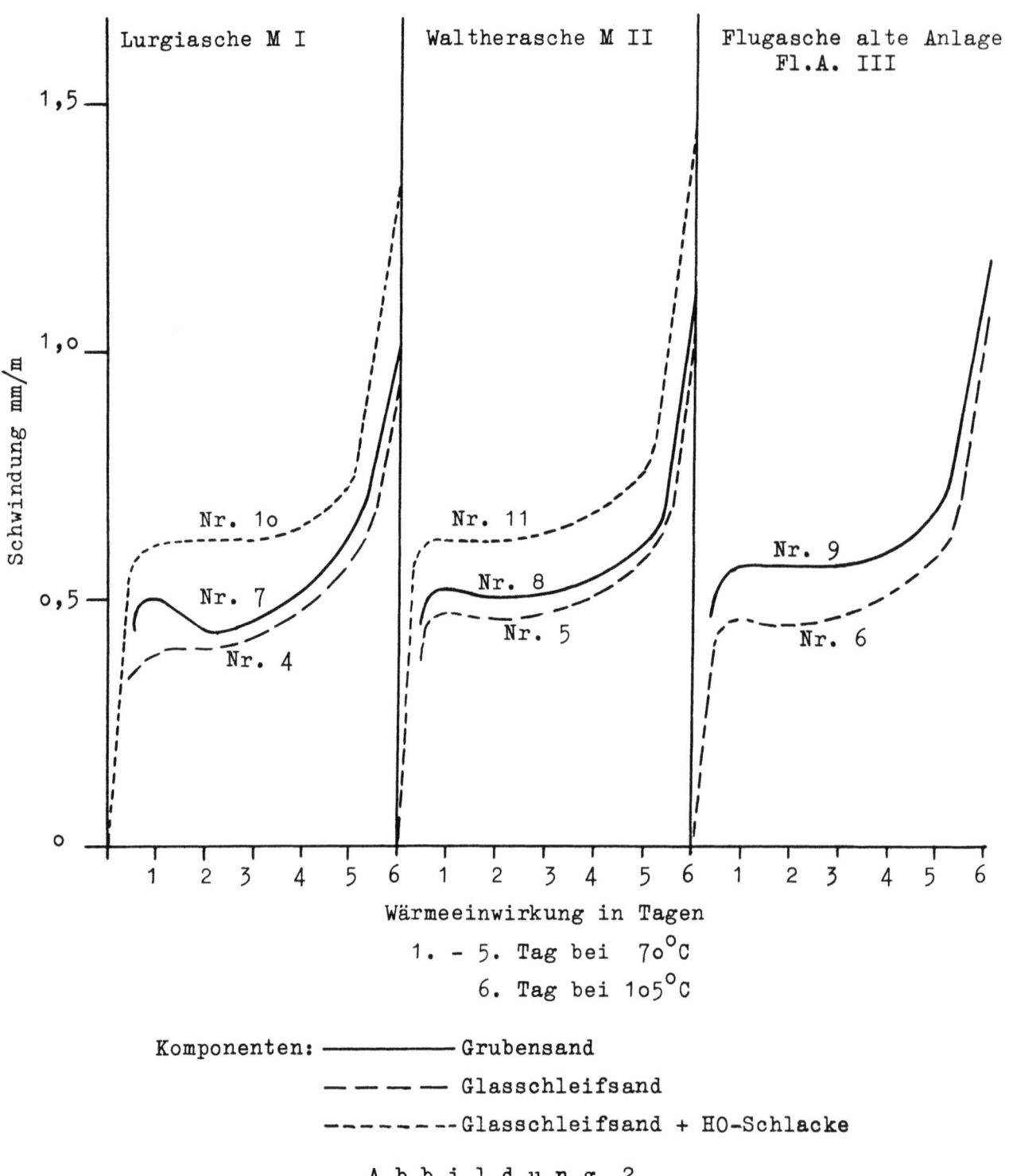

Abbildung 2
Schwindung unter Wärmeeinwirkung vom lufttrockenen bis zum absolut trockenen Zustand (bei 105 °C)

Sandversuche eine praktische Schwindzahl von nur etwa 0,1 mm/m haben, die erst durch Zusatz von Hochofenschlacke auf die oben genannten Werte erhöht wird.

Auch das Verhalten bei Wärmeeinwirkung (70°C und 105°C) ist für alle Aschen gleich gut. Wie aus Abbildung 2 hervorgeht, erhöht auch hier HO-Schlackenzusatz die Schwindung und zwar um etwa 30 %.

Das Ergebnis der Schwinduntersuchung kann dahin zusammengefaßt werden, daß bei der Kombinierung der Gießmassen keine Rücksicht auf die Schwindung genommen zu werden braucht, sondern daß die übrigen Eigenschaften im Vordergrunde zu stehen haben.

f) Wasseransaugung und Wasserabgabe

Das kapillare Verhalten wird an Prismen 4 x 4 x 16 cm studiert. Sie werden in Wasser gestellt (Eintauchtiefe 3 cm) und hierbei die Steighöhe und Wasseransaugung nach Zeit gemessen. Anschließend läßt man bei denselben klimatischen Bedingungen (20°C und 60 % rel. Feuchtigkeit) das Wasser verdunsten und erhält so 2 Kurven (s. Abb. 3, S. 111), die Wasseransaug- und die Wasserabgabekurve über der Zeit als Abszisse. Als Feuchtigkeitsmaßstab kann man Gew.% oder Vol.% anwenden. Erstere geben ein eindeutiges Bild, wenn verschiedene Rohwichte verglichen werden, letztere sind jedoch bei der Beurteilung der Wärmedämmeigenschaften maßgebend.

An diesen beiden Kurven kann nicht nur das Verhalten des Stoffes gegenüber von außen eindringender Feuchtigkeit im Mauerwerk und seine Austrocknungsgeschwindigkeit beurteilt werden, sondern der Wasseraufnahmeversuch im Vergleich zur Festigkeit läßt auch Rückschlüsse auf die Frostbeständigkeit zu. Diese Beurteilung ist möglich auf Grund von Erfahrungszahlen mit den verschiedensten Porenbetonarten.

In den folgenden Tabellen sind die Meßwerte für die einzelnen Versuchsgießungen als Auszug aus den Protokollen (Anlage 3) zusammengefaßt und in Abbildung 3 grafisch dargestellt.

Grundsätzlich ist bei Baustoffen ein durchgehendes Netz mit weiten Kapillaren erwünscht, weil eine schnelle Ansaugung des Wassers auch einen raschen Feuchtigkeitstransport von innen nach außen gewährleistet, d.h. eine schnelle Austrocknung bewirkt. Dies ist in idealer Weise beim Ziegelstein der Fall. Die runden geschlossenen Poren des Porenbetons beteiligen sich am Feuchtigkeitstransport nicht, sondern nur die Struktur der Zellwände ist für die kapillaren Eigenschaften maßgebend. Sind diese Kapillaren eng, so saugen sie langsam und halten das Wasser fest, ja diffundierender Wasserdampf wird in diesen engen Röhrchen durch die sogenannte

Forschungsberichte des Wirtschafts- und Verkehrsministeriums Nordrhein-Westfalen

T a b e l l e   3

Wasseransaugung in Vol.% (Mittelwerte)

Vers.Nr.	Lurgiasche			Waltherasche			Flugasche alte Anlage	
	7	4	1o	8	5	11	9	6
Komponenten	Sand	Glasschleifsand	Glasschleifsand + HO-Schl.	Sand	Glasschleifsand	Glasschleifsand + HO-Schl.	Sand	Glasschleifsand
Rohwichte	0,64	0,57	0,70	0,73	0,69	0,73	0,80	0,74
nach 1 h	31,1	21,2	12,8	24,8	2o,4	12,5	21,7	23,6 Vol.%
" 1 Tag	49,7	42,9	23,3	34,7	3o,3	2o,4	28,6	34,6 "
" 3 "	53,o	5o,1	35,5	37,8	37,7	3o,o	33,7	42,o "
" 12 "	56,4	51,o	46,7	45,7	45,7	39,4	42,6	45,9 "
Stillstand nach	5 Tage	5 Tage	11 Tage	11 Tage	9 Tage	11 Tage	11 Tage	6 Tage

Anmerkung: Die Prismen sind vor dem Versuch bei 7o °C bis zur Gewichtskonstanz getrocknet worden. Raumklima = 19 - 22 °C und 56 - 65 % rel. Luftfeuchte, i.M. 61 % rel. Feuchtigkeit

T a b e l l e   4

Wasserabgabe, angegeben in Vol.% Restwasser, das im Prisma zu einen bestimmten Zeitpunkt noch enthalten ist (Mittelwerte)

Anfangsfeuchtigkeit	56,4	51,o	46,7	45,7	45,7	39,4	42,6	45,9 Vol.%
nach 1 Tag	48,7	44,1	39,7	39,1	4o,o	33,5	36,1	39,2 "
" 3 "	37,3	3o,7	28,1	28,3	27,4	22,8	26,8	27,1 "
" 5 "	26,1	2o,o	19,7	19,5	2o,1	18,o	19,2	19,o "
" 8 "	13,3	8,2	12,o	1o,7	9,8	11,2	11,9	9,7 "
" 1o "	8,6	4,5	9,1	7,5	6,4	8,6	9,o	6,8 "
" 12 "	5,7	3,1	6,6	5,o	4,3	6,4	7,5	5,1 "

Anmerkung: Raumklima bei der Wasserabgabe wie in Tabelle 3

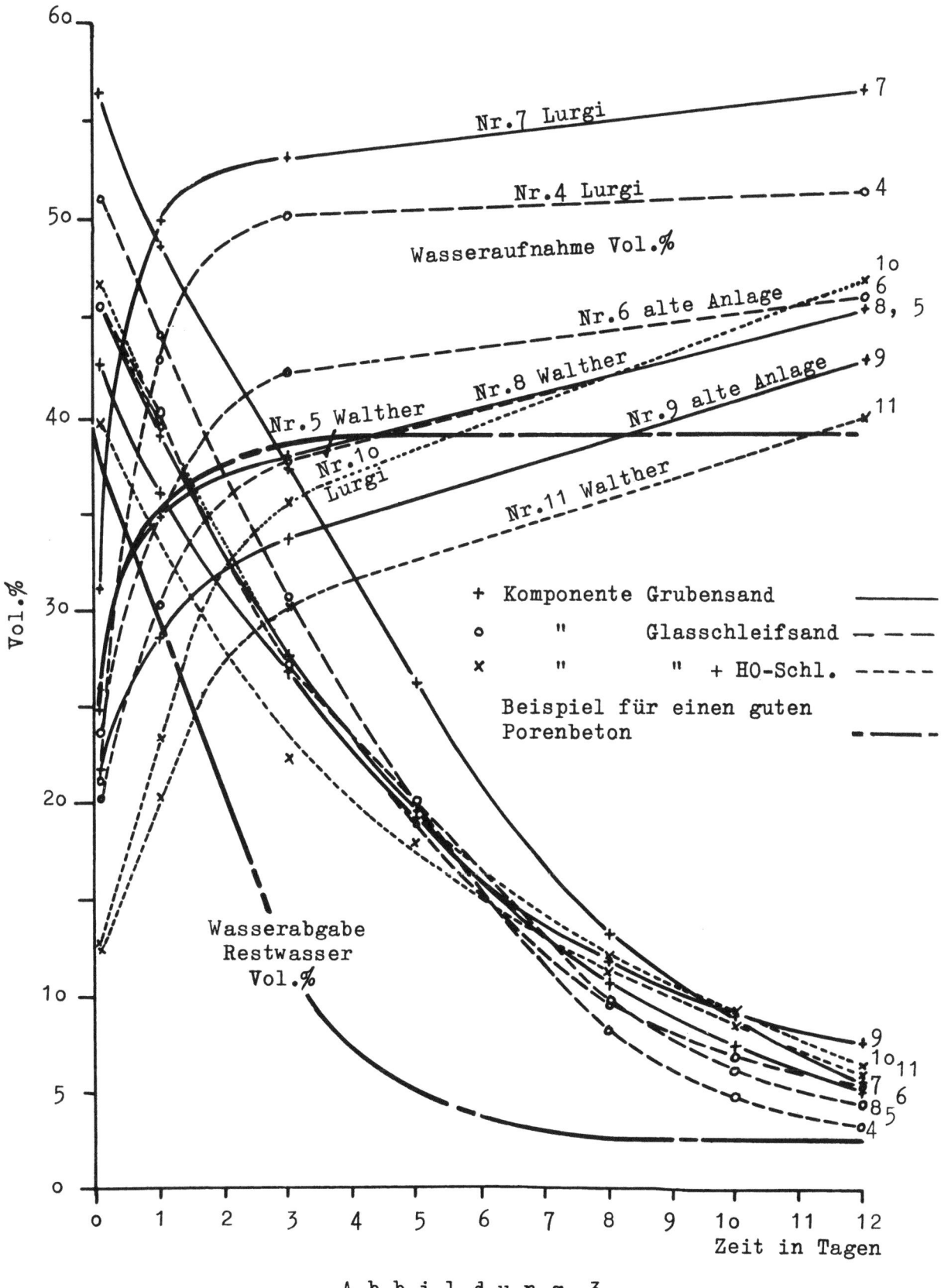

A b b i l d u n g 3
Wasseraufnahme und -abgabe
(Porenbeton REW)

Forschungsberichte des Wirtschafts- und Verkehrsministeriums Nordrhein-Westfalen

Anlage 3

Wasseransaugung in Gew.- und Vol.-% bei Raumverhältnissen

Vers.-Nr. nach	4													5												6				
	1		2		3		7		1		2		3		5		7		1		2	
	G	V	G	V	G	V	G	V	G	V	G	V	G	V	G	V	G	V	G	V	G	V
1 Std.	32,8	19,6	32,9	18,8	31,5	17,6	49,6	28,8	24,1	16,4	26,2	17,6	21,8	14,6	37,9	26,5	38,1	27,1	21,3	15,8	42,6	31,5
19 "	68,6	39,1	69,3	39,5	69,2	38,8	72,0	41,8	39,4	26,8	38,9	26,1	37,3	25,0	46,3	32,4	46,6	33,1	39,0	28,9	51,4	38,1
1 Tg.	74,3	42,4	75,2	42,9	75,4	42,2	76,1	44,1	42,3	28,8	41,6	27,9	40,1	26,9	47,9	33,5	48,2	34,2	41,8	30,9	52,0	38,5
2 "	85,7	48,9	87,2	49,7	87,7	49,1	84,9	49,2	49,8	33,9	49,4	33,1	48,5	32,5	52,9	37,0	52,9	37,6	52,3	38,7	54,9	40,6
4 "	87,0	49,6	88,8	50,6	89,3	50,1	86,4	50,1	59,0	40,1	59,1	39,6	58,0	38,9	59,8	41,9	59,3	42,1	59,2	43,8	59,1	43,7
5 "	87,9	50,1	89,3	50,9	90,0	50,4	87,0	50,5	61,2	41,6	60,9	40,8	60,2	40,3	61,2	42,8	60,7	43,1	60,4	44,7	59,7	44,2
6 "	88,0	50,2	89,3	50,9	90,0	50,4	87,0	50,5	63,1	42,9	62,6	41,9	61,7	41,3	62,3	43,6	61,5	43,7	60,8	45,0	60,1	44,5
7 "	88,1	50,2	89,6	51,1	90,2	50,6	87,2	50,6	63,8	43,4	63,2	42,3	62,6	41,9	63,1	44,2	62,1	44,1	61,2	45,3	60,3	44,6
8 "	88,5	50,4	89,9	51,2	90,5	50,7	87,5	50,8	64,9	44,1	64,3	43,1	63,9	42,8	63,9	44,7	63,0	44,7	61,6	45,6	60,7	44,9
9 "	89,3	50,9	90,6	51,6	91,4	51,2	88,3	51,2	66,5	45,2	66,3	44,4	65,8	44,1	65,4	45,8	64,9	46,1	62,3	46,1	61,4	45,4
11 "	89,4	51,0	90,6	51,6	91,1	51,0	88,2	51,2	66,9	45,5	67,2	45,0	67,1	45,0	66,3	46,4	66,1	46,9	62,5	46,3	61,7	45,7
12 "	89,3	50,9	90,2	51,4	91,0	51,1	88,0	51,0	66,8	45,4	67,2	45,0	67,0	44,9	66,1	46,3	65,9	46,8	62,5	46,3	61,5	45,5

Wasserabgabe: Restwasser in Gew.- und Vol.-%

Vers.-Nr. nach	4								5										6			
	1		2		3		7		1		2		3		5		7		1		2	
	G	V	G	V	G	V	G	V	G	V	G	V	G	V	G	V	G	V	G	V	G	V
1 Tg.	76,0	43,3	78,9	45,0	78,4	43,9	76,4	44,3	58,1	39,5	57,3	38,4	57,9	41,8	57,5	40,3	55,9	39,7	53,5	39,6	52,6	38,9
2 "	62,9	35,9	67,5	38,5	65,5	36,7	64,6	37,5	49,4	33,6	47,6	31,9	49,1	32,9	48,6	34,0	45,9	32,6	44,5	32,9	44,0	32,6
3 "	50,8	29,0	56,6	32,3	53,6	30,0	53,5	31,0	41,8	28,5	39,1	26,2	40,6	27,2	41,2	28,8	36,8	26,1	36,7	27,2	36,4	26,9
4 "	41,4	23,6	47,9	27,3	44,4	24,9	45,1	26,2	35,9	24,4	32,7	21,9	34,6	23,2	35,5	24,9	30,4	21,6	30,8	22,8	30,8	22,8
6 "	23,6	13,5	30,5	17,4	26,1	14,6	28,2	16,3	34,8	23,6	21,6	14,5	23,5	15,7	24,8	17,4	19,7	14,0	20,2	15,0	20,9	15,5
7 "	16,7	9,5	22,3	12,7	18,3	10,3	20,7	12,0	19,4	13,2	16,8	11,3	18,3	12,3	19,6	13,7	15,3	10,9	15,8	11,7	16,5	12,2
8 "	12,2	7,0	16,9	9,6	13,2	7,4	15,3	8,9	15,2	10,3	13,4	9,0	14,5	9,7	15,9	11,1	12,3	8,7	12,7	9,5	13,5	10,0
9 "	9,2	5,2	12,0	6,8	9,7	5,4	11,7	6,8	12,3	8,4	10,7	7,2	11,5	7,7	12,8	9,0	10,0	7,1	10,6	7,8	11,2	8,3
10 "	7,0	4,0	8,8	5,0	7,1	4,0	8,9	5,2	10,0	6,8	8,7	5,8	9,4	6,3	10,5	7,4	8,2	5,8	8,9	6,6	9,5	7,0
11 "	5,9	3,4	6,9	3,9	6,3	3,5	7,1	4,1	8,2	5,6	6,7	4,5	7,4	5,0	8,8	6,2	6,8	4,8	7,7	5,7	8,1	6,0
13 "			4,5	2,6	4,1	2,3					4,7	3,2	4,8	3,2	5,8	4,1						

Forschungsberichte des Wirtschafts- und Verkehrsministeriums Nordrhein-Westfalen

Vers.-Nr.									nach										
	7									8								9					
nach	1		2		3		5			1		3		5		7		1		3		5		7
	G	V	G	V	G	V	G	V		G	V	G	V	G	V	G	V	G	V	G	V	G	V	G	V

Wasseransaugung in Gew.- und Vol.-%

1 Std.	48,1	31,3	30,0	19,2	58,3	36,8	59,7	37,0	1 Std.	17,0	12,7	23,4	16,8	47,1	33,9	48,8	35,7	11,7	9,5	15,6	12,2	40,5	32,0	42,1	33,7
19 "	77,5	50,3	64,3	41,2	79,2	49,9	79,4	49,2	19 "	33,6	25,2	35,3	25,4	51,1	36,8	51,8	37,9	24,9	20,2	27,4	21,4	43,4	34,3	44,6	35,7
1 Tg.	79,7	51,8	69,6	44,6	81,9	51,6	82,2	50,9	1 Tg.	36,0	27,0	37,1	26,7	51,5	37,1	51,9	37,9	26,8	21,7	29,1	22,7	43,5	34,4	44,7	35,8
2 "	82,2	53,3	82,7	52,9	85,0	53,6	85,5	53,0	2 "	43,2	32,4	43,5	31,3	52,8	38,1	52,9	38,7	32,9	26,6	34,4	26,8	44,6	35,2	45,3	36,3
4 "	83,3	54,2	84,4	54,0	86,4	54,5	86,4	53,6	4 "	53,7	40,2	52,8	38,1	55,8	40,2	54,7	39,7	41,5	33,6	42,4	33,1	46,6	36,8	47,7	38,1
5 "	83,8	54,5	85,0	54,5	86,7	54,6	86,9	53,9	5 "	55,9	41,8	55,7	40,2	56,4	40,6	55,8	40,8	44,4	35,9	45,1	35,2	47,7	37,6	48,7	39,0
6 "	84,2	54,7	85,2	54,5	86,7	54,6	87,2	54,1	6 "	57,8	43,8	57,8	41,7	57,5	41,4	56,7	41,3	46,3	37,6	46,7	36,4	48,7	38,5	49,7	39,7
7 "	84,7	55,1	85,4	54,6	87,3	55,0	87,3	54,2	7 "	59,1	44,3	58,6	42,2	58,1	41,8	57,2	41,8	47,7	38,6	47,7	37,7	48,7	38,7	49,7	39,9
8 "	85,0	55,2	85,9	54,8	87,6	55,2	87,8	54,5	8 "	59,9	44,8	59,8	43,2	58,9	42,4	57,6	42,2	48,8	39,6	48,9	38,9	49,0	38,7	49,9	39,9
9 "	85,7	55,7	86,5	55,3	88,3	55,7	88,4	58,8	9 "	61,8	46,4	61,7	44,4	60,1	43,3	59,4	43,3	50,0	40,5	50,2	39,1	51,2	39,6	51,0	40,8
11 "	86,0	55,9	86,7	55,5	88,3	55,7	88,5	58,9	11 "	63,7	47,7	64,3	46,3	61,8	44,6	61,2	44,7	52,2	42,2	52,3	40,8	52,9	41,8	53,9	43,1
12 "	86,0	55,9	86,5	55,3	88,3	55,7	88,3	58,8	12 "	63,9	47,9	64,4	46,4	61,8	44,6	61,3	44,7	52,7	42,7	53,0	41,4	54,2	42,8	54,5	43,6

Wasserabgabe: Restwasser in Gew.- und Vol.-%

1 Tg.	75,0	48,7	75,8	48,6	78,0	49,2	78,2	48,5	1 Tg.	53,9	40,4	55,0	39,6	53,3	38,4	51,8	37,8	44,2	35,8	45,1	35,2	46,4	36,6	46,2	36,9
2 "	63,7	41,4	65,0	41,6	67,3	42,4	67,8	42,1	2 "	44,7	33,5	46,7	33,6	45,6	32,8	42,8	31,3	36,8	29,8	38,4	30,0	40,0	31,6	38,7	31,0
3 "	53,7	34,9	54,8	35,1	57,7	36,3	58,2	36,1	3 "	38,2	28,6	40,3	29,1	39,9	28,7	37,0	27,0	31,6	25,6	33,8	26,4	35,3	28,1	33,7	27,0
4 "	46,0	29,9	47,1	30,2	50,3	31,8	51,0	31,6	4 "	25,4	19,0	27,8	20,0	28,7	20,7	25,2	18,4	22,3	18,1	24,4	19,0	26,0	20,5	24,1	19,3
6 "	30,6	19,9	32,9	21,1	35,2	22,2	35,8	22,2	6 "	20,2	15,1	22,2	16,0	23,7	17,1	20,2	14,7	18,7	15,1	20,3	15,8	21,8	17,2	20,1	16,1
7 "	24,2	15,7	24,7	15,8	28,0	17,6	28,8	17,9	7 "	16,5	12,4	19,4	14,2	19,4	14,0	16,8	12,2	16,3	13,2	17,1	13,3	18,6	14,7	17,1	13,7
8 "	19,4	12,6	19,4	12,4	22,3	14,0	22,9	14,2	8 "	13,8	10,3	14,9	10,7	16,2	11,7	17,0	10,2	14,3	11,6	14,7	11,5	15,9	12,6	14,6	11,7
9 "	15,8	10,3	15,5	9,9	17,8	11,2	18,3	11,3	9 "	11,6	8,7	12,2	8,8	13,5	9,7	11,6	8,5	12,5	10,1	12,5	9,8	13,7	10,8	12,8	10,2
10 "	13,0	8,4	12,5	8,0	14,3	9,0	14,6	9,0	10 "	9,9	7,4	10,2	7,3	11,4	8,2	9,9	7,2	11,1	9,0	10,8	8,4	11,9	9,4	11,2	9,0
11 "	10,7	7,0	10,2	6,5	11,8	7,4	11,7	7,2	11 "	6,6	5,0	6,6	4,7	7,6	5,5	6,6	4,8	8,2	6,6	7,7	6,0	8,5	6,7	8,1	6,5
13 "	7,1	4,6	6,5	4,2	7,3	4,6	7,2	4,5	12 "																

Veruchs-Nr.	Wasseraufnahme in Gew.- und Vol.-%							
	1o				11			
	1		2		1		2	
nach	G	V	G	V	G	V	G	V
1 Std.	18,1	12,7	18,8	13,o	16,8	12,6	17,2	12,4
19 "	3o,9	21,6	31,9	22,o	26,2	19,7	26,5	19,1
1 Tg.	33,1	23,1	34,o	23,5	27,8	2o,9	27,8	2o,o
2 "	41,4	29,o	41,9	28,9	33,5	25,1	33,5	24,1
4 "	55,3	38,7	55,1	38,o	43,5	32,6	43,2	31,1
5 "	59,2	41,4	58,5	4o,3	46,4	34,8	46,o	33,1
6 "	61,8	43,3	6o,5	41,8	47,6	35,7	48,o	34,6
7 "	63,4	44,4	61,8	42,6	5o,o	37,5	49,5	35,6
8 "	64,7	45,3	62,9	43,4	51,o	38,3	5o,2	36,1
9 "	66,6	46,6	64,o	44,2	52,5	39,4	51,6	37,2
11 "	68,o	47,6	66,1	45,6	54,2	4o,7	52,9	38,1
12 "	68,1	47,7	66,2	45,7	54,2	4o,7	52,9	38,1
Wasserabgabe: Restwasser in Gew.- und Vol-%								
1 Tg.	57,9	4o,5	56,4	38,9	46,3	34,7	44,9	32,3
2 "	47,6	33,3	47,3	32,6	39,3	29,5	37,9	27,3
3 "	4o,2	28,1	4o,8	28,2	34,1	25,6	27,8	2o,o
5 "	28,o	19,6	28,7	19,8	25,1	18,8	24,o	17,3
6 "	23,o	16,1	23,7	16,4	21,o	15,8	2o,o	14,4
7 "	19,6	13,7	2o,3	14,o	18,o	13,5	17,2	12,4
8 "	17,2	12,o	17,5	12,1	15,6	11,7	14,9	1o,7
9 "	14,9	1o,4	15,2	1o,5	13,6	1o,7	12,9	9,3
1o "	13,o	9,1	13,3	9,2	12,1	9,1	11,3	8,1
12 "	9,5	6,7	9,5	6,6	8,9	6,7	8,4	6,1

"Kapillarkondensation" kondensiert. Viele enge Kapillaren bewirken also auch eine schlechte Wasserabgabe. Die sogenannte "Ausgleichsfeuchte" (lufttrockener Zustand) bleibt in solchem Falle hoch.

Die sonst bei schweren Baustoffen so erwünschte schnelle Ansaugung hat aber bei leichten Baustoffen den Nachteil, daß sehr große Wassermengen aufgenommen werden und zwar um so mehr, je geringer der geschlossene Porenraum und damit je dicker die Zellwand ist. Hohe Wasseraufnahmen bringen aber die Gefahr des Durchschlagens der Feuchtigkeit und der Herabsetzung des Wärmedämmwertes des Mauerwerkes mit sich. Ein guter Porenbeton darf daher nur eine mittlere Ansauggeschwindigkeit besitzen, womit eine langsamere Wasserabgabe und eine etwas höhere Ausgleichsfeuchte in Kauf genommen wird. Bei zu geringen Ansauggeschwindigkeiten, was mit einer geringen Wasseraufnahme identisch ist, stellt sich beim Mauern heraus, daß er schlecht "anzieht", d.h. dem Mörtel das Wasser zu langsam entzieht, so daß u.U. die Blöcke noch am nächsten Tage im Mörtel "schwimmen".

Nach oben genannten Gesichtspunkten kommt man zu folgender Beurteilung der Versuchsreihen:

1) Die feinen Lurgiaschen ergeben die kapillaraktivsten, d.h. stark wassersaugende Betone (s. Vers.-Nr. 4 und 7).

2) Günstiger liegen die Betone aus den groben Waltheraschen und denen der alten Anlage. Jedoch ist auch hier die Wasseransaugung zum Teil sehr hoch (s. Vers.-Nr. 5, 6, 8).

3) Der kapillare Aufbau wird durch die Auswahl der Komponenten sehr stark beeinflußt:
Glasschleifsand verbessert die kapillaren Eigenschaften bei Lurgi- und Waltheraschen, bei Flugasche der alten Anlage jedoch nicht.
Gemahlener Grubensand ergibt nur mit Flugasche der alten Anlage geringere Ansaugmengen.
Ein Zusatz von Hochofenschlacke setzt in jedem Falle die Wasseransaugung stark herab. So wird mit der Waltheranlage der günstigste Wasserwert überhaupt erreicht (s. Vers.-Nr. 11).

4) Die Wasserabgabe bis zur Ausgleichsfeuchte ist weniger von den Aschensorten als von der Komponente abhängig. Am günstigsten verhält sich Glasschleifsand, dann folgen die Grubensandversuche und die höchste Ausgleichsfeuchte behalten die Probekörper mit Hochofenschlacke.

Tabelle 5

Kapillare Steiggeschwindigkeit, gemessen an Prismen 4 x 4 x 16 cm bei 3 cm Eintauchtiefe

	Lurgiasche			Waltherasche			Flugasche alte Anlage	
Vers.-Nr.	7	4	1o	8	5	11	9	6
Steighöhe in cm über Wasserspiegel nach 1 h	3,6	2,5	1,2	1,5	1,7	1,7	1,5	1,9 cm
" 1 Tag	13,0	12,4	4,5	5,6	6,8	4,2	6,2	7,6
" 2 Tage	voll	voll	6,5	7,5	9,0	5,4	7,6	11,0
" 3 "								voll
" 4 "			1o,o	1o,o	12,8	8,3	9,4	
" 5 "			1o,7	1o,8	voll	9,0	9,7	
" 8 "			voll	12,7		1o,9	11,0	
" 9 "				voll		11,3	11,2	
" 12 "						12,2	13,1	

Anmerkung: Raumklima 1. – 3. Tag = 23°C, 55 % rel. F.
4. – 8. " = 21°C, 57 % " "
9. – 12. " = 18,5°C, 67 % " "

Tabelle 6

Wasseraufnahme (WA) durch Einlegen der Prismen in Wasser

	Lurgiasche			Waltherasche			Flugasche alte Anlage	
Vers.-Nr.	7	4	1o	8	5	11	9	6
Rohwichte	0,63	0,57	0,7o	0,73	0,68	0,74	0,80	0,74
spez. Gewicht	2,7o	2,65	2,68	2,78	2,74	2,67	2,86	2,76
berechnetes Luftporen-Vol.%	76,7%	78,5%	73,9%	73,8%	75,2%	72,3%	72,1%	73,2%
WA 24h b.20°C Vol.%	54,5	47,7	49,0	48,7	46,5	45,0	47,1	47,2
Gew.%	87	83,6	62,5	66,7	68,4	56,5	58,9	63,8
Gesamt-WA im Vakuum Vol.%	72,5	77,7	65,9	71,2	74,9	66,8	67,7	69,6
Gew.%	115,1	131	94,1	97,5	110,1	90,5	84,6	93,4

Dieses Bild ist aus Tabelle 5 (Steiggeschwindigkeiten) und Tabelle 6 (WA) ebenfalls abzulesen. So zeigt der Unterschied zwischen berechneten Luftporenvolumen und WA im Vakuum bei den Hochofenschlackenversuchen an seiner Höhe (Diff. ca. 6 - 8 Vol.%), daß sich Luft stark festhaltende feinste Kapillaren gebildet haben. Damit verläuft die Ansaugung langsamer und umgekehrt die Abgabe in flacherer Kurve. Jedoch kann letzteres eher in Kauf genommen werden, da eine Ausgleichsfeuchte von ca. 6 - 7 Vol.% noch erträglicher ist als eine Ansaugmenge von über 40 Vol.%.

Zusammenfassend ergibt sich auch hier wie beim Festigkeitsbild, daß die Waltherasche mit Sand- und Hochofenschlackenzusatz nach praktischen Gesichtspunkten das beste Feuchtigkeitsverhalten besitzt. Zum Vergleich ist in Abbildung 3 (S. 111) das Verhalten eines guten Porenbetons eingezeichnet. Man erkennt, daß der Nachteil der Gießmasse Versuchs-Nr. 11 nur in der Wasserabgabe liegt.

Eng verbunden mit dem Feuchtigkeitsverhalten ist auch die Frostbeständigkeit eines Porenbetons. Aus der Gegenüberstellung des 24h-Wasseraufnahmewertes und einer aus der Festigkeit errechneten Kennzahl läßt sich erfahrungsgemäß beurteilen, ob ein Porenbeton mit Sicherheit nicht frostbeständig ist, oder ob er es sein kann.

Tabelle 7
Frostbeständigkeit

Lurgiaschen

Versuchs-Nr.	7	4	1o
Wasseraufnahme 24 h	87,0 Gew.%	83,6 Gew.%	62,5 Gew.%
Kennzahl	49,3	49,3	58,3
frostbeständig	nein	nein	nein

Waltheraschen

Versuchs-Nr.	8	5	11
Wasseraufnahme 24 h	66,7 Gew.%	68,4 Gew.%	56,5 Gew.%
Kennzahl	68,0	60,3	7o,2
frostbeständig	fraglich	nein	wahrscheinlich

Forschungsberichte des Wirtschafts- und Verkehrsministeriums Nordrhein-Westfalen

T a b e l l e 7 (Fortsetzung)

Flugasche alte Anlage

Versuchs-Nr.	9	6
Wasseraufnahme 24 h	58,9 Gew.%	63,8 Gew.%
Kennzahl	67,1	64,1
frostbeständig	möglich	fraglich

Hieraus ergibt sich, daß mit den Lurgiaschen keine frostbeständigen Betone erzeugbar sind. Für Versuch 11 und 9 müßte an Probekörpern 1o x 1o x 2o cm, die mangels Material nicht hergestellt werden konnten, obiges Ergebnis nachgeprüft werden.

g) Ausblühneigung

Unter Ausblühneigung versteht man das Auftreten von wasserlöslichen Salzen, die bei der Feuchtigkeitswanderung im Stein an die Oberfläche transportiert werden und sich dort mit fortschreitender Verdunstung des Wassers ausscheiden. Es handelt sich fast immer um wasserhaltige Sulfate, und zwar erscheinen im Anfang die leicht löslichen Alkalisulfate (Na_2SO_4 x 1o H_2O und K_2SO_4), seltener leicht lösliche Erdalkalisulfate ($MgSO_4$ x 7 H_2O) und Alaune, später dann die schwer löslichen Salze, wie Gips ($CaSO_4$ x 2 H_2O). Innerhalb gewisser Grenzen sind sie erfahrungsgemäß unschädlich, während größere Mengen zu den bekannten Aluminatsulfatreaktionen im Zement (als Mörtel oder Putz) führen, die mit starken Volumenvergrößerungen verbunden sind, also Treiben verursachen. Alkalisulfate sind hierbei gefährlicher wegen ihrer hohen Konzentrationen bei Wiederauflösung als z.B. Gips. Letzterer wiederum bildet auf dem Stein oder Putz bleibende weiße Verfärbungen, während Alkalisulfate vom Regen wieder abgewaschen werden.

Die Ausblühneigung wird nach zwei Methoden bestimmt:
1. Beobachtung bei der Wasseraufnahme und Wasserabgabe an Prismen, wann und wie stark die Ausblühungen auftreten.
2. Bestimmung der relativen Extraktionsmenge in Wasser von 2o°C durch Ausschüttelung.

Die erstere Methode sagt aus, wie schnell Ausblühungen auftreten (Ausblühgeschwindigkeit), die letztere Methode sagt über die zu erwartenden

Mengen und Lösungskonzentrationen aus (Ermittlung gefährlicher Sulfatkonzentrationen).

Tabelle 8
Beobachtungen an Prismen bei dem Wasseraufnahme- und -abgabeversuch
(siehe Anlagen 4 und 5 (1-2))

<u>Starke Ausblühungen</u> (große Kristallflocken am Kopfende)
<u>beim Wasseransaugen bereits auftretend</u>

nach 2 Tg. (Abb. 5) bei Gießmasse Vers.4 (44% MI, 43% Glasschleifsand)
  Salzmenge 0,12 %

nach 4 " (Abb. 6) bei Gießmasse Vers.5 (47% Flugasche III, 43% Glasschleifsand)
  Salzmenge 0,09 %

nach 5 " (Abb. 7) bei Gießmasse Vers.6 (44% M II, 43% Glasschleifsand)
  Salzmenge 0,11 %

<u>Geringe Ausblühungen:</u>

nach 6 Tg. (Abb. 8) bei Gießmasse Vers. 7 (47% M I, 41% Grubensand)

nach 9 " (Abb. 9) bei Gießmasse Vers. 8 (47% MII, 41% Grubensand)

<u>Erst bei der Wasserabgabe traten mäßige Ausblühungen auf:</u>

nach 12 Tg.(Abb.10) bei Gießmasse Vers.10 ⎫ (33% M I bzw. M II,
                                          ⎬ 32% Glasschleifsand,
nach 12 " (Abb.11) bei Gießmasse Vers.11 ⎭ 21% HO-Schlacke)

<u>Es traten keine Ausblühungen auf:</u>

nach 25 Tg.(Abb.12) bei Gießmasse Vers. 9 (47% Flugasche III,
  41% Grubensand)

Die langfaserigen Kristalle der Ausblühsalze von Versuch 4 - 6 hatten folgende Zusammensetzung:

Versuchs-Nr.	4	5	6
CaO	1,56	0,94	1,48
Na_2O	44,10	38,10	35,70
K_2O	2,88	2,91	2,66
SO_3	48,40	55,40	56,70
Wasser bei 105°C	1,00	2,02	1,57
	97,94	99,37	98,11

Es handelt sich also fast nur um Natriumsulfat.

Nach der zweiten Methode der relativen Extraktionsmengen ergab sich folgendes Bild:

Tabelle 9
Relative Extraktionsmengen in % (siehe Abb. 4)

Schütteln 2h, Gew.-Teile Wasser auf 1 Gew.-Teil Beton	Lurgiasche			Waltherasche			Flugasche alte Anlage	
	7	4	1o	8	5	11	9	6
Komponenten	Sand	Glasschleifsand	Glasschleifsand + HO-Schl.	Sand	Glasschleifsand	Glasschleifsand + HO-Schl.	Sand	Glasschleifsand
2,5 Gew.-Teile	1,04	1,14	0,89	0,97	1,07	0,90	1,05	1,35
5,0 "	1,70	1,54	1,94	1,71	1,30	1,95	1,75	1,89
25 "	3,65	3,13	3,85	3,28	2,45	3,25	3,68	3,20
Ausblühgeschwindigkeit und Stärke	6 Tage gering	2 Tage stark	12 Tage mäßig	9 Tage gering	5 Tage stark	12 Tage mäßig	25 Tage 0	4 Tage sehr stark

Die Ausblühgeschwindigkeit erreicht ihr Maximum bei allen Aschen mit der Komponente Glasschleifsand; sie ist eine Funktion der Wasserabgabegeschwindigkeit (vgl. Wasseransaugung und Wasserabgabe in Abb. 3, S. 111). Die hierbei auftretenden Abscheidungen von Salzen sind außerordentlich stark, so daß schon aus diesem Grunde auf eine Kombination Asche-Glasschleifsand verzichtet werden muß. Diese unangenehme Auswirkung kann durch Hochofenschlackenzusatz kompensiert werden. Die Ausblühneigung entspricht dann praktisch der mit gemahlenem Grubensand, die als befriedigend anzusehen ist.

Aus Abbildung 4 "Relative Extraktionsmengen" kann man durch Extrapolation auf 0,1 der Abszisse = 1o Gew.% = rund 6 Vol.% Feuchtigkeit (Ausgleichsfeuchte) abschätzen, welche Lösungskonzentrationen auftreten können. Das Restwasser der Ausgleichsfeuchte wird in den feinsten Kapillaren festgehalten, vagabundiert also im Stein nur mäßig, kann daher bei der Ermittlung

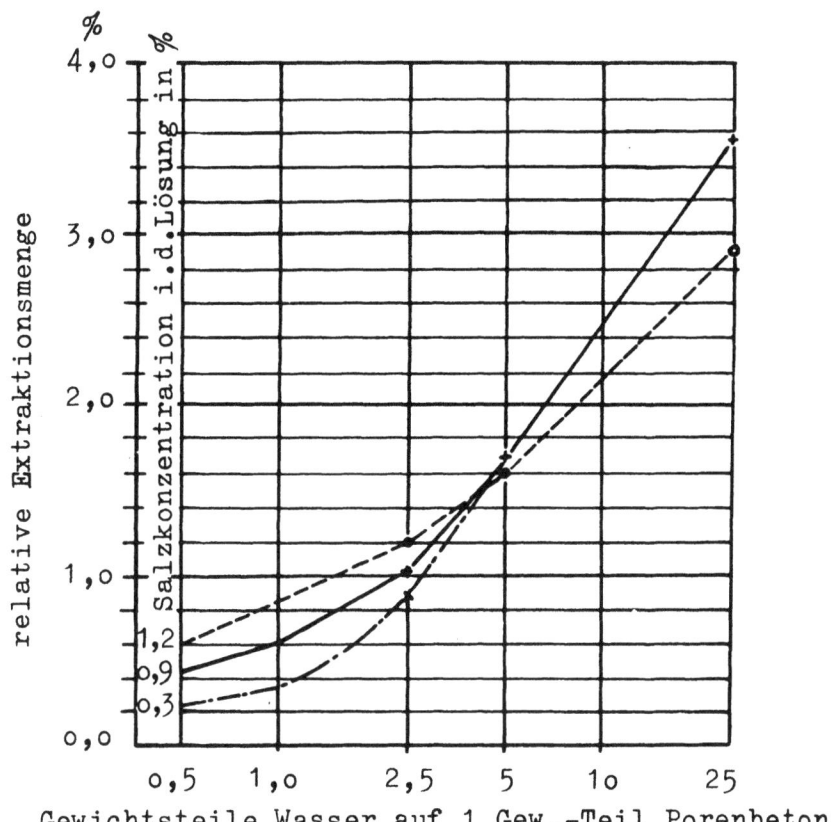

Abbildung 4
Relative Extraktionsmengen an löslichen Salzen beim Schütteln (2 h)
mit steigenden Wassermengen

außer Betracht bleiben. Die höchsten Konzentrationen (über 1 %) ergeben sich wieder mit dem Glasschleifsand, mittlere Konzentrationen mit dem Grubensand und die niedrigsten bei Anwendung von Hochofenschlacke. Wenn auch 1 %-ige Sulfatlösungen einem Zementputz im allgemeinen nicht gefährlich werden können, so wird man doch aus Sicherheitsgründen die Mischungskomponenten so auswählen, daß die Konzentrationen unter 1 %, möglichst aber unter 0,5 % bleiben.

Die gesamte relative Extraktionsmenge ist in allen Mischungen sehr hoch, doch wird sie bei hohen Verdünnungsgraden in steigendem Maße von den schwer löslichen Kalziumsulfaten, komplexen Sulfat- und Silikatverbindungen

Anlage 4

Ausblühungen

Proben Nr.	Unter- Nr.	Rgw	Bemerkungen
4	1	0,57	starke Ausblühungen in großen Flocken
	2	0,57	am Kopfende hängend
	3	0,56	nach 45 Stunden Ansaugens auftretend
	7	0,58	
5	1	0,68	starke Ausblühungen in großen Flocken
	2	0,67	am Kopfende hängend
	3	0,67	nach 5 Tagen Ansaugens auftretend
	5	0,70	
	7	0,71	
6	1	0,74	starke Ausblühungen in großen Flocken
			am Kopfende hängend
	2	0,74	nach 4 Tagen Ansaugens auftretend
7	1	0,65	Ausblühungen gering
	2	0,64	nach 6 Tagen Ansaugens auftretend
	3	0,63	
	5	0,62	
8	1	0,75	Ausblühungen gering
	3	0,72	nach 9 Tagen Ansaugens auftretend
	5	0,72	
	7	0,73	
9	1	0,81	keine Ausblühungen
	3	0,78	oder nur Spur
	5	0,79	
	7	0,80	
1o	1	0,70	Ausblühungen in mittlerer Stärke
	2	0,69	
11	1	0,75	wie 1o) etwas schwächer
	2	0,72	

Forschungsberichte des Wirtschafts- und Verkehrsministeriums Nordrhein-Westfalen

Anlage 5
Ausblühungen beim Wasseransaugversuch

a) **Starke Ausblühungen**; Versuch 4 - 6 mit Glasschleifsand hoher Feinheit

 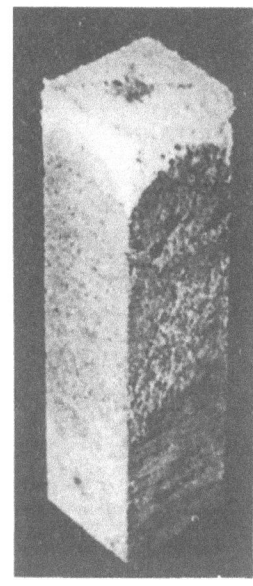 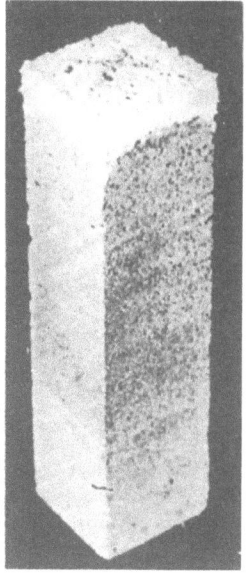

Abbildung 5
Nach 2 Tagen
Versuch 4 (Lurgi)
Prismenfarbe: Hell-rosa

Abbildung 6
Nach 4 Tagen
Versuch 5 (Walther)
hell-rosa,
Stich ins Graue

Abbildung 7
Nach 5 Tagen
Versuch 6 (alte Anl.)
hell-rosa, intensiver

b) **Geringe Ausblühungen**; Versuch 7 - 8 mit Grubensand

 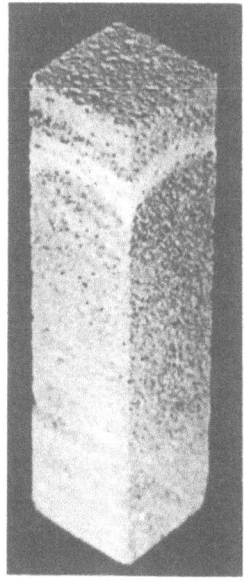

Abbildung 8
Nach 6 Tagen; Versuch 7 (Lurgi)
hell-rosa, Stich ins Graue

Abbildung 9
Nach 9 Tagen; Versuch 8 (Walther)
lich-grau

Forschungsberichte des Wirtschafts- und Verkehrsministeriums Nordrhein-Westfalen

Anlage 5

Ausblühungen erst bei Wasserabgabeversuch

a) Mäßige Ausblühungen

Versuch 1o - 11 mit Glasschleifsand und Hochofenschlacke

b) Keine Ausblühungen

Versuch 9 mit Grubensand

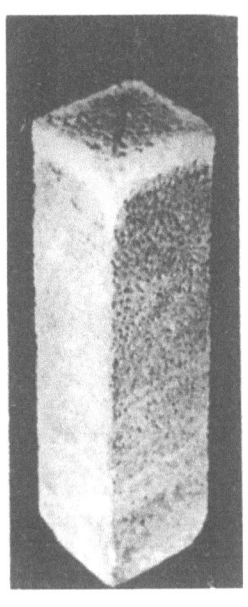
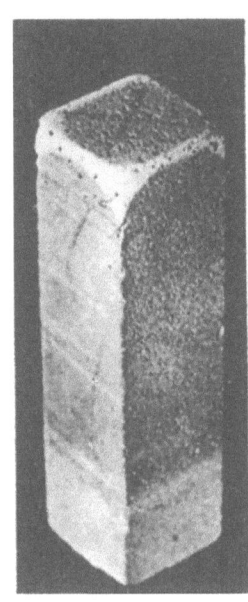
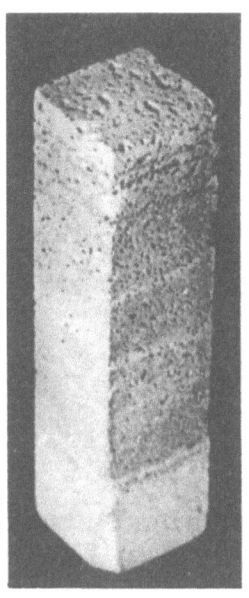

A b b i l d u n g   1o
Nach 12 Tagen
Versuch 1o (Lurgi)
Prismenfarbe:Blau-grau

A b b i l d u n g   11
Nach 12 Tagen
Versuch 11 (Walther)
blau-grau

A b b i l d u n g   12
Nach 25 Tagen
Versuch 9(alte Anlage)
hell-rosa, etwas dunkler als Abbildung 1

Forschungsberichte des Wirtschafts- und Verkehrsministeriums Nordrhein-Westfalen
___

usw. beherrscht. Diese sind bei den üblichen Wassergehalten im Mauerwerk nur in minimalen Mengen löslich und nur schwach dissoziiert. Außerdem werden sie mit zunehmendem Alter durch teilweise Karbonatisierung der Ca-Hydrosilikate immer dichter umhüllt, so daß ihre Löslichkeit allmählich absinkt. Die Menge der löslichen Bestandteile ist zwar keine angenehme Beigabe, jedoch wohl gerade noch an der Grenze des Erträglichen.

4. Zusammenfassung

Bei der Prüfung der Frage, ob man aus Braunkohlenaschen der rheinischen Braunkohle Porenbeton vom Typ Ytong erzeugen kann, ergab sich folgendes:

Die mit dem Lurgiaschenmuster hergestellten Gasbetonkörper verhielten sich bei allen Prüfungen am ungünstigsten, die Waltheraschen und die Flugaschen der alten Anlage am besten. Die notwendigen Festigkeiten, z.B. für den B 50 (= 50 kg/cm^2 Druckfestigkeit) sind jedoch nur mit höheren als den üblichen Rohwichten (0,65) zu erreichen (Vers.-Nr. 8, mit Rohwichte 0,8) und nur durch Zusatz von gemahlenem Sand und einem hydraulischen Stoff (z.B. bas. Hochofenschlacke). Letztere ist zur Verringerung der Wasseraufnahme und der Ausblühneigung und zur Erzielung frostbeständigen Materials unerläßlich. Vom wirtschaftlichen Standpunkt ist die Anwendung relativ teurer Zuschlagstoffe, wobei die Feinmahlung das kostspielige Element darstellt, eine starke Vorbelastung und der Zweck, möglichst viel Asche im Baustoff unterzubringen, nicht erreichbar. Durch eine tonderereichere Schlacke (etwa 16 - 17 % Al_2O_3) läßt sich u.U. der Aschenanteil auf 40 % erhöhen. Dies dürfte jedoch die äußerste Grenze darstellen, da die betrieblichen Schwankungen in der chemisch-physikalischen Zusammensetzung der Aschen in keiner Weise darüber hinaus zu meistern sind.

Eine Anlage verlangte daher große Mischsilos, um dem Leichtbetonwerk einigermaßen gleichmäßige Bk-Aschen zuführen zu können.

Kurz zusammengefaßt

Die Flugasche des Waltherfilters und der alten Anlage eignen sich für die Herstellung von Kalkleichtbeton, jedoch muß der Anteil auf max 40 % der Gießmasse beschränkt werden. Die Stoffeinsatzkosten werden durch die Feinmahlung der Zuschlagstoffe hoch. Die Führung eines Betriebes wird mit beachtlichen Schwierigkeiten wegen der Schwankungen der Aschen zu rechnen haben.

Goslar, 1952   Dr. LAUBENHEIMER, Goslar

Forschungsberichte des Wirtschafts- und Verkehrsministeriums Nordrhein-Westfalen

V. Untersuchungen mit der Rohstoffkombination [1] Braunkohlenfilterasche, Sand und Kalk

1. Laborgießungen

a) Zweck

Bereits früher wurden verschiedene Rohmaterialien vom "Kraftwerk Fortuna" im Ytonglabor untersucht (s. Protokolle K 29 E 1 und K 29 E 2). Nach und nach wünschte man von des Interessenten Seite aus, daß die hergestellten Leichtbetonprodukte soviel wie nur möglich Braunkohlenfilterasche, und dabei am liebsten nur Asche oder Asche in Kombination mit Sand und/oder Ziegelsplitt enthalten sollten. Ein geringer Zusatz an Kalk und/oder Traß kann ebenfalls akzeptiert werden.

Diese Untersuchung bezweckte, die Möglichkeiten zu ermitteln, unter diesen Voraussetzungen einen Leichtbeton gemäß YTONG-Prozeß herzustellen.

b) Materialien

Vom Rheinischen Elektrizitätswerk im Braunkohlenrevier A.G., Kraftwerk Fortuna, kam am 29. 9. 1950 folgende Sendung an:

Bezeichnung:	des Lieferanten	unsere
500 kg Braunkohlenfilterasche ...	" 1 - 10"	"Fortuna F 3"
150 kg Ziegelsplitt	"14 - 17"	"Fortuna Z 2"
150 kg Quarzsand	"11 - 13"	"Fortuna S 2"

Außer den oben genannten Materialien wurde bereits früher erhaltenes Material gleichen Ursprungs, nämlich "Fortuna Z 1", "Fortuna S 1" und "Fortuna I 1" verwendet (s. Protokoll K 29 E 2).

Die Braunkohlenfilterasche fällt bei dem mit Braunkohle heizenden Kraftwerk in Mengen an, die gem. Absenders Angaben einige Hundert Tonnen per 24 Stunden betragen. Die Zusammensetzung der Flugasche kann bedeutend variieren. Der Ziegelsplitt kommt von den Ruinen und kommt in "unerhörten Mengen" vor, und der Sand fällt in großen Mengen "im Abraum" an.

<u>Kalk</u> vom Dylta Kalkwerk, kam am 26.10.1950 an, unsere Bezeichnung "Dylta K 3"

---

1. Dieser Bericht wird von der Yton AB als Protokoll K 29 E 3 bezeichnet. Die Protokolle K 29 E 1 und E 2 beziehen sich auf Vorversuche, die außerhalb dieses Forschungsunternehmens durchgeführt wurden.

Kalk von der S-Fabrik, einer Schieferkalkhalde am 14. 11. 1950 entnommen, unsere Bezeichnung: "Hynneberg K 3".

Aluminiumpulver: Englisches "G 12 A 1"

c) Umfang der Untersuchungen

1) Hydrationswärmemessungen (Abb. 1)
2) Quantitative Analyse von "Fortuna F 3" (Tab. 1)
3) Bestimmung der Feinheit, des Feuchtigkeits- und CaO-Gehaltes in den gemahlenen Produkten (Tab. 2)
4) Laborgießungen (Tab. 3)
5) Untersuchung der fertigen Produkte gem. SB-17.

d) Chemische Analyse

Tabelle 1

"Fortuna F 3" im Lieferzustand

Substanz	Gewichts-%	Anmerkungen
SiO_2	8,7	
Al_2O_3	1,7	
Fe_2O_3	19,2	
CaO	43,1	
MgO	16,6	inkludiert auch MnO
SO_3	10,7	
H_2O-lösliches SO_3	2,9	
C	1,9	
Glühverlust	4,0	
H_2O	0,25	
P_2O_5	Spuren	
MnO	vorhanden	

e) Vorbehandlung der Rohmaterialien

Die Gesamtpartie "F 3" wurde durch Mischen, 5 Minuten lang in der großen Labormühle, homogenisiert. Da das Material fein genug war, war kein Vermahlen erforderlich. Die übrigen Komponenten wurden separat gemahlen.

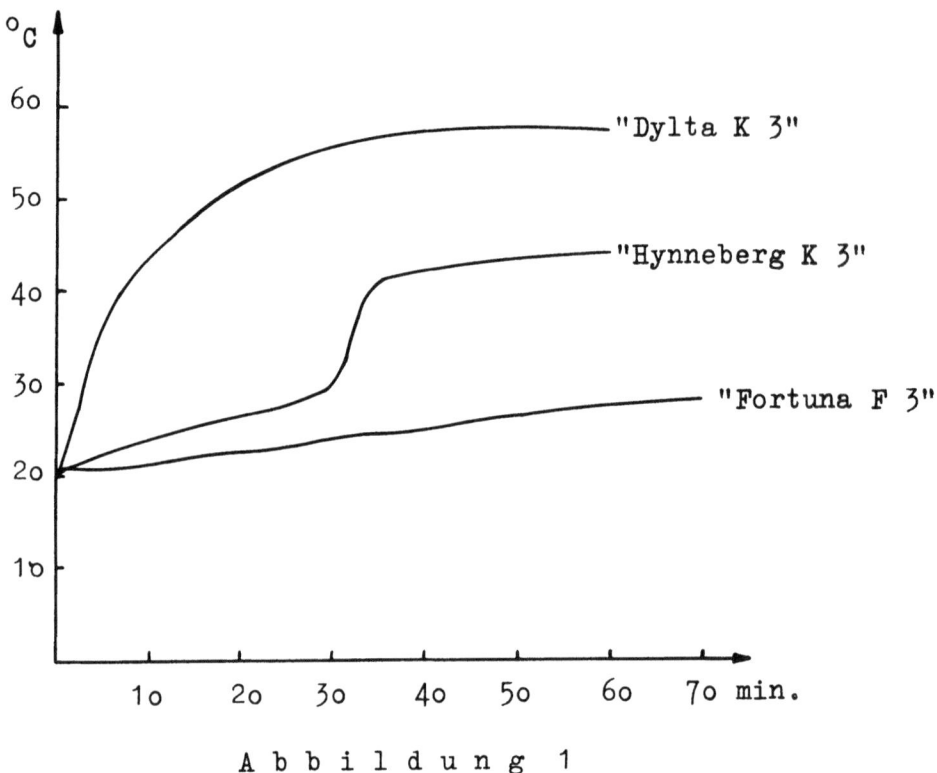

Abbildung 1
Hydratationswärme. Hydratationswärmekurven

Die Eigenschaften der Rohmaterialien nach der Vorbehandlung gehen aus folgender Tabelle hervor:

Tabelle 2

	F 3	S 1	S 2	Z 1	Z 2	I 1	Dylta K 3	Hynneberg K 3
Gewichts-% <0,06 mm	91,4	48,7	51,0	53,9	53,8	55,4	74,8	78,3
% H$_2$O	0,25	0,05	0,04	0,18	0,15	-	-	-
% CaO [2]	49,6	-	-	-	-	-	93,4	66,8

f) Ausführungen und Begriffserklärungen

Gießtechnik: Die Komponenten wurden während 2,5 Minuten in 2o-gradigem Gießwasser gemischt, danach setzte man das Aluminiumpulver zu. Die Totale Mischzeit = 4 Minuten.

Proportionierung siehe Tabelle 3.

---
2. gem. Protokoll K 34 F 5

Forschungsberichte des Wirtschafts- und Verkehrsministeriums Nordrhein-Westfalen

Tabelle 3
(K 29 E 3)

Guß-Nr.	Mehlzusammensetzung Gew.-%						Wasser-Mehl-Wert	Alu-Zusatz Gew.-%	Zucker=S Gips =G Gew.-%	Luft-Härte-Zeit Std.	Max. Temp. °C	Guß- Höhe vor dem Härten mm	Höhen-größerung währ. des Härtens mm	Abbinde-eigenschaften	Feuchtig-keitsbest. bei Probe-druck Raum-%	K 10	f_0	H_{10}	H_{10} Mittel-wert	Schwin-den o/oo 3)	Wasser-aufsau-gung Raum-% 4)	Frostbeständ-igkeit 1)	2)
	F 3	S 1	Z 1	Dylta K 3	Hynne-berg K 3	I 1																	
448 449	100 100						0,47 0,47	0,057 0,057		6,0 5,5	43,7 43,0	183 171	36 43	Gut Gut	7 5	0,2 0,8	0,59 0,69	0,7 2	1	- -	- -	- -	- -
450 451	70 70	30 30					0,47 0,47	0,060 0,060		12,0 10,5	36,5 37,6	180 193	70 44	Mittelmäßig Mittelmäßig	7 6	0,5 0,9	0,61 0,62	1,6 2,8	2	- -	- -	- -	- -
452 453	60 60	40 40					0,45 0,45	0,063 0,063		10,0 9,5	36,0 36,2	193 201	24 23	Mittelmäßig Mittelmäßig	8 6	31,3 28,4	0,64 0,64	92 84	88	0,53 0,63	36,2 37,1	1 1	9 5
454 455	40 40	60 60					0,45 0,40	0,060 0,067		10,5 8,5	31,6 31,0	183 5) 178	- 2 - 20	Schlecht Schlecht	7 17	39,7 6) 69,4 6)	0,71 0,92	97 112	105	0,48 0,41	22,1 25,6	1 1	6 2
456 457	70 70		30 30				0,45 0,45	0,063 0,063		8,5 7,5	35,6 38,6	188 5) 192	56 56	Mittelmäßig Mittelmäßig	4 8	1,0 1,0	0,56 0,58	4 3,5	4	- -	- -	- -	- -
458 459	60 60		40 40				0,43 0,43	0,063 0,063		9,5 9,0	34,5 36,2	180 184	38 35	Mittelmäßig Mittelmäßig	2 3	6,5 8,0	0,63 0,62	20 25	23	- -	- -	- -	- -
460 461	40 40		60 60				0,43 0,43	0,063 0,063		9,0 8,5	31,5 28,8	178 187	- 24 - 20	Schlecht Schlecht	5 7	43,6 40,8	0,86 0,81	78 80	79	0,43 0,33	26,1 28,4	3 3	2 8
462 463	30 30		70 70				0,43 0,40	0,063 0,063		22,0 21,5	28,8 27,8	182 171	14 8	Schlecht Schlecht	3 4	31,6 34,2	0,68 0,70	83 86	85	0,43 0,34	22,3 21,7	3 1	17 12
464 465	30 30	S 2 Z 2					0,40 0,47	0,063 0,063		20,5	26,2	168	0	Schlecht	6	39,0	0,71	95	95	0,35	21,1	1 1	17
474 475	60 60	35 35	5 5				0,45 0,46	0,060 0,060		11,0 10,5	46,0 49,8	174 5) 181	47 40	Gut Gut	5 4	8,6 6) 13,5	0,66 0,63	24 41	33	- -	- -	- -	- -
476 477	60 60	30 30		10 10			0,47 0,47	0,060 0,060		8,0 7,5	62,5 59,0	181 176 5)	56 46	Gut Gut	3 1	4,0 6,2	0,63 -	12	12	- -	- -	- -	- -
478 479	50 50	40 40		10 10			0,48 0,49	0,060 0,060		7,0 6,5	52,0 51,6	166 5) 174 5)	23 21	Gut Gut	6 7	30,2 6) 41,4 6)	0,72 0,70	72 103	88	0,50 -	46,0 44,2	1 1	2 2
480 481	40 40	55 55		5 5			0,47 0,47	0,060 0,060		9,0 9,0	37,6 38,0	165 5) 166 5)	11 9	Mittelmäßig Mittelmäßig	8 11	45,5 45,8	0,76 0,77	99 97	98	0,63 0,50	37,9 32,9	1 1	1 6
482 483	50 50	45 45		5 5			0,45 0,47	0,060 0,060		11,5 11,0	39,0 42,0	159 5) 170 5)	21 19	Mittelmäßig Mittelmäßig	12 12	44,7 6) 40,0 6)	0,51 0,70	101 100	101	0,51 0,49	43,7 41,3	- -	- -
484 485	40 40	50 50		10 10			0,48 0,50	0,060 0,060		8,5 8,0	50,8 48,0	163 5) 182	11 10	Gut Gut	11 12	67,4 6) 58,4 6)	0,79 0,69	137 150	144	0,47 0,41	37,3 34,1	5 5	26 11
486 487	40 40	50 50					0,50 0,51	0,060 0,057		9,5 8,5	40,2 41,8	170 170	- 8	Mittelmäßig Mittelmäßig	10 12	47,7 6) 50,2 6)	0,74 0,82	108 96	102	0,38 0,40	22,8 26,6	2 3	2 2
488 489	40 40	40 40				10 10	0,51 0,49	0,057 0,057		17,5 17,0	33,1 34,6	192 5) 195 5)	- 4 1	Schlecht Schlecht	16 5	50,4 6) 57,2 6)	0,82 0,71	97 91	94	0,44 0,38	27,4 19,9	1 2	1 6
490 491	40 40	40 40		10 10			0,48 0,45	0,060 0,060		22,0 21,5	36,2 34,8	192 5) 196	10 12	Mittelmäßig Mittelmäßig	7 4	34,4 6) 38,2 6)	0,69 0,67	88 103	96	0,46 0,55	29,2 28,1	- -	- -
492 493	40 40	40 40				10 12	0,49 0,51	0,057 0,057		21,0 19,5	39,8 48,4	166 5) 166	12 11	Mittelmäßig Mittelmäßig	4 12	39,7 6) 44,2 6)	0,73 0,77	92 94	93	0,44 0,49	34,7 38,6	- -	- -
494 495	60 60	30 30				10 10	0,46 0,45	0,063 0,063		18,5 18,0	28,8 33,0	196 5) 191 5)	21 25	Schlecht Schlecht	5 2	12,8 6) 13,9 6)	0,60 0,63	43 42	43	- -	- -	- -	- -
496 497	40 40	48,5 48,5					0,50 0,50	0,057 0,057	G = 1,5 G = 1,5	17,5 17,5	38,9 45,7	121 170 5)	17 13	Mittelmäßig Mittelmäßig	11 13	47,8 6) 80,4 6)	0,79 0,87	98 141		0,35	36,0 34,6	3 2	35 2
516B 517B	100 100						0,47 0,70	0,057 0,057			41,0 35,0	160 125	29 2	Gut Mittelmäßig									

1. Anzahl Gefrieren vor dem ersten Schaden 2. Abblätterungen nach 25 Gefrieren. Raum-%
3. Nach Austrocknen bei 20°C und 45 % rel. Luftfeuchtigkeit gem. SB-4. Mittelwert aus zwei Proben
4. Nach 3 Tagen laut SB-2; 5. Das Material ist während der Trockenzeit gesunken; 6. Spalten in den Würfeln

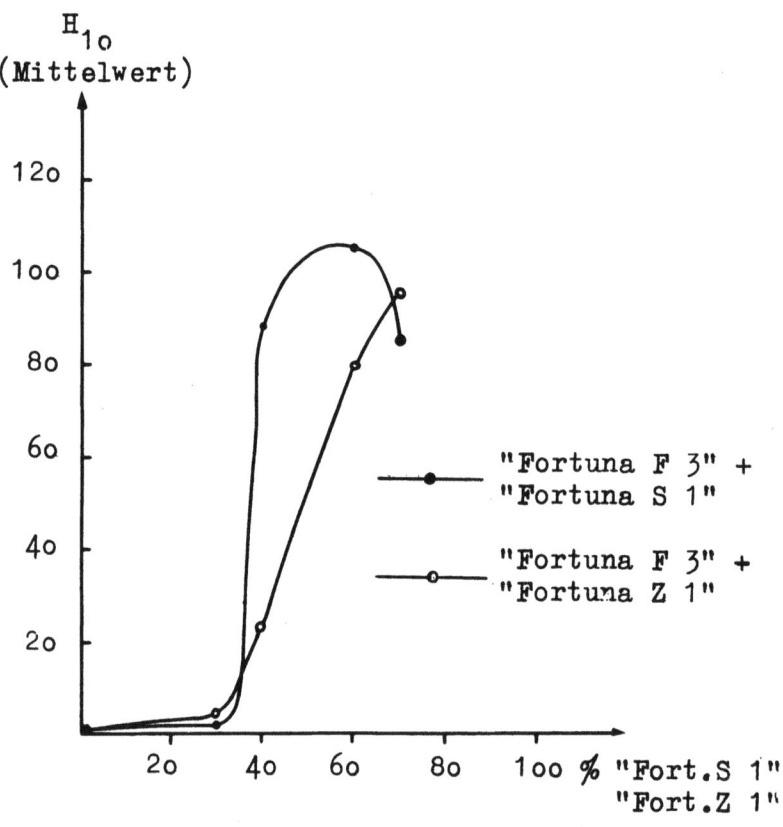

Abbildung 2

H-Zahl und Mehlzusammensetzung Mittelwert

<u>Abbinden:</u> Die Abbindeeigenschaften wurden wie folgt charakterisiert:

"Gute" : Die Masse gleicht schnellabbindende YTONG-Masse, in Fabriksskala gegossen.

"Mittelmäßige": An der Grenze der Verwendbarkeit in Fabriksskala.

"Schlechte" : Bindet so schlecht ab, daß diese nicht zufriedenstellend für das Gießen in Fabriksskala sein dürfte.

<u>Lufthärten:</u> Hiermit bezieht man sich auf die Zeit während der Formenfüllung mit Masse bis zum Beginn des Dampfhärtens (s. Tab. 3, S. 129).

<u>Dampfhärten:</u> Vorwärmen 1,0 Stunden, Druckaufnahme 2,5 Stunden, Hochdruck (10 atü) 12 Stunden, Drucksenkung 2,5 Stunden.

<u>Ergebnisse:</u> Siehe Tabelle 3 und Abbildungen 2 und 3.

<u>Diskussion:</u> Die Gießungen Nr. 448-465 goren ziemlich langsam (Gärzeit mindestens 1 Stunde), die Gießungen Nr. 474-485 dagegen goren während 25 Minuten. Die Gießungen Nr. 486-497 schließlich zeigten eine Gärzeit von 30 - 60 Minuten.

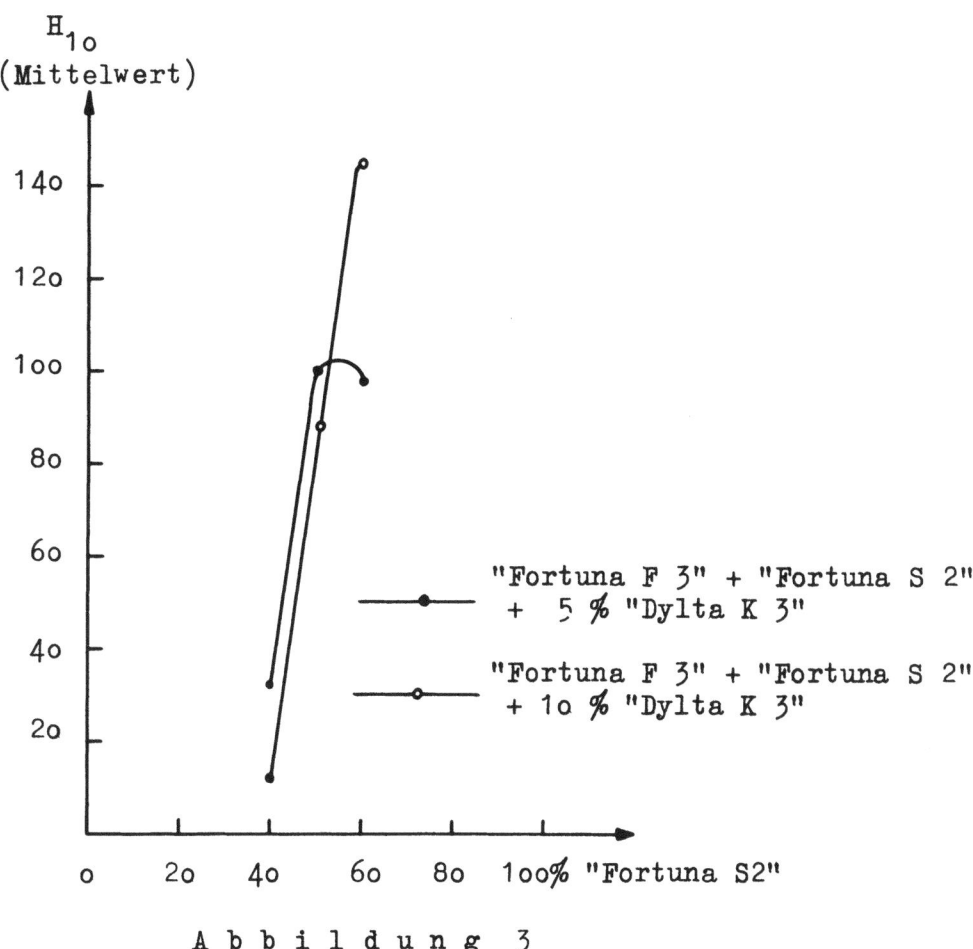

Abbildung 3
H-Zahl und Mehlzusammensetzung Mittelwert

Die Porenstruktur ist in den meisten Gießungen gut (G Nr. 464 und 490 am besten, Nr. 481, 487, 488, 493 und 496 am schlechtesten).

Die fertigen Probekörper haben eine gelbbraune zu rotbraune Farbe.

Die Probegießungen mit "F3" als alleinige Komponenten ergeben ein unanwendbares Produkt (H-Zahl ungefähr 1), weshalb "F3" mit anderen Materialien kombiniert werden muß. Der Zusatz von Sand zeigte sich hier, was die Festigkeit anbelangt, als günstiger als der Zusatz von Ziegelsplitt, was aus Abbildung 2 hervorgeht. Das Festigkeitsoptimum mit Sand als Zusatzsubstanz erreicht man nämlich bei einem Sandgehalt von 50-60 %, während das Optimum mit Ziegelsplitt nicht mal bei einem so hohen Gehalt wie 70% erreicht wird.

Abbildung 3 zeigt, daß ein Kalkzusatz von 10 % günstig auf die Druckfestigkeit einwirkt (Nr. 484-485, H_{10} = 144). Dieser gibt ebenfalls ein gutes Abbinden. Kalcitkalk scheint besser als hydraulischer Kalk zu sein (vgl. Gießungen Nr. 484-485 mit Nr. 490-491).

Forschungsberichte des Wirtschafts- und Verkehrsministeriums Nordrhein-Westfalen

Beim Gießen mit Zusatz von Traß bis zu 10 % konnte keine Verbesserung bezüglich der Druckfestigkeit erzielt werden (vgl. z.B. Gießungen Nr. 488 - 489 mit 452 - 453).

Wie bereits im Protokoll K 29 E 1 darauf hingewiesen wurde, treiben die Gießungen mit Fortuna-Braunkohlenflugasche kräftig während des Dampfhärtens. Ähnliches Treiben wurde ebenfalls bei dieser Untersuchung (siehe Tab. 3, S. 129) mit einigen wenigen Ausnahmen festgestellt: Gießungen Nr. 464 - 465 (F 3-Gehalt nur 30 %) sowie Gießungen Nr. 488 - 489 (mit 10 % hydraulischem Kalk und 40 % "F3"). Diese Ausnahmen sprechen dafür, daß die Ursache des Treibens beim "F3" zu suchen ist. Vermutlich erfolgt während des Verbrennens jenes Braunkohlenpulvers, das das Ausgangsmaterial zu "F3" bildet, eine partielle Totbrennung von gleichzeitig gebildetem Kalk, der - wenn die Asche für die YTONG-Herstellung verwendet wird - erst während des Dampfhärtens hydratisiert wird und das Treiben veranlaßt. Der hohe Gehalt an Magnesiumoxyd dürfte auch ungünstig auf die gleiche Weise einwirken, vorausgesetzt, daß dieses in "F3" als freies MgO vorkommt. Vermutlich ist das MgO doch teilweise gebunden an Fe_2O_3 als Magnesiumferrit.

Um zu versuchen, obengenannte Theorie bezüglich Vorhandensein von hartgebranntem Kalk in "Fortuna F 3" zu variieren, wurden die Laborgießungen 516 B und 517 B durchgeführt, die erstgenannte mit unbehandeltem "Fortuna F 3", die andere mit bei ungefähr 750 °C geglühtem Material aus Gießung 516 B. Aus Tabelle 3 ist unmittelbar zu ersehen, daß das Treiben bei der Gießung mit der behandelten Flugasche ziemlich unbedeutend war, was eine gute Unterstützung für die Richtigkeit der Theorie bedeutet. Dampfhärten und Brennen von "Fortuna F 3" ist also eine Methode, die Treibeigenschaften der Flugasche, in der Weise, wie sie bei der Leichtbetonherstellung vorkommen, zu vermindern.

Beim Gießen mit nur "F 3" (Nr. 448 - 449) zeigte sich ein kräftiges, weißes Salzausblühen an den Probekörpern, 1-2 x 24 Stunden nach dem Dampfhärten. Es zeigte sich, daß das Salz hauptsächlich aus Na-, K und Sulfationen bestand. Ähnliche Ausblühungen konnten an den anderen Probekörpern nicht beobachtet werden.

Zufriedenstellende Würfelfestigkeit zeigen nur die Gießungen Nr. 484 - 485 mit H-Zahl = 144, entspricht K_{10} = 58 kg/cm^2 bei γ_0 = 0,7 kg/dm^3. Im übrigen liegen die H-Zahlen in der Regel unter 100, was K_{10}=40 kg/cm^2

bei γ_o = 0,7 kg/dm³ entspricht. Wenn der Gehalt an "F3" mehr als 50 % übersteigt, sind die Festigkeiten sehr gering.

Die Frostbeständigkeit zeigte sich in den meisten der untersuchten Fällen als weniger gut. Die beste Frostbeständigkeit haben die Gießungen Nr. 486 - 487, 454 - 455 und 489. Keine dieser hat jedoch gleich gute Frostbeständigkeit wie schwedischer YTONG entsprechender Rohwichte. Irgendein Unterschied in der Frostbeständigkeit, wenn man Sand oder Ziegelsplitt zusetzt, kann nicht mit Sicherheit festgestellt werden.

Was das Schwinden während des Austrocknens anbelangt, so sind die Gießungen Nr. 460 - 461, 464 und 497 mit normalem schwedischen YTONG vergleichbar. Es gibt jedoch einige weitere Grenzfälle.

Das Wasseraufsaugen ist mit einigen Ausnahmen hoch, verglichen mit schwedischem YTONG.

Die Untersuchung der Verwitterungsbeständigkeit hält noch an. Ergebnisse können deshalb nicht vor ca. 6 Monaten bekannt gegeben werden.

g) Zusammenfassung

Vom Rheinischen Elektrizitätswerk im Braunkohlenrevier A.G., Kraftwerke Fortuna, sind u.a. folgende Rohmaterialien eingegangen:

Tabelle 4

Fortuna-Rohmaterial

Ankunfts-tag	Menge	Produkt	Bezeichnung des Lieferanten	Unsere Bezeichnung
29.9.50	500 kg	Braunkohlenfilterasche	" 1 - 10"	"Fortuna F 3"
29.9.50	150 kg	Ziegelsplitt	"14 - 17"	"Fortuna Z 2"
29.9.50	150 kg	Quarzsand	"11 - 13"	"Fortuna S 2"

Mit diesen Produkten, teilweise in Kombination mit untenstehendem schwedischen Rohmaterial (Tab. 5), hat das YTONG-Labor erneut einen Teil orientierender Versuche angestellt, um Leichtbeton gemäß dem YTONG-Verfahren herzustellen.

Forschungsberichte des Wirtschafts- und Verkehrsministeriums Nordrhein-Westfalen

Tabelle 5

Schwedisches Rohmaterial

Ankunftstag	Produkt	Unsere Bezeichnung
26.1o.5o	Kalcitkalk	"Dylta K3"
14.11.5o	Hydraulischer Kalk	"Hynneberg K3"

Die gesamte Partie "Fortuna F 3" wurde vor den Probegießungen homogenisiert. Die übrigen Komponenten wurden separat gemahlen.

Probegießungen mit nur "Fortuna F 3" ergaben ein Produkt, welches eine sehr schlechte Würfelfestigkeit hatte und außerdem einen sehr starken Salzausschlag beim Austrocknen zeigte. Es erwies sich als notwendig, die Braunkohlenfilterasche mit einem Kieselkomponenten zu kombinieren, wie z.B. Quarzsand oder Ziegelsplitt sowie auch Kalk, um ein Produkt mit annehmbaren Eigenschaften zu erhalten. Auf diese Weise erhielt man mit den Mischungsverhältnissen <u>4o % "Fortuna F 3" + 5o % "Fortuna S 2" + 1o % "Dylta K 3"</u> eine Würfelfestigkeit von 6o kg/cm^2 (Feuchtigkeit bei der Prüfung 12 Raum-%) bei einer Rohwichte von o,7 kg/dm^3 (in ausgetrocknetem Zustande).

Vom Gesichtspunkt der Festigkeit aus zeigte sich Sand als Kieselkomponente besser als Ziegelsplitt. Ein Zusatz von 1o % Traß gab keinen merkbaren Effekt.

Bei der Herstellung von Leichtbeton aus den Rohmaterialkombinationen, welche als Hauptkomponenten "Fortuna F 3" enthielten, trat eine sehr merkbare Nachgärung während der Dampfhärtung auf. Auf diese Weise wurde z.B. bis zu 4o % Zunahme an Höhe gemessen beim Guß mit einer Materialkombination, die 7o % "Fortuna F 3" enthielt. Diese Nachgärung wirkt auf die Festigkeit der fertigen Produkte ein, da die während des Gärverlaufes gleichmäßig gebildete Porenstruktur in der Masse während der Dampfhärtung gesprengt wird. Der Grund zur Nachgärung wurde studiert und präliminäre Versuche deuten darauf hin, daß es möglich ist, die Nachgärung zu eliminieren. Es bleibt doch noch zu untersuchen übrig, ob dies ökonomisch durchführbar ist.

Die Frostbeständigkeit war nicht ganz zufriedenstellend. Eine stark hierzu beitragende Ursache kann die Nachgärung mit ihrem heruntersetzenden Einwirken auf die Porenstruktur sein.

Das Schwinden beim Austrocknen war etwas größer als normalerweise beim schwedischen Schiefer-YTONG. Der Unterschied war jedoch nicht so groß, als daß ihm wesentliche Bedeutung beigemessen werden kann.

Schließlich möchten wir darauf hinweisen, daß die großen Variationen in der Zusammensetzung der Braunkohlenfilterasche eine gewisse Einwirkung bei Fabriksbetrieb haben können. Wie groß jedoch dieses Einwirken sein kann, konnte bei dieser Untersuchung nicht festgestellt werden.

Januar 1951   International Ytong Co AB, Stockholm

Forschungsberichte des Wirtschafts- und Verkehrsministeriums Nordrhein-Westfalen

VI. Weitere Untersuchungen mit der Rohstoffkombination Braunkohlenfilterasche, Sand und Kalk

<u>Ausgeführt:</u> 26.6.52 - 29.1.1953

Die vorliegende Untersuchung ist eine direkte Fortsetzung früherer Arbeiten, die mit Protokoll K 29 E 3 nachgewiesen wurden. Die Ausgangslage der Rohmaterialfrage ist, bis auf eine Ausnahme, im allgemeinen unverändert gewesen. Die Ausnahme bestand in der Veränderung der technischen Eigenschaften der Braunkohlenfilterasche. Gemäß Angabe entstammte die früher übersandte und geprüfte Asche dem "Alten Werke", während die bei der vorliegenden Untersuchung geprüfte Asche dem "Neuen Werke" entstammte. Im Vergleich mit dem "Alten Werke" sind die Verbrennungsverhältnisse im "Neuen Werke" so, daß die maximale Temperatur der Asche im allgemeinen niedriger wird und deren Verbrennung vollständiger. Frühere Erfahrungen geben Anlaß zur Annahme, daß diese Asche sich besser für die YTONG-Herstellung eignet.

Folgende Materialien sind bei der Untersuchung verwendet worden:

Tabelle 1

Materialien

Erhaltene Menge kg	Material	Lieferant	Ankunfts-datum	Bezeichnung des Lieferanten	Unsere Bezeichnung
2oo	Braunkohlen-filterasche	Rheinisches Elektrizitäts-werk A.G.	3.5.5o	"5 - 8"	"Fortuna F 2"
5oo	"		29.9.5o	"1 - 1o"	"Fortuna F 3"
511	"	Kraftwerk	1o.4.52		"Fortuna F 9"
4o6	Quarzsand	Fortuna	1o.4.52	"REW 1 - 16"	"Fortuna S 5"
76	Fortunit	"	1o.4.52		"Fortuna E 2"
-	Kalk	Dylta Kalkbruch	-	-	"Dylta K 8"
-	Kalk	Rhein. Kalk-steinwerk GmbH		"RKW 4995-6"	"Wyag K 5"
-	Alupulver	Eckartwerke		"1461 ON"	"Eckart A 4"
-	Alupulver	Eckartwerke		"1461 ON"	"Eckart A 5"
-	Alupulver	EMPCO	-	"G 12 Al"	"G 12 Al"

Seite 136

Forschungsberichte des Wirtschafts- und Verkehrsministeriums Nordrhein-Westfalen

"Fortuna F 2" und "F 3" entstammen dem "Alten Werke", "Fortuna F 9" dagegen dem "Neuen Werke". "Fortuna E 2" ist ein hydraulisches Bindemittel, welches im Kraftwerk Fortuna hergestellt wird, und zwar durch Zusammenmahlen von Braunkohlenfilterasche, Hochofenschlacke und Traß. "Fortuna S 5" stammt vermutlich von der Grube Fortuna oder von der Grube Neurath. "Dylta K 8" stammt von einem mittelschwedischen Kalkwerk.

Die Untersuchung wurde in drei verschiedene Abschnitte aufgeteilt, nämlich:

1. Chemische Analysen von den Rohmaterialien und von den hergestellten YTONG-Produkten.
2. Herstellung von YTONG in Laborskala und Untersuchung seiner bautechnischen Eigenschaften.
3. Studium des Treibens der YTONG-Masse während des Dampfhärteprozesses.

1. Chemische Analysen von den Rohmaterialien und von den hergestellten YTONG-Produkten

Die chemischen Analysen sind in der Hauptsache nach konventionellen Methoden (vgl. Protokoll K34E2, K34F5, K34K1, K34K2, K34K3 und K34K4) ausgeführt worden.

Freies CaO wurde durch Extraktion der Probesubstanz in einer kochenden Mischung von absolutem Alkohol und Glyzerin unter Beigabe von Strontiumnitrat als Accelerator bestimmt.

Der Gehalt an löslichen Salzen wurde durch Behandlung von 20 gr feinpulverisierter Probe (100/0,075) [1] mit 300 ml destilliertem Wasser von Zimmertemperatur bestimmt, worauf die erhaltene Salzlösung im Wasserbad bis zur Trockenheit eingedunstet und danach gewogen wurde.

Bei der Bestimmung von Hydrationswärmekurven wurde unter Umrühren eine Menge Probesubstanz, die 80,0 gr titriertem Kalk (K34F5) entspricht, mit 400 ml dest. Wasser von 20 °C in einem Dewar-Gefäß vermischt, wobei die Temperatur in der Mischung in gleichen Zeitabständen gemessen wurde. Bei der Berechnung des "wärmeabgebenden" CaO-Gehaltes wurde Rücksicht auf

---

1. Die Bezeichnung 100/0,075 gibt an, daß 100 % des Materials das Sieb mit 0,075 mm freier Maschenweite passiert. Analoge Bezeichnungen der Materialfeinheit werden in Nachfolgendem verwendet

Forschungsberichte des Wirtschafts- und Verkehrsministeriums Nordrhein-Westfalen

die Wärmestrahlungsverluste vom Dewar-Gefäß während des Versuches genommen.

2. Herstellung von Ytong

a) Vorbehandlung der Rohmaterialien

"Fortuna S 5" und "Dylta K 8" wurden in der Kugelmühle separat gemahlen, "Fortuna F 9" und "F 2" wurden jedes für sich 5 Minuten lang ohne Mahlen homogenisiert, und "Fortuna E 2" und "Wyag K 5" hatten bereits bei Ankunft im Ytong-Labor die gewünschte Feinheit. "Fortuna S 5" wurde vor dem Mahlen getrocknet.

b) Gießtechnik

Die Komponenten wurden während 1 - 3 Minuten mit $20°$-igem Wasser vermischt, danach wurde das Aluminiumpulver zugesetzt. Die totale Mischzeit betrug 2 - 4,5 Minuten. Die fertig gemischte Masse wurde im allgemeinen in Metallformen mit den Massen L x B x H = 46 x 24 x 20 cm gegossen. Einige Gießungen wurden in eine Holzform mit den Massen L x B x H = 25 x 25 x 50 cm vorgenommen.

c) Abbinden und Lufthärtezeit

Siehe die Erklärung zu diesen Begriffen in Protokoll K 29 E 3, Seite

d) Dampfhärtung

Vorwärmen 0,5 Stunden, Druckerhöhung 2,5 Stunden, Hochdruck (10 atü) 12 Stunden, Drucksenkung 2,5 Stunden, Druckerhöhung und Drucksenkung erfolgten gemäß einer geradlinigen Druck-Zeit-Kurve.

e) Prüfung der Eigenschaften der YTONG-Produkte

Würfelfestigkeit und Trockenrohwichte, Wasseraufsaugen, Frostbeständigkeit, Verwitterungsbeständigkeit sowie Schwinden beim Austrocknen wurden gemäß Standardverfahren SB-17 des YTONG-Laboratoriums bestimmt.

3. Studium des Treibens der YTONG-Masse während des Dampfhärteprozesses

Die Höhe der Gießungen vor und nach dem Dampfhärten wurde gemessen und die Differenz wurde als Maßstab für das Auftreiben genommen. Außerdem wurde eine Anzahl Gießungen vor dem Dampfhärten an den Kanten entlang sauberaesägt, so daß die Probekörper Gelegenheit hatten, nach allen Richtungen hin aufzutreiben, und zwar zum Unterschied gegen die normalen Gießungen, wo das Auftreiben nur nach oben erfolgen kann. Das Auftreiben konnte also auf diese Weise sowohl nach oben wie nach den Seiten hin aufgemessen werden.

Beim Untersuchen des Auftreibverlaufes bediente man sich zwei verschiedener Verfahren.

Bei dem einen Verfahren wurde das Dampfhärten mehrmals unterbrochen, wobei der Autoklav geöffnet und das Treiben gemessen wurde.

Das andere Verfahren ermöglichte das Messen, ohne daß die Dampfhärtung unterbrochen wurde. Hierbei wurde auf die Ytong-Masse obenauf eine Platte, versehen mit einer vertikalen, mit Sägezähnen versehenen Schiene gelegt, die einen elektrischen Kontakt regelte. Jedesmal, wenn die vertikale Schiene sich ein Stück, das dem Abstand zwischen zwei Sägezähnen entsprach, hob, wurde der Kontakt einmal geschlossen und abgebrochen. Der Kontakt wurde an einen Stromkreis angeschlossen, der aus einer isolierenden, drucksicheren Autoklaven-Durchführung für zwei Leitungen, einer Trockenbatterie und einem Ampère-Messer besteht. Dem Verlauf des Treibens konnte man mit Hilfe dieser Versuchsvorrichtung kontinuierlich folgen, wobei man eine Registrierung erhielt, sobald die Gießung 1,4 mm nach oben trieb.

Versuche, das Treiben mittels gewichtbelasteter Deckel auf der Oberfläche der Masse zu reduzieren, wurden ebenfalls durchgeführt.

Ergebnisse und Diskussion

Die Meßresultate sind in den Tabellen 2 - 6 und Abbildungen 1 und 2 zusammengestellt.

1. Chemische Analysen (s. Tabelle 2)

Die Braunkohlenfilterasche enthält etwa 50 % CaO, aber nur ca. 10 % SiO_2. Es ist deshalb unmöglich, YTONG aus nur dieser Asche herzustellen, was die früheren Versuche ebenfalls bewiesen (s. K 29 E 3).

Daß ein nicht geringer Teil CaO der Asche in freier Form vorliegt, ergibt jedoch an und für sich die Möglichkeit, die Asche als Kalkkomponente in Verbindung mit anderen Rohmaterialien zu verwenden. Leider neigt jedoch

Forschungsberichte des Wirtschafts- und Verkehrsministeriums Nordrhein-Westfalen

Tabelle 2

Chemische Analysen. Die Proben bei 105°C getrocknet

	"Fortuna F 2"	"Fortuna F 3"	"Fortuna F 9"	Lösliche Salze "F 9"	Lösliche Salze dampfgehärtet "F 9"	Lösliche Salze in Fortuna-Ytong Gj.274/52	"Fortuna E 2"	"Fortuna S 5"	"Dylta K 8"	"Wyag K 5"
SiO_2		8,7	7,4	Spuren	0,6	3,7		96,0		
TiO_2			0,03							
Al_2O_3		1,7	2,9	Spuren						
Fe_2O_3		19,2	21,9	Spuren						
CaO		43,1	47,1	49,4	47,1	28,6				
MgO		16,6	5,1	NIL	3,0	5,0				
K_2O			3,6	2,3	2,4	1,9				
Na_2O			0,4	2,4						
SO_3 (Totalschwefel)		10,7	12,7	21,8	29,0	36,3				
Sulfid-S			NIL							
MnO		vorhanden	Spuren							
C		1,9	0,83							
CO_2		–	0,75							
P_2O_5		Spuren	NIL							
Cl			vorhanden	vorhanden	vorhanden	vorhanden				
Glühverlust		4,0	2,5							
Lösliche Salze			8,9	(8,9)	(7,5)	(2,3)				
Na_2SO_4				5,5	5,4	4,3				
K_2SO_4				4,3	5,5	9,2				
$CaSO_4$				28,5	39,8	50,4				
CaO (K 34 F 5)	37,8	49,6	40,0				32,2		93,0	94,2
CaO (frei)	9,0	4,6	13,2				5,6			88,1
CaO (wärmeabgebend)			13,0					2,0		87,1
Feinheit (% 0,06 mm)	76,8	91,4	83,1				86,4			

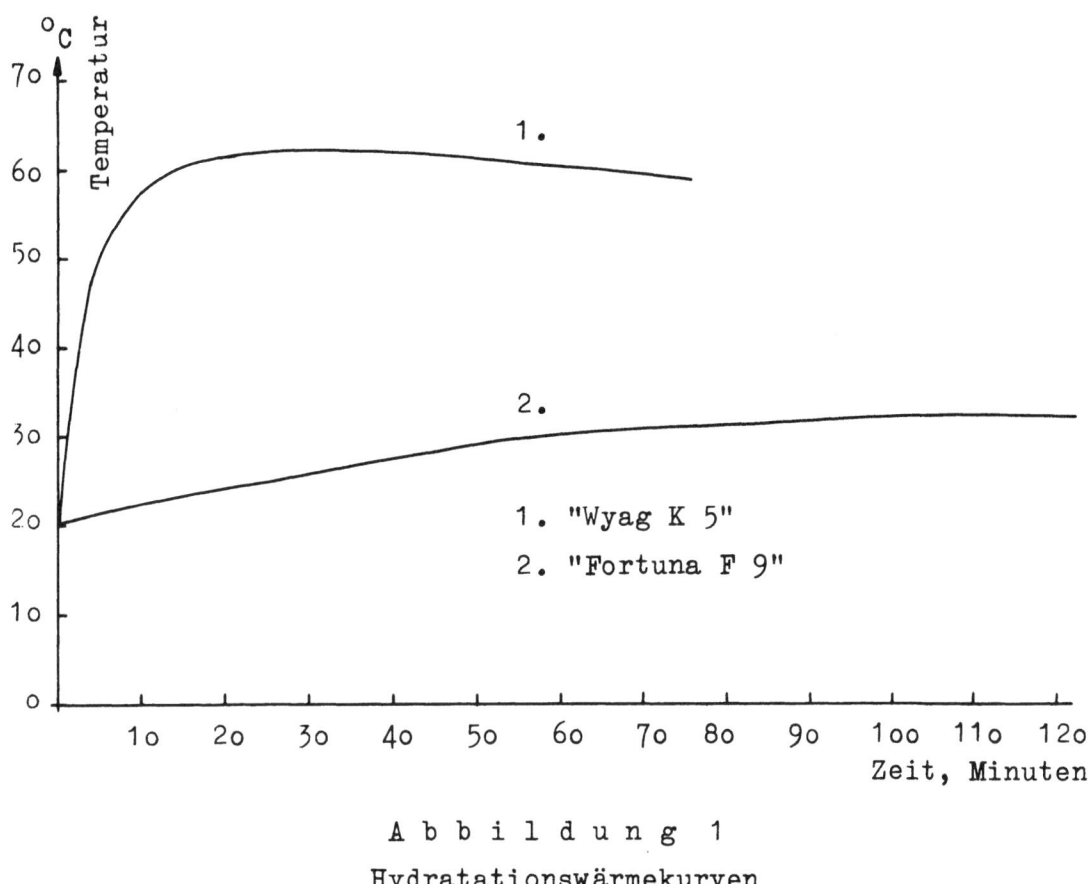

Abbildung 1
Hydratationswärmekurven

die YTONG-Masse, die Braunkohlenfilterasche enthält, dazu, während der Dampfhärtung zu treiben, was darauf beruhen kann, daß ein Teil des freien Kalkes so hochgebrannt ist, daß dieser erst durch Dampfhärten hydratisiert wird (s. unten).

Trotzdem die Filterasche vom "Neuen Werke" ("Fortuna F 9") offenbar mehr als die, die vom "Alten Werke" ("Fortuna F 2, F 3") kommt, ausgebrannt ist, ist der Gehalt an freiem CaO in der ersteren höher als in der letzteren (s. Tab. 2). Diese beiden Eigenschaften bei "F 9" machen, daß diese aus gießtechnischem Gesichtspunkt heraus geeigneter für die YTONG-Herstellung als "F 2" und "F 3" ist.

Außer CaO ist SO_3, gebunden hauptsächlich als Kalcium- und Alkalisulfat, eine der Hauptkomponenten in der Asche. Bei der Herstellung von YTONG darf der Gehalt an SO_3 im fertigen Produkt im allgemeinen 5 % nicht übersteigen. U.a. ist es deshalb notwendig, den Gehalt an Braunkohlenfilterasche des Types, der hier untersucht wurde, bei der Herstellung von YTONG auf bis 40 % zu begrenzen. Außerdem gibt ein allzu hoher Gehalt an

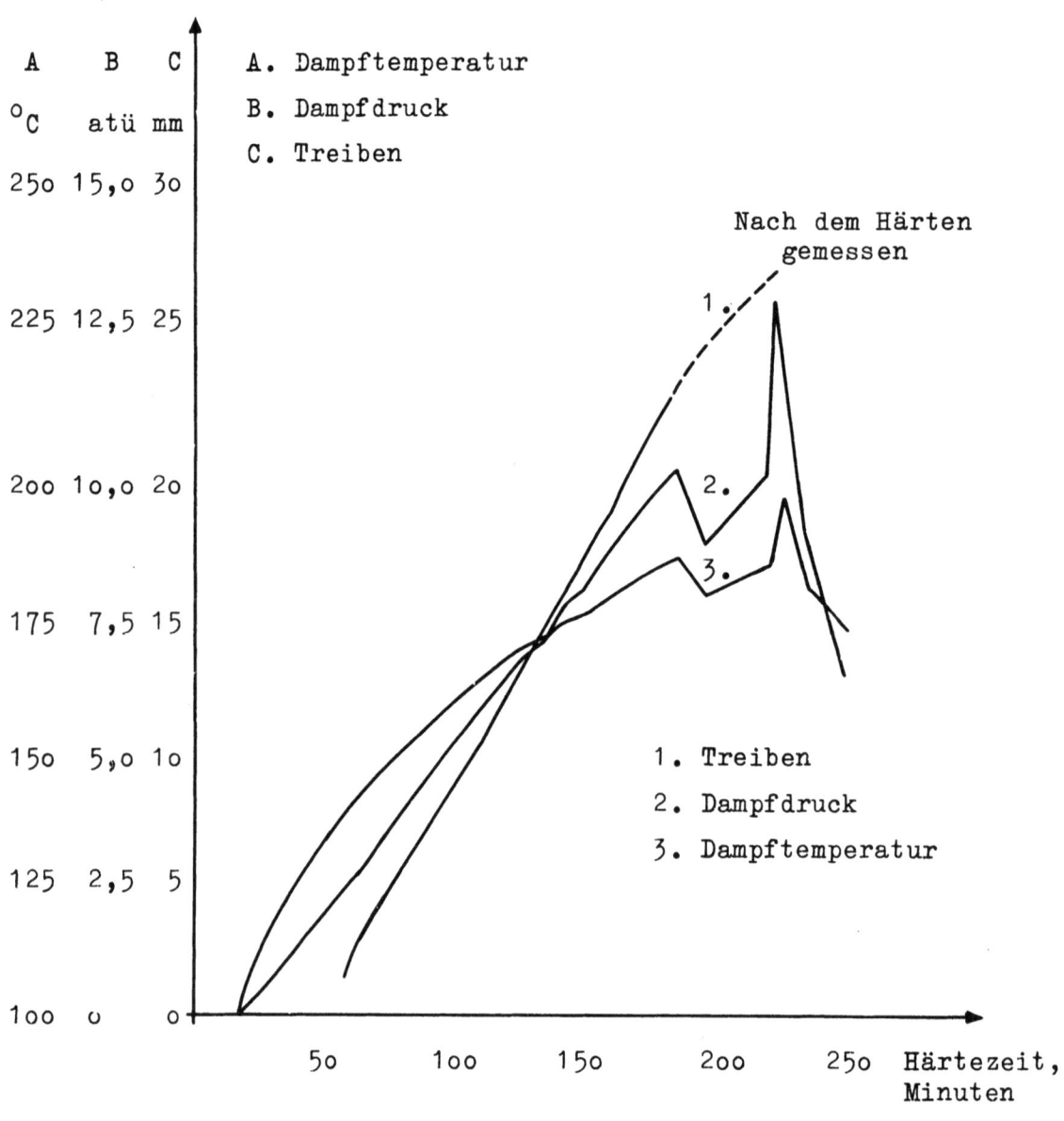

Abbildung 2
Treiben des Gußes Nr. 345/52 beim Dampfhärten

sulfathaltigen Substanzen in der Gießmasse Veranlassung zu schwer zu bemeisternden gießtechnischen Problemen. Als nicht ausgeschlossen ist ebenfalls anzusehen, daß ein anormal hoher SO_3-Gehalt gewisse Abbindungsreaktionen vor dem Dampfhärten verzögern kann, so daß man eine ungünstige Ausgangslage bezüglich des Treibens erhält.

Ein ernster Nachteil, sowohl aus gießtechnischem Gesichtspunkte heraus als auch unter Berücksichtigung der Eigenschaften des gehärteten YTONG-Produktes, sind die großen Variationen in der chemischen Zusammensetzung

Forschungsberichte des Wirtschafts- und Verkehrsministeriums Nordrhein-Westfalen
___

der Braunkohlenfilterasche, vor allem, was den SO_3-Gehalt anbelangt. 1oo Stück Analysen zufolge, die R.E.W. uns mit Brief vom 3o.8.5o zustellte, variiert das salzsäurelösliche SO_3 zwischen ca. 4 und 16 %. Diese Analysen beziehen sich auf die aus dem "Alten Werke" stammende Asche, aber wie es scheint, kommen auch große Variationen in den Eigenschaften der Asche vom "Neuen Werke" vor. Damit eine störungsfreie YTONG-Produktion möglich sein soll, ist es deshalb unbedingt notwendig, die vorhandenen Variationen in der Asche, die für die YTONG-Produktion verwendet werden soll, so auszugleichen, daß die Asche vor allem homogen in Bezug auf Eigenschaften und chemische Zusammensetzung ist. Die maximale Streuung, z.B. in Bezug auf den SO_3-Gehalt, soll bei einer auf diese Weise homogenisierten Asche von der Größenordnung $\pm$ 1 % sein.

In diesem Zusammenhang liegt es nahe, die Möglichkeiten zu untersuchen, den SO_3-Gehalt der Asche durch Waschen oder Wässern herabzusetzen. Eine solche Behandlungsmethode ist jedoch aus zweierlei Gründen ausgeschlossen. Erstens wird hierdurch der freie Kalk in der Filterasche mehr oder weniger gelöscht, wodurch ein präsumtiver Vorteil der Asche vorlorengeht. Außerdem zeigte sich bei einem Laborversuch, daß eine Wasserbehandlung der Asche nur in einer relativ geringen Senkung (ca. 15 %) des SO_3-Gehaltes der Asche resultierte (s. Tab. 2, S. 14o).

Im Anschluß an die Diskussion über den SO_3-Gehalt der Braunkohlenfilterasche soll noch ein Faktor hervorgehoben werden, nämlich die Gefahr für Salzausblühung. Hier in diesem Falle scheinen doch die Eigenschaften bei dem Fortuna-YTONG, der hergestellt wurde, nicht gerade ungünstig zu sein. Der Gehalt an wasserlöslichen Salzen im Fortuna-YTONG, hergestellt mit ca. 4o % Asche, ist 2,3 % (s. Tab. 2), was mit dem Gehalt an wasserlöslichen Salzen im schwedischen Schiefer-YTONG (2 - 4 %) verglichen werden kann. In beiden Fällen bestehen die Salze hauptsächlich aus Kalcium- und Alkalisulfat.

2. Herstellung von YTONG (vgl. Tab. 6)

Wie sich oben zeigte, kann Braunkohlenfilterasche bei der Herstellung von YTONG nur in Kombination mit anderen Rohmaterialien verwendet werden. Es ging ebenfalls hervor, daß man bei Kombination Asche, Sand und Kalk optimale Eigenschaften mit den Mischproportionen 4o % Asche, 5o % Sand und 1o % Kalk erhielt. Die Probegießungen sind deshalb in der Hauptsache

Forschungsberichte des Wirtschafts- und Verkehrsministeriums Nordrhein-Westfalen

auf ein näheres Studium von teils gießtechnischen Verhältnissen, teils technischen Eigenschaften des YTONG-Produktes bei Verwendung von Braunkohlenfilterasche aus dem "Neuen Werke" in oben angeführter Kombination ausgerichtet worden.

Die Probegießungen zeigten ungefähr die gleichen Gäreigenschaften wie bei denen, wo Asche vom "Alten Werke" verwendet wurde, d.h. nach 2o - 3o Minuten waren sie fertiggegoren. Bei einer Gießung mit nur Asche (359/52) wurden 1,3 % Natriumhydroxyd zugesetzt, wodurch die Gärgeschwindigkeit erheblich gesteigert wurde.

Im allgemeinen erreichten die Gießungen Maximaltemperaturen von 4o - 5o°C mit gewöhnlich "mittelmäßigem" Abbinden. Beim Gießen in Fabriksskala kann man damit rechnen, daß die Maximaltemperaturen 5o°C übersteigen werden und vielleicht 7o - 8o°C erreichen.

In Bezug auf die Festigkeit erhielt man als Mittelwert aus 1o verschiedenen Gießungen eine $H\varphi$-Zahl [2] von 164, die einer Würfelfestigkeit von 65 kg/cm² bei einer Trockenrohwichte von o,7 kg/dm³ entspricht (oder 57 kg/cm² bei o,65 kg/dm³). Beim Druckprüfen enthielten die Würfel ca. 1o Raum-% Feuchtigkeit. Im Vergleich mit früheren Prüfungen (K 29 E 3) erhielt man nun etwas bessere Festigkeitseigenschaften.

Das Wasseraufsaugen (gem. SB-2) war von günstiger Größe und mit einer Ausnahme weniger als beim schwedischen Schiefer-YTONG. Nach abgeschlossener Prüfung konnten keine Salzausblühungen beobachtet werden.

Die Frostbeständigkeit (gem. SB-3) war in sämtlichen Fällen gut. Nach 25 mal Gefrieren zeigten die Proben keine oder in einigen Fällen nur unbedeutende Schäden.

Das Schwinden beim Austrocknen (gem. SB-4) vom wassergesättigten zum lufttrocknen Zustande betrug im Mittel o,35 mm/m und muß damit als ganz zufriedenstellend angesehen werden.

Die Witterungsbeständigkeit (gem. SB-2o) kann endgültig erst nach der Prüfung während 12 Monaten beurteilt werden. Früher geprüfter Fortuna-YTONG, der gemäß den nunmehr angewendeten Materialproportionen hergestellt

---

2. Die H-Zahl ist der Ausdruck für die Festigkeitseigenschaften des Materials und wird gemäß Formel $H\varphi = K\varphi(\gamma 0 - o,3)$ berechnet, so $K\varphi$ = Würfelfestigkeit bei φ Vol.-% Feuchtigkeitsgehalt und $\gamma 0$ = Raumgewicht in ausgetrocknetem Zustand bedeutet

wurde, hat sich jedoch in Bezug auf Widerstandsvermögen gegen Verwitterung als gleichwertig mit dem schwedischen Schiefer-YTONG erwiesen (s. Protokoll K 29 E 5).

Als zusammenfassendes Urteil kann gesagt werden, daß der YTONG, der mit Asche aus dem "Neuen Werke" hergestellt wurde, im Durchschnitt bessere technische Eigenschaften zeigte als der YTONG, der früher mit Asche aus dem "Alten Werke" hergestellt worden war.

3. Studium des Treibens der YTONG-Masse während des Dampfhärteprozesses

Aus den Tabellen 4 und 5 geht unmittelbar hervor, daß Asche vom "Neuen Werke" ("F 9") geringeres Treiben während der Dampfhärten verursacht als Asche vom "Alten Werke" ("F 2, F 3"). Dieses Verhältnis gilt im besonderen denjenigen YTONG-Produkten, die mit dem optimalen Gehalt an Asche, Sand und Kalk hergestellt wurden.

Gießung 334/52, nur aus "F 9" hergestellt, wurde mehrere Male mit nachfolgendem Resultate dampfgehärtet (s. Tab. 3).

Tabelle 3

Volumenveränderung bei wiederholten Dampfhärtungen der Gießung 334/52

Teilprozesse	Vorwärmen Stunden	Druckerhöhung Stunden	Hochdruckhärtung Stunden	Drucksenkung Stunden	Höhe der Gießung mm
Vor dem Vorwärmen	-	-	-	-	188
nach dem Vorwärmen	1,0	-	-	-	189
nach der Druckerhöhung	0,17	2,5	-	1,0	218
nach Hochdruckhärtung I	0,17	2,5	3,0	1,0	200
" " II	0,17	2,5	9,0	1,0	198

Wie aus obiger Tabelle hervorgeht, erreichte das Treiben sein Maximum bereits nach der ersten Druckerhöhungsperiode. Ob das Schwinden, daß danach während der ersten Härtung mit Hochdruck eintrat, eine normale Erscheinung,

Forschungsberichte des Wirtschafts- und Verkehrsministeriums Nordrhein-Westfalen

Tabelle 4

Treiben während des Dampfhärtens (Fortuna-Ytong)

Guß-Nr.	Braun-kohlen-filter-asche	Treiben, mm Höhe	Treiben, mm Länge	Treiben, mm Breite	Volumenvergrößerung %	Volumenvergrößerung Mittelwert	Bemerkungen
484/50	F 3	11			6,8	6,2	
485/50	F 3	10			5,5		
490/50	F 3	10			5,2	5,7	
491/50	F 3	12			6,1		
					Mw 5,9		
274/52	F 9	3			1,8		
275/52	F 9	3			1,7	1,1	
353/52	F 9	1			0,6		
354/52	F 9	1			0,6		
358/52	F 9	1			0,6		
355/52	F 9	0	0,4	0,2	2,8	3,1	Die Seiten saubergeschnitten. Säge-schnitt quer durch den Forminhalt.
355/52	F 9	0	0,2	0,5	3,3		
356/52	F 9	1	0,1	0,2	1,9	1,9	Die Längsseiten saubergeschnitten. Sägeschnitt quer durch den Formin-halt
356/52	F 9	1	0,3	0,0	1,9		
357/52	F 9	0	0,2	0,3	1,9	2,0	Die Schmalseiten saubergeschnitten. Ein 10 mm breiter Sägeschnitt quer durch den Forminhalt
357/52	F 9	0	0,4	0,1	2,1		
370/52	F 9	9			1,8	1,8	Holzform 50 x 25 x 25 cm
371/52	F 9	6			1,3	1,3	
					Mw 1,7		

Forschungsberichte des Wirtschafts- und Verkehrsministeriums Nordrhein-Westfalen

Tabelle 5

Treiben während des Dampfhärtens (Braunkohlenfilterasche)

Guß-Nr.	Braun-kohlen-filter-asche	Treiben, mm Höhe	Treiben, mm Länge	Treiben, mm Breite	Volumenvergrößerung %	Volumenvergrößerung Mittelwert	Bemerkungen
448/50	F 3	36			19,7	} 22,4	
449/50	F 3	43			25,1		
349/52*)	F 2	17	22	18	23,9		Die Seiten saubergeschnitten
					Mw 22,9		
278/52	F 9	27			14,5	} 11,9	
279/52	F 9	20			10,3		
335/52	F 9	20			10,9		
334/52	F 9	30			16,0	} 16,9	
336/52	F 9	34			18,8		In Laborkessel gehärtet
345/52	F 9	27			15,8		
347/52*)	F 9	15	13	14	18,3		Die Seiten saubergeschnitten
348/52	F 9	15			8,8		Mit Deckel gehärtet
359/52	F 9	10	25	10	16,2		Die Seiten saubergeschnitten. 200 g NaOH zugefügt
					Mw 14,4		

*) Diese Güsse wurden zu knapp saubergeschnitten, da sie nach dem Dampfhärten bis auf die Formseiten getrieben waren

Forschungsberichte des Wirtschafts- und Verkehrsministeriums Nordrhein-Westfalen

bedingt durch konstanten Überdruck und Temperatur ist, oder ob dies auf den wiederholten Erhöhungen und Senkungen an Druck beruhte, geht leider nicht direkt aus diesem Versuche hervor. Wenn jedoch die maximale Höhe (218 mm) als diejenige angenommen wird, die man bei normalen Dampfhärteverfahren erhalten würde, betrug das Treiben 16,0 Vol.-%. Dieser Wert stimmt mit dem früher ermittelten Mittelwert überein (14,4 Volumen-%, s. Tab. 5).

Beim Härten der Gießung Nr. 345/52 (100 % "F 9") wurde das Treiben kontinuierlich während der Druckerhöhungsperiode (s. Abb. 3, S. 131) gemessen. Es geht deutlich hervor, daß das kräftige Treiben beginnt, wenn der Druck im Autoklaven ca. 0,5 atü (Temp. ca. 110°C) ist und danach so gut wie geradlinig während der ganzen Druckerhöhungsperiode vor sich geht. Das totale Treiben betrug bei diesem Versuch 15,8 Volumen-%, auch dieser Wert stimmt mit dem Mittelwert der gesamten "F 9"-Gießungen überein.

Beide genannten Versuche zeigen deutlich, daß das Treiben, das während des Dampfhärtens bei der Herstellung von Fortuna-YTONG aufkommt, ganz und gar während der Druckerhöhung beim Dampfhärten gemäß einem normalen Schema erfolgt.

Der Effekt eines veränderten Härteschemas wurde an der Gießung 371/52 studiert; diese wurde mit verlängerter Vorwärmung (24 Stunden bei 100°C und Atm.Druck) dampfgehärtet. Der Zweck war, zu untersuchen, ob man erreichen konnte, daß die Treibreaktion während des zeitigen Stadiums, wo die Masse noch eine plastische Konsistenz hat, vor sich ging. Eine gewisse, wenn gleich nicht ganz bezeichnende Abnahme des Treibens konnte hierbei im Vergleich mit einer gleichwertigen Gießung (370/52), die gemäß normalem Schema dampfgehärtet wurde, festgestellt werden.

Der Versuch, das Treiben durch gewichtsbelastete Deckel auf der Gießung 347/52 zu verhindern, ergab kein positives Resultat.

4. Z u s a m m e n f a s s u n g

a) Ein aus technischem Gesichtspunkt heraus einwandfreies YTONG-Produkt konnte auf Basis der Rohmaterialkombination 40 % Braunkohlenfilterasche vom "Neuen Werke", 50 % Sand und 10 % Kalk hergestellt werden.

b) Eine wesentliche Vermehrung des Zusatzes an Asche über die oben angegebenen 40 % hinaus ist ohne Verschlechterung der technischen Eigenschaften

Forschungsberichte des Wirtschafts- und Verkehrsministeriums Nordrhein-Westfalen

Tabelle 6

Zusammenstellung der Meßergebnisse bei den Probegießungen

Guß Nr.	Datum 1952	Mehlzusammensetzung Gew.-% Fortuna F9	S5	Dylta K8	Mehlfeinheit Gew.-% < 0,09 Fortuna F9	S5	Dylta K8	CaO (K3AP5) Gew.-%	WM	AM	Alupulversorte	Lufthärtung Std.	Abbindeeigenschaften A)	Höhe beim Gießen, mm	Gärzeit, Min. B)	Max. Temp. °C	Max. Höhe v.d. Härtung, mm	Höhenvergrößerung w.d. Härtens	Porenstruktur C)	Poren-Vol.-%	$K\varphi$ kg/cm²	γ_0 kg/dm³	$H\varphi$	$H\varphi$ Mittelwert	Wasseraufsaugung, Raum-% D)	Schwinden °/oo E)	Frostbeständigkeit F)	G)	Salzausblühungen H)	Bemerkungen
274	27. 6.	40	50	10	90,5	67,4	71,1		0,472	0,63	Eck.A4	19,0	M	90	5,5	44,5	164	+ 3	MG	11	51,9	0,65	148	}157						
275	27. 6.	40	50	10	90,5	67,4	71,1		0,500	0,68	"	19,0	M	100	5,0	47,0	181	+ 3	MG	12	59,5	0,66	165							
276	27. 6.		90	10		86,4	71,1		0,507	0,68	"	18,0	M	99	3,5	41,5	173	+ 2	MG	12	25,2	0,65	72	}75						
277	27. 6.		90	10		86,4	71,1		0,536	0,71	"	18,0	M	105	4,0	43,8	180	+ 3	MG	12	26,4	0,64	78							
278	27. 6.	100			90,5			40,0	0,607	0,61	"	22,0	B	102	6,0	45,0	186	+ 27	G	10	10	0,60								
279	27. 6.	100			90,5			40,0	0,614	0,61	"	21,5	B	108	7,0	45,0	195	+ 20	G	10	10	0,60								
334	27.10.	100			90,5				0,66	0,60	G12A1 6	19,5	D	125		34,0	188	+ 30												I)
335	28.10	100			90,5				0,66	0,60	"	19,0	D	120	27,0	41,5	184	+ 20												
336	29.10	100			90,5				0,66	0,60	"	20,5	D	122		41,8	181	+ 34												J)
345	3.11.	100			90,5				0,66	0,60	"	21,0	D	103		42,5	171	+ 27												K)
347	7.11.	100			90,5				0,66	0,60	G12A1 7	29,5	D	119	17,0	42,0	177+	+ 15												L)
348	7.11	100 F2			90,5				0,66	0,60	"	29,0	D	122	17,0	42,0	175	+ 15												M)
349	7.11	100 F2			76,8				0,53	0,60	"	29,0	D	117	8,0	46,0	186+	+ 17												
359	14.11.	100			90,5				0,66	0,60	"		M	128		43,5	194	+ 10												N)
353	13.11.	40 S5	50	Wysg K5 10	90,5 Wysg K5	68,0 S5	87,1	25,4	0,51	0,68	Eck.A5	58,0	M	101	4,8	43,0	173	+ 1	MG	11	69,5	0,67	188	}179	12,9	0,38	23	<1	0	
354	13.11.	40	50	10	90,5	68,0	87,1	25,4	0,51	0,68	"	57,0	M	99	8,3	40,8	171	+ 1	MG	10	65,0	0,69	167		11,1	0,36	-	0	0	
358	13.11.	40	50	10	90,5	68,0	87,1	25,4	0,51	0,68	"	54,5	M	101	4,7	45,5	174	+ 1	MG	12	70,5	0,69	181		10,5	0,34	4	<1	0	
555	13.11.	40	50	10	90,5	68,0	87,1	25,4	0,51	0,68	"	57,0	M	100	6,0	44,3	172	± 0	MG	10	61,0	0,68	161		12,7	0,34	10	<1	0	O)
556	13.11.	40	50	10	90,5	68,0	87,1	25,4	0,51	0,68	"	55,0	M	100	6,0	42,5	175	+ 1	MG	11	61,2	0,69	157		10,4	0,41	-	0	0	P)
557	13.11.	40	50	10	90,5	68,0	87,1	25,4	0,51	0,68	"	55,0	M	101	5,8	41,8	173	± 0	MG	11	66,8	0,68	181		9,7	0,36	-	0	0	Q)
370	1.12.	40	50	10	90,5	68,0	87,1	25,4	0,52	0,72	"	21,0	M	300		53,3	500	+ 9	MG	10	48,3	0,68	127		16,8	0,26	4	0	0	R)
371	2.12.	40	50	10	90,5	68,0	87,1	25,4	0,48	0,76	"	19,0	M	290		52,0	446	+ 6	D	13	83,6	0,82	161		23,5	0,56	1	0	0	S)

A) B = Gutes; M = Mittelmäßiges; D = Schlechte. B) Gärzeit für die ersten zwei cm. C) G = Gutes; MG = Mitteleinwandfreies D = Schlechte. D) Nach 72 Stunden Austrocknen gemäß SB-2. E) Nach Austrocknen bei 20°C und 45 % rel. Luftfeuchtigkeit gemäß SB-4. Mittelwert aus zwei Proben. F) Anzahl Gefrieren vor dem ersten Schaden. G) Abblätterungen nach 25 Gefrieren Raum-%. H) "O" = Nichts oder Spuren. I) In Laborkessel gehärtet. Messung der Gußhöhe nach verschiedenen Härtezeiten. J) In Laborkessel gehärtet. K) In Laborkessel gehärtet. Das Treiben wurde innerhalb des Kessels gemessen. L) Wie Original-Ytong. I) In Laborkessel gehärtet. Der Forminhalt wurde an den Seiten sauber geschnitten. M) In Laborkessel gehärtet. Der Form wurde mit einer Eisenscheibe bedeckt. N) 1,5 % NaOH zugefügt. O) Der Forminhalt wurde an den Seiten sauber geschnitten. Ein Sägeschnitt quer über den Forminhalt. P) Der Forminhalt wurde an den Längsseiten sauber geschnitten. Ein Sägeschnitt quer über den Forminhalt. Q) Der Forminhalt wurde an den Seiten sauber geschnitten. Ein 10 mm breiter Sägeschnitt quer über den Forminhalt. R) In Holzform gegossen. S) In Holzform gegossen. Vorwärmen 24 Std. WM = Wassermenge / Mehlmenge , AM = Alupulvermenge / Mehlmenge x 1000

der YTONG-Produkte nicht möglich. Der Grund hierzu liegt u.a. am Verhalten SiO_2 : CaO in der Asche sowie am hohen SO_3-Gehalt der Asche.

c) Ein gewisses Treiben (ca. 1,2 % der Länge) der YTONG-Masse erfolgt während des Dampfhärtens. Bei normalem Dampfhärteschema erfolgt das Auftreiben ganz und gar während der Druckerhöhungsperiode. Die Neigung zum Treiben ist bei der Asche vom "Neuen Werke" geringer als bei der Asche vom "Alten Werke".

d) Größter Nachteil des Treibens dürften die Schwierigkeiten sein, Produkte mit den erforderlichen Maß-Toleranzen herzustellen. Das Treiben kann vielleicht durch sorgfältige Auswahl der Asche für die YTONG-Produktion oder durch Veränderungen des Dampfhärteschemas vermindert werden.

e) Eine unerläßliche Forderung für eine störungsfreie YTONG-Produktion ist, daß die Eigenschaften der Rohmaterialien, und da vor allem der der Asche nur innerhalb enger Grenzen variieren. Anordnungen für Homogenisierung der Asche müssen deshalb vorausgesehen werden.

f) Die Untersuchungen haben also gezeigt, daß es aus chemischtechnischem Gesichtspunkt heraus möglich ist, ein gutes YTONG-Produkt mit Braunkohlenfilterasche als wesentliche Komponente herzustellen. Unter Berücksichtigung der herrschenden Unsicherheit, vor allem was die Eigenschaften der zur Verfügung stehenden Asche und die dadurch verursachten herstellungstechnischen Probleme inkl. des Treibproblemes anbelangt, ist es jedoch nicht möglich, eine YTONG-Produktion nur auf die bisher erreichten Erfahrungen zu basieren. Die Untersuchungen müssen also in Form von Versuchsherstellungen in halbgroßer Skala fortgesetzt werden und diese sollten nach R.E.W. verlegt werden, denn nur dort kann das Einwirken sämtlicher lokaler Verhältnisse zufriedenstellend studiert werden.

März 1953   International YTONG Co AB, Stockholm

Forschungsberichte des Wirtschafts- und Verkehrsministeriums Nordrhein-Westfalen

VII. Versuchsgießungen mit Braunkohlenfilterasche des "Rheinischen Elektrizitätswerkes im Braunkohlenrevier A.G. Köln" zur Herstellung von Leichtbeton

1. Im August 1953 wurden uns vom Kraftwerk "Fortuna" 1o to Braunkohlenflugasche zur Verfügung gestellt. Mit dieser Asche sollten Leichtbeton-Gießungen, entsprechend dem YTONG-Verfahren in großen 2 cbm Formen durchgeführt werden.

Entsprechende Vorversuche mit kleinen Laborgießungen waren bereits im Ytong-Labor in Hällabrottet (Bericht K 29 E 3 vom 26.1.1951 und Bericht K 29 E 4 vom 31.3.1953) und im Ytong-Labor Watenstedt (Bericht Dr. LAUBENHEIMER vom 11.8.1952) ausgeführt worden.

In Hällabrottet wurden Mischungen mit etwa 18 kg Feststoff und in Watenstedt solche mit nur 6 kg Feststoff hergestellt.

T a b e l l e 1

Großversuch Porenbeton-Gießungen mit Braunkohlenfilterasche des "Rheinischen Elektrizitätswerkes im Braunkohlenrevier A.G. Köln"
Kraftwerk: "Fortuna"

Lfd. Nr.		BFA	Sand	Schl.	Kalk	Ges. Feststoffmenge F	Alupulver g	Ges. Wasser W	H_2O Faktor W/F	Steife	Freistd. i.d. Form cm
1	2	3	4	5	6	7	8	9	1o	11	12
1	kg %	550 33,2	500 31,2	350 21,9	220 13,7	162o 1oo	11oo	11oo	0,68	+ 6	1o
2	kg %	500 34,0	450 30,6	300 20,4	220 15,0	147o 1oo	850	823	0,56	+ 8	18
3	kg %	550 34,4	500 31,2	350 20,0	200 15,0	1600 1oo	950	82o	0,51	+ 4	16
4	kg %	525 35,0	450 30,0	300 20,0	225 15,0	1500 1oo	850	675	0,44	+ 2	18
5	kg %	675 45,0	600 40,0	- -	225 15,0	1500 1oo	900	675	0,44	- 3	18
6	kg %	525 35,7	450 30,4	300 20,3	200 13,6	1475 1oo	920	677	0,46	+ 5	2o
7	kg %	600 40,0	750 50,0	- -	150 10,0	1500 1oo	900	72o	0,48	+ 7	18

Forschungsberichte des Wirtschafts- und Verkehrsministeriums Nordrhein-Westfalen

T a b e l l e 1 (Fortsetzung)

Lfd. Nr.	Anst. Zeit Std.	Max. Temp. °C	Kappenhöhe cm	Raumgewicht		Druckfestigkeit kg/cm²	Treiben b. Härten cm	Bemerkungen
				naß	trock.			
1	6,5	72	-2	0,98	0,81	64,2	1,2	Risse i.d.Randsteinen ca.15% nicht immer d. d. ganzen St.Porenstruktur sehr ungleichmäß.BFA u. Kalk nicht homogen gemischt
2	6,0	69	-5	0,94	0,71	61,6	1,0	
3	5,5	72	-3	0,98	0,67	68,3	1,4	
4	1,0	83	+1	0,81	0,68	44,8	1,3	Gute Porenstruktur et-etwa 25% Rißbildung in Längs- und Querrichtung BFA und Kalk nicht homogen gemischt
5	1,0	81	+2	0,73	0,60	34,2	1,6	
6	1,5	76	-3	0,84	0,64	47,0	1,3	
7	3,0	67	+2	0,83	0,71	42,9	1,8	Struktur gut, starkes Treiben Steine bauchig, 35 % Risse. BFA und Kalk nicht homogen gemischt

Für den Großversuch (s. Tab. 1) werden in Duisburg für die Füllung einer 2 cbm Form 1500 - 1600 kg Feststoff benötigt. Bei dieser enormen Vergrößerung der Feststoffmenge konnten natürlicherweise die in Kleinversuchen festgestellten Versuchsbedingungen nicht ohne weiteres ins Große übertragen werden. So ergaben sich beispielsweise für den Wasserfaktor, für die erforderliche Aluminiummenge und vor allem für den Wärmehaushalt erhebliche Abweichungen von den Kleinversuchen.

a) Wasserfaktor

Bei den Kleinversuchen in Watenstedt betrug der Wasserfaktor 0,70-0,93. Als besonders günstig wurde der Wasserfaktor 0,75 ermittelt (= 1126 l Wasser für 1500 kg Feststoff). Mit diesem Wasserfaktor wurden in Duisburg die ersten Gießungen gemacht. Die Mischung erwies sich jedoch als viel zu dünnflüssig, sie lief nach dem Hochgehen in großen Mengen über den Formrand, erreichte keine Standfestigkeit und fiel dann völlig zusammen. Nach mehreren Versuchen wurde ein Wasserfaktor von 0,45 (= 625 l für 1500 kg) als brauchbar festgestellt.

b) Aluminiumpulver

Ähnlich verhielt es sich mit dem Aluminiumpulver. Im Kleinversuch in Watenstedt wurde eine Menge von 0,15 % Alupulver als brauchbar ermittelt.

Als günstige Alumenge bei unseren Versuchen wurde gefunden 900 g auf 1500 kg Feststoff, das sind 0,06 %.

c) Temperatur

Bei den Watenstedter Versuchen stieg die Temperatur bei der Gärung und Ansteifung maximal bis 52°C. Dadurch ergaben sich sehr lange Ansteifzeiten (ca. 4 - 5 Stunden) bis die Masse sägereif war. Bei den hiesigen Großversuchen stieg die Temperatur maximal bis etwa 80°C. Bei entsprechend niedrigem Wasserfaktor ergaben sich Ansteifzeiten von 1 - 1,5 Stunden, also etwa ein Drittel weniger als bei den Kleinversuchen. Nachdem durch die ersten orientierenden Probegießungen, die als Abfall ausgeschieden werden mußten, einigermaßen brauchbare Gießbedingungen ermittelt waren, wurden weitere 7 Gießungen à 2 cbm hergestellt, die zu Blockmaterial verarbeitet wurden. Die Versuchsdaten dieser Gießungen sind in der beigefügten Tabelle zusammengestellt. Bei den Gießungen 1 - 6 wurden die günstigsten Rezepturen von Watenstedt verwendet, wobei der Kalkanteil etwas variiert wurde und zwar von 12,5 - 15 %. Für den Verlauf der Gärung und Ansteifung ist dieser Einfluß jedoch gering. Einen weit größeren Einfluß hat der Wasserfaktor ($W/F = \frac{Wasser}{Feststoff}$). Die Ansteifzeiten verlängern sich sehr mit steigendem Wassergehalt, z.B. Wasserfaktor 0,44 ergibt eine Ansteifzeit von ca. 1 Stunde. Bei einem Wasserfaktor von 0,68 benötigt man jedoch 6 Stunden Ansteifzeit (s. Tab. 2).

Tabelle 2

W/F Wasserfaktor	Ansteifzeit in Stunden
0,44	1
0,46	1,5
0,48	3
0,51	5,5
0,56	6,0
0,68	6,5

Forschungsberichte des Wirtschafts- und Verkehrsministeriums Nordrhein-Westfalen

Die ermittelten Druckfestigkeiten und Trockenraumgewichte sind nicht direkt miteinander vergleichbar, wegen der sehr unterschiedlichen Gärhöhen bzw. Kappenhöhen, die sich bei den Versuchen ergaben. Dadurch wird das Raumgewicht bei gleichem Feststoffgehalt einmal leichter (Kappenhöhe + 1 oder + 2 cm) und einmal schwerer, wenn die Gärung nicht bis zum Rand stieg bzw. zurücksank (-3 oder -5 cm). Die Gießungen Nr. 5 und Nr. 7 wurden ohne Hochofenschlacke gemacht. Nr. 5 mit erhöhtem Flugaschegehalt (45 % BFA) und Nr. 7 mit der in Hällabrottet ermittelten günstigsten Rezeptur (40 BFA, 50 Sand und 10 % Kalk).

Diese beiden Gießungen zeigten beim Härten besonders starke Treibererscheinungen. Etwa 25 % der Steine hatten starke Risse.

Die Gießung Nr. 7 ergab eine höhere Druckfestigkeit (42,9 kg/cm^2) als Nr. 5 (34,2 kg/cm^2), so daß die in Hällabrottet ermittelte Rezeptur (40/50/10) als besonders günstig anzusprechen ist.

Die Gießungen mit Hochofenschlacke ergaben in allen Fällen höhere Druckfestigkeiten, was auch schon bei den Versuchen in Watenstedt festgestellt wurde. Für diesen Fall kann man folgende Zusammensetzung als günstig ansehen: 35 BFA, 32 Sand, 21 Hochofenschlacke, 12 Kalk.

2. Allgemeines

Im Hinblick auf die erzielbaren Druckfestigkeiten und bezüglich des Verhaltens beim Gären und Ansteifen haben die Versuche gezeigt, daß die Braunkohlenflugasche für die Herstellung eines Porenbetons verwendungsfähig ist. Nach diesen günstigen Aspekten müssen jedoch auch die Mängel und Nachteile aufgezeigt werden, die bei diesen Versuchen beobachtet werden konnten und für deren Behebung noch besondere Maßnahmen gefunden werden müßten. Ein Nachteil sei erwähnt, der durch unsere spezielle Betriebsanlage bedingt ist, der aber durch andersartige Maschinen und Verfahren behoben werden kann. Mit unserem Mischer gelingt es nicht die BFA und den Kalk zu einer einwandfreien homogenen Mischung zu vereinigen. An dem gehärteten Fertigprodukt kann man deutlich die kugeligen Einschlüsse von nicht vermischter BFA und die weißen Einschlüsse von Kalk erkennen. Es wurde bei den Mischungen so verfahren, daß zuerst die Hälfte der erforderlichen Wassermenge eingefüllt wurde, hierauf wurde die halbe Menge Flugasche zugegeben. Anschließend die zweite Hälfte Wasser und der Rest Flugasche. Dazu kam dann der Sand- und Schlackenschlamm. Als nächstes

Forschungsberichte des Wirtschafts- und Verkehrsministeriums Nordrhein-Westfalen

wurde die Kalkmenge (in Teilportionen) und zum Schluß das Aluminium zugegeben. Als nach den ersten Mischungen die Einschlüsse von BFA und Kalk festgestellt waren, wurden die Mischzeiten verlängert und zwar von 5 Minuten bis 12 Minuten. Die Menge der Einschlüsse hat sich dadurch jedoch nicht merklich verringert. Eine homogene Mischung der Komponenten in dünnbreiiger Form gelingt also mit unserem Mischer nicht. Für den Fall einer großtechnischen Anwendung müßte man anders vorgehen; am besten wohl so, daß man die Komponenten bereits trocken vermischt. Das Mischen in Schlammform wäre nur durch einen intensiv wirkenden Zwangsmischer zu erreichen; was erst durch Vorversuche festgestellt werden müßte.

Die bei den Vorversuchen in Hällabrottet und in Watenstedt festgestellten Ausblühungen zeigen sich auch bei den im Großversuch hergestellten Steinen.

Prismen, die ca. 3 cm tief im Wasser stehen, zeigen am Kopfende starke Ausblühungen nach 2 - 3 Tagen, und zwar ohne Unterschied, ob ohne oder mit Hochofenschlacke gegossen war. Diese Ausblühungen können beim praktischen Gebrauch der Steine nachteilige Auswirkungen mit sich bringen (Durchschlagen durch den Putz, weiße Verfärbung, Treiberscheinungen und Abplatzen von Putzflächen).

Die Ausblühneigung wird noch unterstützt durch die Eigenschaft der starken Wassersaugung, die der BFA-Porenbeton im besonderen Maße hat. Durch die kapillare Wassersaugung vollzieht sich ein erheblicher Wassertransport im Inneren des Steines. Dieses Wasser bewirkt eine Extraktion der löslichen Bestandteile, die sich dann beim Verdunsten des Wassers an der Oberfläche abscheiden.

Der unangenehme Nachteil des BFA-Porenbetons dürfte jedoch das Treiben der Masse bei der Dampfhärtung sein. Die Steine gehen sowohl in der Höhe als auch in der Breite auseinander. Die Seitenwände werden dadurch bauchig gewölbt, besonders die Reihen am Rande der Gießform. Dieses Treiben bewirkt alle Arten von Rißbildung im Gefüge, vom Haarriß bis zum durchgehenden Bruchriß. Bei den Gießungen 1, 2 und 3 hatten ca. 15 % der Steine Bruchrisse, der Rest kleinere Risse und Haarrisse, die nicht durchgingen. Bei den Gießungen 4, 5 und 6 waren etwa 25 % Bruchrisse und bei Gießung 7, mit 40 % BFA hatten etwa 35 % der Steine Bruchrisse. Man erkennt daraus, daß ein Gehalt von 40 % Flugasche sich schon nachteilig auswirkt. Bei 35 % BFA wird praktisch die oberste Grenze erreicht sein.

3. Zusammenfassung

Die Versuche haben gezeigt, daß das Gießen eines Porenbetons mit Braunkohlenfilterasche im Prinzip in großen 2-cbm-Formen möglich ist. Die Einzelprozesse wie das Mischen, die Gärung und das Ansteifen können so gesteuert werden, daß man eine schneid- und härtbare Grundmasse erhält. Für das Mischen von BFA und Kalk müßten andere Betriebsanlagen, wie die in Duisburg vorhandenen, gewählt werden.

Das fertig gehärtete Endprodukt ist jedoch in verschiedener Hinsicht noch unbefriedigend.

Für eine Serienfabrikation müßte unbedingt erst ein Verfahren gefunden werden, um das Treiben bei der Dampfhärtung zu verhindern, sonst wird es nicht möglich sein, ein maßhaltiges und rissefreies Steinmaterial herzustellen.

Die nachteiligen Eigenschaften, wie Wassersaugung und Ausblühungen können vielleicht nicht beseitigt werden, sie würden jedoch für einen beschränkten Anwendungsbereich des Materials nicht so sehr ins Gewicht fallen.

Der BFA fehlt die zur Erreichung einer gewissen Mindestdruckfestigkeit notwendige Kieselsäure. Man wird daher stets einen hohen Prozentsatz eines SiO_2-haltigen Stoffes zusetzen müssen. Dadurch begrenzt sich automatisch der Gehalt an Braunkohlenfilterasche auf etwa 35 %. Die Verwendung von Hochofenschlacke zur Verbesserung der Gesamtqualität ist zu empfehlen.

Februar 1954   Westdeutsche Ytong A.G., Duisburg

Forschungsberichte des Wirtschafts- und Verkehrsministeriums Nordrhein-Westfalen

VIII. Ergebnisse der Versuche mit Braunkohlen-Filterasche (Schaumbetonverfahren)

1. Allgemeines

Die Braunkohlenasche hat, abgesehen von ihrer Verwertung durch Herstellung von Mörtelbindern, die bisher jedoch in beschränktem Umfange hergestellt und verwendet werden, noch keine geeignete Verwendungsmöglichkeit gefunden. Dies mag wesentlich mit ihrer wechselnden Zusammensetzung und den Eigenschaften ihrer Bestandteile zusammenhängen, ist doch die Braunkohlenasche im allgemeinen ein Stoff, der durch seinen Gehalt an freiem Kalk, Gips und hydraulischen Anteilen drei Bindemittelarten in wechselnder, kaum einwandfrei zu ermittelnder Menge in sich vereinigt, die jede für sich einen wertvollen Baustoff darstellen, in Verbindung miteinander aber nicht in jedem Mengenverhältnis verträglich sind. Hinzu kommt ein meist beträchtlicher Magnesiagehalt, der sich infolge der Bildungsbedingungen der Asche anders verhält, als z.B. in dolomitischen oder Dolomitkalken.

Zur Zeit sind unsere Erkenntnisse über die Zusammensetzung der Braunkohlenaschen zweifellos noch so lückenhaft, daß man auf Grund einfacher chemischer und physikalischer Untersuchungen noch keine Voraussagen über ihr Verhalten, z.B. als Mörtelbindemittel oder als Bestandteil eines Bauelementes, machen kann. Man ist also wesentlich auf die Empirie, d.h. die Ergebnisse von dem vorgesehenen Verwendungszweck unmittelbar dienenden Erprobungen und die dabei gewonnenen Erfahrungen angewiesen. In dieser Weise sind unsere bisherigen Untersuchungen durchgeführt und die dabei gewonnenen Erkenntnisse ausgewertet worden.

2. Versuchsergebnisse

a) Beschaffenheit der Braunkohlen-Filterasche

1) Chemische Zusammensetzung

Glühverlust	4,0 %
Unlösliches	17,0 %
Lösliches SiO_2	2,3 %
CaO ges.	38,5 %
CaO wasserlöslich	(14,6 %)
Tonerde	5,2 %
Eisenoxyd	12,3 %
Magnesia	10,1 %
SO_3	10,2 %
	99,6 %

Neben einer Gesamtanalyse, welche mit 99,6 % die wesentlichen Bestandteile der Asche wiedergibt, ist der Gehalt an freiem wasserlöslichen Kalk in der Weise bestimmt worden, daß 1 g Asche mit 500 cm^3 destilliertem Wasser 3 Stunden unter wiederholtem Schütteln behandelt wurde, worauf das klare Filtrat mit 1/10 n-Salzsäure gegen Phenolphtalein titriert wurde. Auf Grund des festgestellten SO_3-Gehaltes würde sich rechnerisch ein Gehalt von rund 17 % Gips ($CaSO_4$) ergeben. Der Rest des Gesamtkalkes wäre in Verbindung mit einem Teil des Glühverlustes, der Kieselsäure, Tonerde und dem Eisenoxyd zu bringen. So stellt die Asche ein Gemisch aus freiem Kalk, Gips und hydraulischen Anteilen neben reichlich Magnesia und unlöslichen Bestandteilen dar, die zum Teil aus Sand bestehen. Der Gehalt an Unverbranntem ist äußerst gering.

2) F e i n h e i t

Rückstand auf dem Sieb:	900 M	4900 M	10000 M
	1 %	4 %	8 %
	0,2 mm	0,09 mm	0,06 mm

Die Siebanalyse zeigt, daß es sich um eine sehr feine Asche handelt.

3) S c h ü t t g e w i c h t

Lose eingelaufen 550 g/dm^3.

4) R a u m b e s t ä n d i g k e i t

Nach den Zementnormen mit 41 % Wasser hergestellte Kuchen aus reiner Filterasche bestanden bereits nach 8 Stunden die Kochprobe, zerfielen dagegen bei der Prüfung im Autoklaven bei 11 atü auch nach 5 Tagen völlig. Bei Wasserlagerung trat im Laufe eines halben Jahres geringe Verkrümmung des Kuchens und oberflächliche Netzrißbildung ein. Die Festigkeit des Kuchens nach dieser Zeit war nur mäßig.

Das Verhalten der Asche bei der Raumbeständigkeitsprüfung ist offenbar eine Folge des hohen Magnesiagehaltes.

b) Die Eignung der Braunkohlen-Filterasche zur Herstellung dampfgehärteter Bauelemente

Die chemische Zusammensetzung der Asche läßt ihre Anwendung als Bindemittel anstelle von Kalk und Zement bei der Herstellung dampfgehärteter Baustoffe als möglich erscheinen, da ihr Gehalt an freiem Kalk und hydraulischen Anteilen und ihre große Feinheit hierfür günstige Voraussetzungen

Forschungsberichte des Wirtschafts- und Verkehrsministeriums Nordrhein-Westfalen

sind. Der Gipsgehalt ist nach unseren bisherigen Untersuchungen und Erfahrungen nicht störend, jedoch kann der hohe Magnesiagehalt die Raumbeständigkeit des Baustoffes unter Umständen erheblich beeinträchtigen und schon während des Härtevorganges zu unerwünschten Treiberscheinungen führen, welche zumindest die Festigkeit des Erzeugnisses beeinträchtigen, wenn sie es nicht durch Rißbildung sogar völlig unbrauchbar machen.

Als Kieselsäureträger haben wir bei unseren Versuchen verschiedene Quarzmehle verwendet, die wie folgt gekennzeichnet sind:

Quarzmehl Bezeichnung	SiO_2	Rückstand 900 M	% auf dem Sieb	
			4900 M	10000 M
I [1]	ca. 95	0	1	2
II	ca. 99	3	34	58
III	ca. 99	1	16	34
IV	ca. 99	0	0,3	3

Schon bei den ersten Versuchen, für welche wir Gemische aus 70 Gewichtsteilen Asche und 30 Gewichtsteilen Quarzmehl I bzw. 60 Gewichtsteilen Asche und 40 Gewichtsteilen Quarzmehl I verwendeten, traten an den aus diesen Mischungen hergestellten Schaumbetonkörpern während der Härtung starke Treiberscheinungen, verbunden mit erheblicher Rißbildung auf, so daß die Körper unbrauchbar waren. Es waren die gleichen Erscheinungen, welche wir bereits im Sommer 1950 bei unseren in Geesthacht durchgeführten Betriebsversuchen beobachtet hatten.

Da nach unseren Erfahrungen diese Treiberscheinungen auf den hohen Gehalt der Asche an Magnesia zurückzuführen sind, haben wir für alle weiteren Versuche die Asche zunächst in geeigneter Weise vorbehandelt.

Da wir, wie weitere Versuche zeigten, nach dieser Behandlung der Asche bei der Herstellung von Schaumbeton einen erhöhten Zementanteil zur Erreichung der Schneid- und Standfestigkeit des Materials vor der Härtung benötigen, haben wir, um zunächst das Erhärtungsvermögen der Asche allein in Verbindung mit Quarzmehl feststellen zu können, Preßformlinge (Würfel von 7,07 cm Kantenlänge) hergestellt und an diesen Versuchskörpern den

---
1. I etwas bindiges Mehl von der Spiegelglasschleiferei,
   II - IV sehr reines Quarzmehl

Einfluß des Verhältnisses Asche : Quarzmehl und der Körnung des Quarzmehles auf die Festigkeit ermittelt. Da es darauf ankommt, möglichst viel Asche und möglichst wenig Quarzmehl einzusetzen, haben wir als niedrigsten Aschengehalt 60 % gewählt. Wir fanden dann bei diesen Versuchen, daß das Optimum der Festigkeit etwa beim Verhältnis Asche : Quarzmehl wie 60 : 40 bzw. 70 : 30 liegt. Bei höheren Aschegehalten fällt die Festigkeit ganz erheblich ab.

Ebenfalls konnte durch diese Versuche ein bedeutender Einfluß der Feinheit des verwendeten Quarzmehles festgestellt werden. Die höchste Festigkeit wurde mit den Quarzmehlen I und IV erreicht. Sie fiel bei Verwendung der weniger fein gemahlenen Quarzmehle merklich ab und betrug bei Verwendung des Quarzmehles II nur noch etwa 50 % der mit den Quarzmehlen I und IV erzielten Festigkeit.

Diese Versuche haben somit zunächst gezeigt, daß für die Herstellung von Porenbeton das Trockengemisch nicht mehr als 60 bis 70 % der Asche enthalten darf, und daß das zu verwendende Quarzmehl eine sehr hohe Feinheit aufweisen muß, wenn befriedigende Festigkeiten des Porenbetons erwartet werden sollen.

Diesen Ergebnissen entsprechend haben wir nun zunächst an kleinen Schaumbeton-Versuchsmischungen unter Zusatz von Portlandzement 225 das Verhalten dieser Mischungen bei der Herstellung, der Verfestigung und beim Härtevorgang und die Beschaffenheit des gehärteten Materials (Würfel von 7,07 cm Kantenlänge), insbesondere dessen Druckfestigkeit, geprüft. Die nachstehende Zusammenstellung zeigt das Ergebnis eines solchen Versuches:

Mischungsverhältnis		kg Zement 225 je m^3	Rohwichte des Porenbetons kg/dm^3			Druckfestigkeit kg/cm^2 nach 5 Tagen	Bemerkungen
Asche %	Quarzmehl I %		nach d. Härtung	bei der Prüfung	nach der Trocknung		
70	30	80	1,11	1,03	0,87	85	alle Körper rissig
70	30	100	1,13	1,06	0,88	82	-
60	40	80	1,13	1,03	0,85	87	-
60	40	100	1,15	1,07	0,87	96	-

Härtezeit 8 Stunden bei 11 atü.

Forschungsberichte des Wirtschafts- und Verkehrsministeriums Nordrhein-Westfalen

Wir stellten bei diesen Versuchen insbesondere den außerordentlich hohen Wasserbedarf der Asche-Quarzmehl-Mischungen fest, um die notwendige gießfähige Konsistenz des Porenbetons zu erzielen. Die fertige Mischung enthielt 42 % Wasser. Die Folge des hohen Wasserzusatzes ist eine Verzögerung des Andickens der Gießmasse zu einem schneid- und fahrfesten Zustand; damit hängt auch das bei der Härtung beobachtete Verhalten des Materials zusammen, das z.B. bei der ersten Mischung Rißbildung aufwies. Ein merkbarer Unterschied im Verhalten der 4 verschiedenen Mischungen, insbesondere der Festigkeit, konnte nicht festgestellt werden.

Bei einer Wiederholung dieser kleinen Versuche mit einem Asche-Quarzmehl-Gemisch 70 : 30 haben wir 3 verschiedene Portlandzemente, 225, 325 und 425, verwendet und darüber hinaus durch geeignete Maßnahmen das Andicken des Gießbreies beschleunigt.

Die 3 vom gleichen Werk gelieferten Zemente hatten folgende Kornfeinheit:

	Rückstand auf dem Sieb		
	900 M	4900 M	10000 M
Portlandzement 225	1	6	16
Portlandzement 325	0	2	10
Portlandzement 425	0	1	3

Es zeigte sich dabei, daß bei Verwendung von 100 kg Zement je m^3 Porenbeton alle Versuchskörper nach der Härtung einwandfrei waren, während von den Mischungen mit 80 kg Zement nur die unter Verwendung von Portlandzement 425 hergestellten Körper keinerlei Rißbildung aufwiesen. Die Festigkeit dieser Probekörper lag bei einer Rohwichte (trocken) von 0,76 kg/dm^3 zwischen 45 und 50 kg/cm^2. Die Struktur des Materials ist sehr feinporig als Folge der hohen Feinheit der Stoffe und des geringen Schüttgewichtes der Asche, so daß nur noch verhältnismäßig wenig Luftporen in das Gemisch eingebracht werden müssen.

Wir haben alsdann aus der gleichen Mischung mit je 100 kg der 3 verschiedenen Zemente größere, 10-Liter-Mischungen hergestellt und daraus Versuchswürfel von 20 cm Kantenlänge gegossen. Nach 8-stündiger Härtezeit ergaben sich im Mittel von je 4 aus dem völlig einwandfreien Versuchswürfel herausgesägten Probewürfeln von 10 cm Kantenlänge folgende Festigkeiten:

Zement	Rohwichte des Porenbetons			Druckfestigkeit kg/cm² im Alter von 1 Monat
	nach der Härtung	bei der Prüfung	nach der Trocknung	
225	0,98	0,89	0,74	39
325	0,97	0,86	0,72	33
425	0,98	0,88	0,70	40

Durch eine weitere in der gleichen Weise durchgeführte Versuchsreihe, bei welcher wir anstelle von 100 kg Zement 50 kg Branntkalk und 35 kg Portlandzement 225 der Mischung zusetzten, konnten wir den schon vorher erwähnten Einfluß der Körnung des Quarzmehles bestätigen. Es ergaben sich folgende Druckfestigkeiten:

Quarz-mehl	Rohwichte des Porenbetons			Druckfestigkeit kg/cm² im Alter von 8 Tagen
	nach der Härtung	bei der Prüfung	nach der Trocknung	
II	0,89	0,79	0,69	6
III	0,90	0,81	0,67	14
IV	0,90	0,86	0,66	28

Unter Berücksichtigung der gegenüber dem vorher beschriebenen Ergebnis geringeren Rohwichte des Porenbetons ist die mit Quarzmehl IV erreichte Festigkeit nicht schlechter ausgefallen als mit dem ebenfalls sehr feinen Quarzmehl I mit Zusatz von 100 kg Portlandzement. Mit abnehmender Feinheit des Quarzmehles ist die Festigkeit des Porenbetons stark zurückgegangen.

3. Z u s a m m e n f a s s u n g

Die vorstehend beschriebenen Versuche und ihre Ergebnisse haben hinreichend Aufklärung darüber gebracht, unter welchen Bedingungen und mit welchen Ergebnissen die Braunkohlen-Filterasche zur Herstellung von Porenbeton verwendet werden kann. Es ist uns insbesondere gelungen, trotz des hohen Magnesiagehaltes der Asche ein einwandfreies Porenbetonmaterial zunächst einmal laboratoriumsmäßig herzustellen.

Wir sind demzufolge der Auffassung, daß auf Grund unserer bisherigen

Forschungsberichte des Wirtschafts- und Verkehrsministeriums Nordrhein-Westfalen

Untersuchungen begründete Aussicht besteht, auch im praktischen Betrieb unter den von uns erprobten Herstellungsbedingungen zu befriedigenden Ergebnissen zu gelangen. In welchem Umfange dies möglich sein wird, d.h. insbesondere welche Anwendungsgebiete dem aus Braunkohlen-Flugasche hergestellten Porenbeton auf Grund seiner im praktischen Betrieb erreichbaren Güteeigenschaften erschlossen werden können, hängt von dem Ergebnis praktischer Erprobungen ab, welche die bisher durchgeführten Laboratoriumsversuche nunmehr ergänzen müssen.

Juni 1952   Ingenieurbüro CHRISTIANI und NIELSEN, Hamburg

Forschungsberichte des Wirtschafts- und Verkehrsministeriums Nordrhein-Westfalen

C. Abschließende Betrachtungen

Zu Beginn dieses Forschungs-Unternehmens konnte damit gerechnet werden, daß die Kraftwerke Fortuna auch nach dem Ausbau des Hochdruck-Kraftwerkes Fortuna II noch viele Jahre die gleiche hochwertige Kohle aus der benachbarten Grube Fortuna erhalten würden. Während der Durchführung der Forschungsarbeiten haben sich jedoch grundlegende Änderungen auf dem Gebiete der Abbauplanung und der Kohlenverwertung angebahnt. Da die Kohle der neu aufzuschließenden Gruben zum Teil stark mit Sand verunreinigt ist, kann sie nur beschränkt zur Brikettherstellung verwendet werden. Die in steigenden Mengen anfallende Ballastkohle ist nur durch Verfeuerung in hierfür eingerichteten Kraftwerken zu verwerten. Die Braunkohlen-Kraftwerke werden folglich in Zukunft vorwiegend mit Ballastkohle betrieben werden[1]. Da ballastfreie rheinische Braunkohle nicht mehr als 2 % Asche enthält, wird bei einer Anreicherung der unverbrennlichen Bestandteile durch Sand auf einen Wert von z.B. 10 % die im Kessel anfallende Asche bereits zu 80 % aus Sand bestehen. Eine solche Ballastasche ist für die Herstellung von Bindemitteln nicht zu gebrauchen. Zwar besteht die Möglichkeit bei einer stufenweisen Abscheidung des Unverbrennlichen aus den Rauchgasen einen Teil der Asche ballastarm zu gewinnen, für eine weitgehende Verwertung des Aschenanfalles, die ja das Ziel dieser Arbeiten darstellt, bestehen jedoch nur noch dann Aussichten, wenn ein Produkt gefunden wird, bei dessen Erzeugung ein hoher Sandgehalt der Asche nicht stört oder sogar erwünscht ist. Als ein solches Produkt kommt vor allem ein Porenbeton in Frage, dessen Hauptbestandteil feiner Quarzsand ist. Aus diesem Grunde wurde die Herstellung von dampfgehärtetem Porenbeton aus Braunkohlenfilterasche zum Hauptziel der Forschungsarbeiten gemacht.

Zwar war es möglich bei Laboratoriums-Untersuchungen, die an verschiedenen Stellen durchgeführt wurden, aus Fortuna-Filterasche Porenbeton von ausreichender Festigkeit herzustellen, aber alle Proben besaßen eine ausgeprägte Mikroporenstruktur, die ungünstige Wasseraufnahme- und Abgabeeigenschaften und damit meist auch unzureichende Frostbeständigkeit zur Folge hatte. Versuche, unter Zugrundelegung der Laboratoriumserfahrungen Braunkohleasche-Porenbeton in großtechnischem Maßstab herzustellen, blieben leider ohne Erfolg. Die Hauptursache des Mißerfolges dürfte wohl die

---
1. Schon jetzt erhalten die Kraftwerke Fortuna einen Teil ihres Kohlenbedarfs in Form von ballastreicher Kohle

wechselnde Zusammensetzung der Braunkohlenfilterasche sein, die die Festlegung einer bestimmten Rezeptur unmöglich macht.

Bei der Herstellung kalksandsteinartiger Baustoffe aus Braunkohlenfilterasche machen sich Schwankungen der Ascheeigenschaften in sehr viel geringerem Maße bemerkbar als bei den Porenbetonverfahren. Außerhalb der vom Ministerium für Wirtschaft und Verkehr unterstützten Forschung wurde die Möglichkeit der Herstellung von Steinen nach Art des Kalksandsteines aus Braunkohlenfilterasche und Quarzsand im Auftrage der R.A.G. untersucht. Auch hier traten nach gelungenen Laboratoriumsversuchen beim Übergang zum großtechnischen Verfahren Schwierigkeiten auf, die aber inzwischen überwunden werden konnten.

Auf dem Bindemittelgebiet haben die Forschungs- und Entwicklungsarbeiten schon zu einem praktischen Ergebnis geführt. In dem Braunkohlenmischbinder "Fortunit" konnte ein hochwertiges hydraulisches Baustoffbindemittel für Mauer- und Verputzzwecke geschaffen werden, das den konkurrierenden Bindemitteln zum mindest ebenbürtig ist. Vom Standpunkt der Ascheverwertung hat der Braunkohlenmischbinder jedoch den Nachteil, daß er nur zu 50% aus Braunkohlen-Filterasche besteht und daß zu seiner Herstellung nur ballastarme Filterasche verwendet werden kann.

Schließlich wurde außerhalb der vom Ministerium für Wirtschaft und Verkehr unterstützten Forschung die Frage der Eignung der Fortuna-Filterasche als Kalk-Magnesia-Düngemittel im Auftrag der RAG sehr eingehend bearbeitet. Auf Grund der Ergebnisse zahlreicher Vegetationsversuche und mehrjähriger Feldversuche wurde die endgültige Zulassung der Fortuna-Filterasche als Kalk-Magnesia-Düngemittel "Phoenix" durch das Bundesministerium für Ernährung, Landwirtschaft und Forsten ausgesprochen. Da der Frachtkosten wegen nur reinste ballastarme, kalkreiche Asche als Düngemittel in Frage kommt, und da es sich bei den Kalkdüngestoffen um einen ausgesprochenen Saisonbedarf handelt, wird auch durch die Verwertung der Filterasche als Düngemittel nur ein Teil des Gesamt-Aschenanfalles ausgenutzt werden können.

Aus den vorliegenden Ausführungen geht hervor, daß es bereits mehrere Möglichkeiten gibt, die Braunkohlenfilterasche des rheinischen Reviers nutzbringend zu verwerten. Ein größerer Anteil des laufenden Aschenanfalles wird nur dann untergebracht werden können, wenn von verschiedenen Verwertungsmöglichkeiten zugleich Gebrauch gemacht wird.

Die Forschung auf dem Gebiete der Ascheverwertung befindet sich noch im Anfangsstadium. Das Gebiet der Steinkohlenascheverwertung ist sehr viel intensiver bearbeitet worden als das der Braunkohlenascheverwertung. So ist es bereits einigen Steinkohlenkraftwerken gelungen, ihre Asche ganz oder doch zum beträchtlichen Teil zu verwerten. Bei anhaltender Bemühung dürfte es möglich sein, der Braunkohlenfilterasche neue Verwendungsgebiete zu erschließen und sie in viel stärkerem Ausmaße als bisher volkswirtschaftlich nutzbar zu machen.

Dr. K. RUMMEL, RAG Fortuna

FORSCHUNGSBERICHTE
DES WIRTSCHAFTS- UND VERKEHRSMINISTERIUMS
NORDRHEIN-WESTFALEN

Herausgegeben von Staatssekretär Prof. Leo Brandt

HEFT 1
Prof. Dr.-Ing. E. Flegler, Aachen
Untersuchungen oxydischer Ferromagnet-Werkstoffe
1952, 20 Seiten, DM 6,75

HEFT 2
Prof. Dr. W. Fuchs, Aachen
Untersuchungen über absatzfreie Teeröle
1952, 32 Seiten, 5 Abb., 6 Tabellen, DM 10,—

HEFT 3
Techn.-Wissenschaftl. Büro für die Bastfaserindustrie, Bielefeld
Untersuchungsarbeiten zur Verbesserung des Leinenwebstuhls
1952, 44 Seiten, 7 Abb., 3 Tabellen, DM 12,50

HEFT 4
Prof. Dr. E. A. Müller und Dipl.-Ing. H. Spitzer, Dortmund
Untersuchungen über die Hitzebelastung in Hüttebetrieben
1952, 28 Seiten, 5 Abb., 1 Tabelle, DM 9,—

HEFT 5
Dipl.-Ing. W. Fister, Aachen
Prüfstand der Turbinenuntersuchungen
1952, 40 Seiten, 30 Abb., 3 Schaltbilder, DM 1,—

HEFT 6
Prof. Dr. W. Fuchs, Aachen
Untersuchungen über die Zusammensetzung und Verwendbarkeit von Schwelteerfraktionen
1952, 36 Seiten, DM 10.50

HEFT 7
Prof. Dr. W. Fuchs, Aachen
Untersuchungen über emsländisches Petrolatum
1952, 36 Seiten, 1 Abb., 17 Tabellen, DM 10,50

HEFT 8
M. E. Meffert und H. Stratmann, Essen
Algen-Großkulturen im Sommer 1951
1953, 52 Seiten, 4 Abb., 20 Tabellen, DM 9,75

HEFT 9
Techn.-Wissenschaftl. Büro für die Bastfaserindustrie, Bielefeld
Untersuchungen über die zweckmäßige Wicklungsart von Leinengarnkreuzspulen unter Berücksichtigung der Anwendung hoher Geschwindigkeiten des Garnes
Vorversuche für Zetteln und Schären von Leinengarnen auf Hochleistungsmaschinen
1952, 48 Seiten, 7 Abb., 7 Tabellen, DM 9,25

HEFT 10
Prof. Dr. W. Vogel, Köln
„Das Streifenpaar" als neues System zur mechanischen Vergrößerung kleiner Verschiebungen und seine technischen Anwendungsmöglichkeiten
1953, 20 Seiten, 6 Abb., DM 4,50

HEFT 11
Laboratorium für Werkzeugmaschinen und Betriebslehre, Technische Hochschule Aachen
1. Untersuchungen über Metallbearbeitung im Fräsvorgang mit Hartmetallwerkzeugen und negativem Spanwinkel
2. Weiterentwicklung des Schleifverfahrens für die Herstellung von Präzisionswerkstücken unter Vermeidung hoher Temperaturen
3. Untersuchung von Oberflächenveredlungsverfahren zur Steigerung der Belastbarkeit hochbeanspruchter Bauteile
1953, 80 Seiten, 61 Abb., DM 15,75

HEFT 12
Elektrowärme-Institut, Langenberg (Rhld.)
Induktive Erwärmung mit Netzfrequenz
1952, 22 Seiten 6 Abb., DM 5,20

HEFT 13
Techn.-Wissenschaftl. Büro für die Bastfaserindustrie, Bielefeld
Das Naßspinnen von Bastfasergarnen mit chemischen Zusätzen zum Spinnbad
1953, 52 Seiten, 4 Abb., 19 Tabellen, DM 10,—

HEFT 14
Forschungsstelle für Acetylen, Dortmund
Untersuchungen über Aceton als Lösungsmittel für Acetylen
1952, 64 Seiten, 10 Abb., 26 Tabellen, DM 12,25

HEFT 15
Wäschereiforschung Krefeld
Trocknen von Wäschestoffen
1953, 48 Seiten, 14 Abb., 2 Tabellen, DM 9,—

HEFT 16
Max-Planck-Institut für Kohlenforschung, Mülheim a. d. Ruhr
Arbeiten des MPI für Kohlenforschung
1953, 104 Seiten, 9 Abb., DM 17,80

HEFT 17
Ingenieurbüro Herbert Stein, M.-Gladbach
Untersuchung der Verzugsvorgänge in den Streckwerken verschiedener Spinnereimaschinen. 1. Bericht: Vergleichende Prüfung mit verschiedenen Dickenmeßgeräten
1952, 36 Seiten, 15 Abb., DM 8,—

HEFT 18
Wäschereiforschung Krefeld
Grundlagen zur Erfassung der chemischen Schädigung beim Waschen
1953, 68 Seiten, 15 Abb., 13 Tabellen, DM 12,75

HEFT 19
Techn.-Wissenschaftl. Büro für die Bastfaserindustrie, Bielefeld
Die Auswirkung des Schlichtens von Leinengarnketten auf den Verarbeitungswirkungsgrad, sowie die Festigkeit und Dehnungsverhältnisse der Garne und Gewebe
1953, 48 Seiten, 1 Abb., 9 Tabellen, DM 9,—

HEFT 20
Techn.-Wissenschaftl. Büro für die Bastfaserindustrie, Bielefeld
Trocknung von Leinengarnen I
Vorgang und Einwirkung auf die Garnqualität
1953, 62 Seiten, 18 Abb., 5 Tabellen, DM 12,—

HEFT 21
Techn.-Wissenschaftl. Büro für die Bastfaserindustrie, Bielefeld
Trocknung von Leinengarnen II
Spulenanordnung und Luftführung beim Trocknen von Kreuzspulen
1953, 66 Seiten, 22 Abb., 9 Tabellen, DM 13,—

HEFT 22
Techn.-Wissenschaftl. Büro für die Bastfaserindustrie, Bielefeld
Die Reparaturanfälligkeit von Webstühlen
1953, 28 Seiten, 7 Abb., 5 Tabellen, DM 5,80

HEFT 23
Institut für Starkstromtechnik, Aachen
Rechnerische und experimentelle Untersuchungen zur Kenntnis der Metadyne als Umformer von konstanter Spannung auf konstanten Strom
1953, 52 Seiten, 20 Abb., 4 Tafeln, DM 9,75

HEFT 24
Institut für Starkstromtechnik, Aachen
Vergleich verschiedener Generator-Metadyne-Schaltungen in bezug auf statisches Verhalten
1952, 44 Seiten, 23 Abb., DM 8,50

HEFT 25
Gesellschaft für Kohlentechnik mbH., Dortmund-Eving
Struktur der Steinkohlen und Steinkohlen-Kokse
1953, 58 Seiten, DM 11,—

HEFT 26
Techn.-Wissenschaftl. Büro für die Bastfaserindustrie, Bielefeld
Vergleichende Untersuchungen zweier neuzeitlicher Ungleichmäßigkeitsprüfer für Bänder und Garne hinsichtlich ihrer Eignung für die Bastfaserspinnerei
1953, 64 Seiten, 30 Abb., DM 12,50

HEFT 27
Prof. Dr. E. Schratz, Münster
Untersuchungen zur Rentabilität des Arzneipflanzenanbaues Römische Kamille, Anthemis nobilis L.
1953, 16 Seiten, 1 Tabelle, DM 3,60

HEFT 28
Prof. Dr. E. Schratz, Münster
Calendula officinalis L. Studien zur Ernährung, Blütenfüllung und Rentabilität der Drogengewinnung
1953, 24 Seiten, 2 Abb., 3 Tabellen, DM 5,20

HEFT 29
Techn.-Wissenschaftl. Büro für die Bastfaserindustrie, Bielefeld
Die Ausnützung der Leinengarne in Geweben
1953, 100 Seiten, 14 Abb., 10 Tabellen, DM 17,80

HEFT 30
Gesellschaft für Kohlentechnik mbH., Dortmund-Eving
Kombinierte Entaschung und Verschwelung von Steinkohle; Aufarbeitung von Steinkohlenschlämmen zu verkokbarer oder verschwelbarer Kohle
1953, 56 Seiten, 16 Abb., 10 Tabellen, DM 10,50

HEFT 31
Dipl.-Ing. A. Stormanns, Essen
Messung des Leistungsbedarfs von Doppelsteg-Kettenförderern
1954, 54 Seiten, 18 Abb., 3 Anlagen, DM 11,—

HEFT 32
Techn.-Wissenschaftl. Büro für die Bastfaserindustrie, Bielefeld
Der Einfluß der Natriumchloridbleiche auf Qualität und Verwebbarkeit von Leinengarnen und die Eigenschaften der Leinengewebe unter besonderer Berücksichtigung des Einsatzes von Schützen- und Spulenwechselautomaten in der Leinenweberei
1953, 64 Seiten, 2 Abb., 12 Tabellen, DM 11,50

HEFT 33
Kohlenstoffbiologische Forschungsstation e. V.
Eine Methode zur Bestimmung von Schwefeldioxyd und Schwefelwasserstoff in Rauchgasen und in der Atmosphäre
1953, 32 Seiten, 8 Abb., 3 Tabellen, DM 6.50

HEFT 34
Textilforschungsanstalt Krefeld
Quellungs- und Entquellungsvorgänge bei Faserstoffen
1953, 52 Seiten, 13 Abb., 13 Tabellen, DM 9,80

WESTDEUTSCHER VERLAG · KÖLN UND OPLADEN

HEFT 35
Professor Dr. W. Kast, Krefeld
Feinstrukturuntersuchungen an künstlichen Zellulosefasern verschiedener Herstellungsverfahren.
Teil I: Der Orientierungszustand
1953, 74 Seiten, 30 Abb., 7 Tabellen, DM 13,80

HEFT 36
Forschungsinstitut der feuerfesten Industrie, Bonn
Untersuchungen über die Trocknung von Rohton
Untersuchungen über die chemische Reinigung von Silika- und Schamotte-Rohstoffen mit chlorhaltigen Gasen
1953, 60 Seiten, 5 Abb., 5 Tabellen, DM 11,—

HEFT 37
Forschungsinstitut der feuerfesten Industrie, Bonn
Untersuchungen über den Einfluß der Probenvorbereitung auf die Kaltdruckfestigkeit feuerfester Steine
1953, 40 Seiten, 2 Abb., 5 Tabellen, DM 7,80

HEFT 38
Forschungsstelle für Acetylen, Dortmund
Untersuchungen über die Trocknung von Acetylen zur Herstellung von Dissousgas
1953, 36 Seiten, 11 Abb., 3 Tabellen, DM 6,80

HEFT 39
Forschungsgesellschaft Blechverarbeitung e. V., Düsseldorf
Untersuchungen an prägegemusterten und vorgelochten Blechen
1953, 46 Seiten, 34 Abb., DM 9,50

HEFT 40
Landesgeologe Dr.-Ing. W. Wolff, Amt für Bodenforschung, Krefeld
Untersuchungen über die Anwendbarkeit geophysikalischer Verfahren zur Untersuchung von Spateisengängen im Siegerland
1953, 46 Seiten, 8 Abb., DM 8,80

HEFT 41
Techn.-Wissenschaftl. Büro für die Bastfaserindustrie, Bielefeld
Untersuchungsarbeiten zur Verbesserung des Leinenwebstuhles II
1953, 40 Seiten, 4 Abb., 5 Tabellen, DM 7,80

HEFT 42
Professor Dr. B. Helferich, Bonn
Untersuchungen über Wirkstoffe — Fermente — in der Kartoffel und die Möglichkeit ihrer Verwendung
1953, 58 Seiten, 9 Abb., DM 11,—

HEFT 43
Forschungsgesellschaft Blechverarbeitung e. V., Düsseldorf
Forschungsergebnisse über das Beizen von Blechen
1953, 48 Seiten, 38 Abb., 2 Tabellen, DM 11,30

HEFT 44
Arbeitsgemeinschaft für praktische Dehnungsmessung, Düsseldorf
Eigenschaften und Anwendungen von Dehnungsmeßstreifen
1953, 68 Seiten, 43 Abb., 2 Tabellen, DM 13,70

HEFT 45
Losenhausenwerk Düsseldorfer Maschinenbau AG., Düsseldorf
Untersuchungen von störenden Einflüssen auf die Lastgrenzenanzeige von Dauerschwingprüfmaschinen
1953, 36 Seiten, 11 Abb., 3 Tabellen, DM 7,25

HEFT 46
Prof. Dr. W. Fuchs, Aachen
Untersuchungen über die Aufbereitung von Wasser für die Dampferzeugung in Benson-Kesseln
1953, 58 Seiten, 18 Abb., 9 Tabellen, DM 11,20

HEFT 47
Prof. Dr.-Ing. K. Krekeler, Aachen
Versuche über die Anwendung der induktiven Erwärmung zum Sintern von hochschmelzenden Metallen sowie zur Anlegierung und Vergütung von aufgespritzten Metallschichten mit dem Grundwerkstoff
1954, 66 Seiten, 39 Abb., DM 13,90

HEFT 48
Max-Planck-Institut für Eisenforschung, Düsseldorf
Spektrochemische Analyse der Gefügebestandteile in Stählen nach ihrer Isolierung
1953, 38 Seiten, 8 Abb., 5 Tabellen, DM 7,80

HEFT 49
Max-Planck-Institut für Eisenforschung, Düsseldorf
Untersuchungen über Ablauf der Desoxydation und die Bildung von Einschlüssen in Stählen
1953, 52 Seiten, 19 Abb., 3 Tabellen, DM 12,40

HEFT 50
Max-Planck-Institut für Eisenforschung, Düsseldorf
Flammspektralanalytische Untersuchung der Ferritzusammensetzung in Stählen
1953, 44 Seiten, 15 Abb., 4 Tabellen, DM 8,60

HEFT 51
Verein zur Förderung von Forschungs- und Entwicklungsarbeiten in der Werkzeugindustrie e. V., Remscheid
Untersuchungen an Kreissägeblättern für Holz, Fehler- und Spannungsprüfverfahren
1953, 50 Seiten, 23 Abb., DM 10,—

HEFT 52
Forschungsstelle für Acetylen, Dortmund
Untersuchungen über den Umsatz bei der explosiblen Zersetzung von Azetylen
a) Zersetzung von gasförmigem Azetylen
b) Zersetzung von an Silikagel adsorbiertem Azetylen
1954, 48 Seiten, 8 Abb., 10 Tabellen, DM 9,25

HEFT 53
Professor Dr.-Ing. H. Opitz, Aachen
Reibwert und Verschleißmessungen an Kunststoffgleitführungen für Werkzeugmaschinen
1954, 38 Seiten, 18 Abb., DM 8,20

HEFT 54
Professor Dr.-Ing. F. A. F. Schmidt, Aachen
Schaffung von Grundlagen für die Erhöhung der spez. Leistung und Herabsetzung des spez. Brennstoffverbrauches bei Ottomotoren mit Teilbericht über Arbeiten an einem neuen Einspritzverfahren
1954, 34 Seiten, 15 Abb., DM 7,40

HEFT 55
Forschungsgesellschaft Blechverarbeitung e. V. Düsseldorf
Chemisches Glänzen von Messing und Neusilber
1954, 50 Seiten, 21 Abb., 1 Tabelle, DM 10,20

HEFT 56
Forschungsgesellschaft Blechverarbeitung e. V., Düsseldorf
Untersuchungen über einige Probleme der Behandlung von Blechoberflächen
1954, 52 Seiten, 42 Abb., DM 11,20

HEFT 57
Prof. Dr.-Ing. F. A. F. Schmidt, Aachen
Untersuchungen zur Erforschung des Einflusses des chemischen Aufbaues des Kraftstoffes auf sein Verhalten im Motor und in Brennkammern von Gasturbinen
1954, 70 Seiten, 32 Abb., DM 14,60

HEFT 58
Gesellschaft für Kohlentechnik mbH., Dortmund
Herstellung und Untersuchung von Steinkohlenschwelteer
1954, 74 Seiten, 9 Abb., 9 Tabellen, DM 13,75

HEFT 59
Forschungsinstitut der Feuerfest-Industrie e. V., Bonn
Ein Schnellanalysenverfahren zur Bestimmung von Aluminiumoxyd, Eisenoxyd und Titanoxyd in feuerfestem Material mittels organischer Farbreagenzien auf photometrischem Wege
Untersuchungen des Alkali-Gehaltes feuerfester Stoffe mit dem Flammenphotometer nach Riehm-Lange
1954, 62 Seiten, 12 Abb., 3 Tabellen, DM 11,60

HEFT 60
Forschungsgesellschaft Blechverarbeitung e. V., Düsseldorf
Untersuchungen über das Spritzlackieren im elektrostatischen Hochspannungsfeld
1954, 82 Seiten, 53 Abb., 7 Tabellen, DM 17,—

HEFT 61
Verein zur Förderung von Forschungs- und Entwicklungsarbeiten in der Werkzeugindustrie e. V., Remscheid
Schwingungs- und Arbeitsverhalten von Kreissägeblättern für Holz
1954, 54 Seiten, 31 Abb., DM 11,40

HEFT 62
Professor Dr. W. Franz, Institut für theoretische Physik der Universität Münster
Berechnung des elektrischen Durchschlags durch feste und flüssige Isolatoren
1954, 36 Seiten, DM 7,—

HEFT 63
Textilforschungsanstalt Krefeld
Neue Methoden zur Untersuchung der Wirkungsweise von Textilhilfsmitteln
Untersuchungen über Schlichtungs- und Entschlichtungsvorgänge
1954, 34 Seiten, 1 Abb., 5 Tabellen, DM 6,80

HEFT 64
Textilforschungsanstalt Krefeld
Die Kettenlängenverteilung von hochpolymeren Faserstoffen
Über die fraktionierte Fällung von Polyamiden
1954, 44 Seiten, 13 Abb., DM 8,60

HEFT 65
Fachverband Schneidwarenindustrie, Solingen
Untersuchungen über das elektrolytische Polieren von Tafelmesserklingen aus rostfreiem Stahl
1954, 90 Seiten, 38 Abb., 9 Tabellen, DM 17,35

HEFT 66
Dr.-Ing. P. Füsgen VDI †, Düsseldorf
Untersuchungen über das Auftreten des Ratterns bei selbsthemmenden Schneckengetrieben und seine Verhütung
1954, 32 Seiten, 5 Abb., DM 6,60

HEFT 67
Heinrich Wösthoff o. H. G., Apparatebau, Bochum
Entwicklung einer chemisch-physikalischen Apparatur zur Bestimmung kleinster Kohlenoxyd-Konzentrationen
1954, 94 Seiten, 48 Abb., 2 Tabellen, DM 18,25

HEFT 68
Kohlenstoffbiologische Forschungsstation e. V., Essen
Algengroßkulturen im Sommer 1952
II. Über die unsterile Großkultur von Scenedesmus obliquus
1954, 62 Seiten, 3 Abb., 29 Tabellen, DM 11,40

HEFT 69
Wäschereiforschung Krefeld
Bestimmung des Faserabbaues bei Leinen unter besonderer Berücksichtigung der Leinengarnbleiche
1954, 48 Seiten, 15 Abb., 3 Tabellen, DM 9,60

HEFT 70
Wäschereiforschung Krefeld
Trocknen von Wäschestoffen
1954, 52 Seiten, 18 Abb., 3 Tabellen, DM 10,—

HEFT 71
Prof. Dr.-Ing. K. Leist, Aachen
Kleingasturbinen, insbesondere zum Fahrzeugantrieb
1954, 114 Seiten, 85 Abb., DM 22,—

HEFT 72
Prof. Dr.-Ing. K. Leist, Aachen
Beitrag zur Untersuchung von stehenden geraden Turbinengittern mit Hilfe von Druckverteilungsmessungen
1954, 152 Seiten, 111 Abb., DM 36,20

HEFT 73
Prof. Dr.-Ing. K. Leist, Aachen
Spannungsoptische Untersuchungen von Turbinenschaufelfüßen
1954, 66 Seiten, 46 Abb., 2 Tabellen, DM 14,60

HEFT 74
Max-Planck-Institut für Eisenforschung, Düsseldorf
Versuche zur Klärung des Umwandlungsverhaltens eines sonderkarbidbildenden Chromstahls
1954, 58 Seiten, 10 Abb., DM 14,—

HEFT 75
Max-Planck-Institut für Eisenforschung, Düsseldorf
Zeit-Temperatur-Umwandlungs-Schaubilder als Grundlage der Wärmebehandlung der Stähle
1954, 44 Seiten, 13 Abb., DM 8,70

HEFT 76
Max-Planck-Institut für Arbeitsphysiologie, Dortmund
Arbeitstechnische und arbeitsphysiologische Rationalisierung von Mauersteinen
1954, 52 Seiten, 12 Abb., 3 Tabellen, DM 10,20

HEFT 77
Meteor Apparatebau Paul Schmeck GmbH., Siegen
Entwicklung von Leuchtstoffröhren hoher Leistung
1954, 46 Seiten, 12 Abb., 2 Tabellen, DM 9,15

HEFT 78
Forschungsstelle für Acetylen, Dortmund
Über die Zustandsgleichung des gasförmigen Acetylens und das Gleichgewicht Acetylen — Aceton
1954, 42 Seiten, 3 Abb., 8 Tabellen, DM 8,—

HEFT 79
Techn.-Wissenschaftl. Büro für die Bastfaserindustrie, Bielefeld
Trocknung von Leinengarnen III
Spinnspulen- und Spinnkopstrocknung
Vorgang und Einwirkung auf die Garnqualität
1954, 74 Seiten, 18 Abb., 10 Tabellen, DM 14,—

WESTDEUTSCHER VERLAG · KÖLN UND OPLADEN

HEFT 80
Techn.-Wissenschaftl. Büro für die Bastfaserindustrie, Bielefeld
Die Verarbeitung von Leinengarn auf Webstühlen mit und ohne Oberbau
1954, 30 Seiten, 2 Abb., 2 Tabellen, DM 6,—

HEFT 81
Prüf- und Forschungsinstitut für Ziegeleierzeugnisse, Essen-Kray
Die Einführung des großformatigen Einheits-Gitterziegels im Lande Nordrhein-Westfalen
1954, 54 Seiten, 2 Abb., 2 Tabellen, DM 10,—

HEFT 82
Vereinigte Aluminium-Werke AG., Bonn
Forschungsarbeiten auf dem Gebiet der Veredelung von Aluminium-Oberflächen
1954, 46 Seiten, 34 Abb., DM 9,60

HEFT 83
Prof. Dr. S. Strugger, Münster
Über die Struktur der Proplastiden
1954, 30 Seiten, 15 Abb., DM 8,40

HEFT 84
Dr. H. Baron, Düsseldorf
Über Standardisierung von Wundtextilien
1954, 32 Seiten, DM 6,40

HEFT 85
Textilforschungsanstalt Krefeld
Physikalische Untersuchungen an Fasern, Fäden, Garnen und Geweben:
Untersuchungen am Knickscheuergerät nach Weltzien
1954, 40 Seiten, 11 Abb., 8 Tabellen, DM 10,—

HEFT 86
Prof. Dr.-Ing. H. Opitz, Aachen
Untersuchungen über das Fräsen von Baustahl sowie über den Einfluß des Gefüges auf die Zerspanbarkeit
1954, 108 Seiten, 73 Abb., 7 Tabellen, DM 22,—

HEFT 87
Gemeinschaftsausschuß Verzinken, Düsseldorf
Untersuchungen über Güte von Verzinkungen
1954, 68 Seiten, 56 Abb., 3 Tabellen, DM 15,30

HEFT 88
Gesellschaft für Kohlentechnik mbH., Dortmund-Eving
Oxydation von Steinkohle mit Salpetersäure
1954, 62 Seiten, 2 Abb., 1 Tabelle, DM 11,50

HEFT 89
Verein Deutscher Ingenieure, Gleitlagerforschung, Düsseldorf
und Prof. Dr.-Ing. G. Vogelpohl, Göttingen
Versuche mit Preßstoff-Lagern für Walzwerke
1954, 70 Seiten, 34 Abb., DM 14,10

HEFT 90
Forschungs-Institut der Feuerfest-Industrie, Bonn
Das Verhalten von Silikasteinen im Siemens-Martin-Ofengewölbe
1954, 62 Seiten, 15 Abb., 11 Tabellen, DM 11,90

HEFT 91
Forschungs-Institut der Feuerfest-Industrie, Bonn
Untersuchungen des Zusammenhangs zwischen Leistung und Kohlenverbrauch von Kammeröfen zum Brennen von feuerfesten Materialien
1954, 42 Seiten, 6 Abb., DM 8,30

HEFT 92
Techn.-Wissenschaftl. Büro für die Bastfaserindustrie, Bielefeld
und Laboratorium für textile Meßtechnik, M.-Gladbach
Messungen von Vorgängen am Webstuhl
1954, 76 Seiten, 45 Abb., DM 15,50

HEFT 93
Prof. Dr. W. Kast, Krefeld
Spinnversuche zur Strukturerfassung künstlicher Zellulosefasern
1954, 82 Seiten, 39 Abb., 6 Tabellen, DM 16,—

HEFT 94
Prof. Dr. G. Winter, Bonn
Die Heilpflanzen des MATTHIOLUS (1611) gegen Infektionen der Harnwege und Verunreinigung der Wunden bzw. zur Förderung der Wundheilung im Lichte der Antibiotikaforschung
1954, 58 Seiten, 1 Abb., 2 Tabellen, DM 11,50

HEFT 95
Prof. Dr. G. Winter, Bonn
Untersuchungen über die flüchtigen Antibiotika aus der Kapuziner- (Tropaeolum maius) und Gartenkresse (Lepidium sativum) und ihr Verhalten im menschlichen Körper bei Aufnahme von Kapuziner- bzw. Gartenkressensalat per os
1955, 74 Seiten, 9 Abb., 25 Tabellen, DM 14,—

HEFT 96
Dr.-Ing. P. Koch, Dortmund
Austritt von Exoelektronen aus Metalloberflächen unter Berücksichtigung der Verwendung des Effektes für die Materialprüfung
1954, 34 Seiten, 13 Abb., DM 7,—

HEFT 97
Ing. H. Stein, Laboratorium für textile Meßtechnik, M.-Gladbach
Untersuchung der Verzugsvorgänge an den Streckwerken verschiedener Spinnereimaschinen
2. Bericht: Ermittlung der Haft-Gleiteigenschaften von Faserbändern und Vorgarnen
1955, 98 Seiten, 54 Abb., DM 21,—

HEFT 98
Fachverband Gesenkschmieden, Hagen
Die Arbeitsgenauigkeit beim Gesenkschmieden unter Hämmern
1955, 132 Seiten, 55 Abb., 9 Tabellen, DM 24,75

HEFT 99
Prof. Dr.-Ing. G. Garbotz, Aachen
Der Kraft- und Arbeitsaufwand sowie die Leistungen beim Biegen von Bewehrungsstählen in Abhängigkeit von den Abmessungen, den Formen und der Güte der Stähle (Ermittlung von Leistungsrichtlinien)
1955, 136 Seiten, 53 Abb., 3 Anlagen, 18 Tabellen, DM 30,—

HEFT 100
Prof. Dr.-Ing. H. Opitz, Aachen
Untersuchungen von elektrischen Antrieben, Steuerungen und Regelungen an Werkzeugmaschinen
1955, 166 Seiten, 71 Abb., 3 Tabellen, DM 31,30

HEFT 101
Prof. Dr.-Ing. H. Opitz, Aachen
Wirtschaftlichkeitsbetrachtungen beim Außenrundschleifen
1955, 100 Seiten, 56 Abb., 3 Tabellen, DM 19,30

HEFT 102
Dr. P. Hölemann, Ing. R. Hasselmann und Ing. G. Dix, Dortmund
Untersuchungen über die thermische Zündung von explosiblen Acetylenzersetzungen in Kapillaren
1954, 44 Seiten, 5 Abb., 4 Tabellen, DM 8,60

HEFT 103
Prof. Dr. W. Weizel, Bonn
Durchführung von experimentellen Untersuchungen über den zeitlichen Ablauf von Funken in komprimierten Edelgasen sowie zu deren mathematischen Berechnung
1955, 46 Seiten, 12 Abb., DM 9,10

HEFT 104
Prof. Dr. W. Weizel, Bonn
Über den Einfluß der Elektroden auf die Eigenschaften von Cadmium-Sulfid-Widerstands-Photozellen
1955, 48 Seiten, 12 Abb., DM 9,15

HEFT 105
Dr.-Ing. R. Meldau, Harsewinkel/Westf.
Auswertung von Gekörn — Analysen des Musterstaubes „Flugasche Fortuna I"
1955, 42 Seiten, 14 Abb., DM 8,50

HEFT 106
ORR. Dr.-Ing. W. Küch, Dortmund
Untersuchungen über die Einwirkung von feuchtigkeitsgesättigter Luft auf die Festigkeit von Leimverbindungen
1954, 60 Seiten, 10 Abb., 6 Tabellen, DM 11,40

HEFT 107
Prof. Dr. H. Lange und Dipl.-Phys. P. St. Pütter, Köln
Über die Konstruktion von Laboratoriumsmagneten
1955, 66 Seiten, 19 Abb., 1 Tabelle, DM 12,30

HEFT 108
Prof. Dr. W. Fuchs, Aachen
Untersuchungen über neue Beizmethoden und Beizabwässer
I. Die Entzunderung von Drähten mit Natriumhydrid
II. Die Aufbereitung von Beizabwässern
1955, 82 Seiten, 15 Abb., 14 Tabellen, 1 Falttafel, DM 15,25

HEFT 109
Dr. P. Hölemann und Ing. R. Hasselmann, Dortmund
Untersuchungen über die Löslichkeit von Azetylen in verschiedenen organischen Lösungsmitteln
1954, 42 Seiten, 10 Abb., 8 Tabellen, DM 8,30

HEFT 110
Dr. P. Hölemann und Ing. R. Hasselmann, Dortmund
Untersuchungen über den Druckverlauf bei der explosiblen Zersetzung von gasförmigem Azetylen
1955, 54 Seiten, 10 Abb., 5 Tabellen, DM 11,—

HEFT 111
Fachverband Steinzeugindustrie, Köln
Die Entwicklung eines Gerätes zur Beschickung seitlicher Feuer von Steinzeug-Einzelkammeröfen mit festen Brennstoffen
1955, 46 Seiten, 16 Abb., DM 9,40

HEFT 112
Prof. Dr.-Ing. H. Opitz, Aachen
Verschleißmessungen beim Drehen mit aktivierten Hartmetallwerkzeugen
1954, 44 Seiten, 17 Abb., 6 Tabellen, DM 8,80

HEFT 113
Prof. Dr. O. Graf, Dortmund
Erforschung der geistigen Ermüdung und nervösen Belastung: Studien über die vegetative 24-Stunden-Rhythmik in Ruhe und unter Belastung
1955, 40 Seiten, 12 Abb., DM 8,20

HEFT 114
Prof. Dr. O. Graf, Dortmund
Studien über Fließarbeitsprobleme an einer praxisnahen Experimentieranlage
1954, 34 Seiten, 6 Abb., DM 7,—

HEFT 115
Prof. Dr. O. Graf, Dortmund
Studium über Arbeitspausen in Betrieben bei freier und zeitgebundener Arbeit (Fließarbeit) und ihre Auswirkung auf die Leistungsfähigkeit
1955, 50 Seiten, 13 Abb., 2 Tabellen, DM 9,80

HEFT 116
Prof. Dr.-Ing. E. Siebel und Dr.-Ing. H. Weiss, Stuttgart
Untersuchungen an einigen Problemen des Tiefziehens — I. Teil
1955, 74 Seiten, 50 Abb., 5 Tabellen, DM 14,50

HEFT 117
Dr.-Ing. H. Beißwänger, Stuttgart, und Dr.-Ing. S. Schwandt, Trier
Untersuchungen an einigen Problemen des Tiefziehens — II. Teil
1955, 92 Seiten, 34 Abb., 8 Tabellen, DM 17,70

HEFT 118
Prof. Dr. E. A. Müller und Dr. H. G. Wenzel, Dortmund
Neuartige Klima-Anlage zur Erzeugung ungleicher Luft- und Strahlungstemperaturen in einem Versuchsraum
1955, 68 Seiten, 10 z. T. mehrfarb. Abb., DM 14,—

HEFT 119
Dr.-Ing. O. Viertel, Krefeld
Wäscherei- und energietechnische Untersuchung einer Gemeinschafts-Waschanlage
1955, 50 Seiten, 18 Abb., DM 10,20

HEFT 120
Dipl.-Ing. A. Weisbecker, Lüdenscheid
Über Anfressung an Reinstaluminium-Schweißnähten bei der elektrolytischen Oxydation
Gebr. Hörstermann GmbH., Velbert
Entwicklung und Erprobung eines neuartigen Gummibandförderers
1955, 46 Seiten, 18 Abb., DM 9,70

HEFT 121
Dr. H. Krebs, Bonn
I. Die Struktur und die Eigenschaften der Halbmetalle
II. Die Bestimmung der Atomverteilung in amorphen Substanzen
III. Die chemische Bindung in anorganischen Festkörpern und das Entstehen metallischer Eigenschaften
1955, 124 Seiten, 36 Abb., 13 Tabellen, DM 22,90

HEFT 122
Prof. Dr. W. Fuchs, Aachen
Untersuchungen zur Verbesserung der Wasseraufbereitung und Wasseranalyse:
Über die Schnellbewertung von Ionenaustauscher
1955, 62 Seiten, 32 Abb., DM 12,30

HEFT 123
Dipl.-Ing. J. Emondts, Aachen
Über Bodenverformungen bei stark gestörtem und mächtigem, wasserführendem Deckgebirge im Aachener Steinkohlengebiet
1955, 196 Seiten, 37 Abb., 10 Tabellen, DM 28,80

HEFT 124
Prof. Dr. R. Seyffert, Köln
Wege und Kosten der Distribution der Hausratwaren im Lande Nordrhein-Westfalen
1955, 74 Seiten, 25 Tabellen, DM 9,—

WESTDEUTSCHER VERLAG · KÖLN UND OPLADEN

HEFT 125
Prof. Dr. E. Kappler, Münster
Eine neue Methode zur Bestimmung von Kondensations-Koeffizienten von Wasser
1955, 46 Seiten, 11 Abb., 1 Tabelle, DM 9,10

HEFT 126
Prof. Dr.-Ing. J. Mathieu, Aachen
Arbeitszeitvergleich
Grundlagen, Methodik u. praktische Durchführung
1955, 70 Seiten, DM 13,—

HEFT 127
Güteschutz Betonstein e. V.,
Arbeitskreis Nordrhein-Westfalen, Dortmund
Die Betonwaren-Gütesicherung im Lande Nordrhein-Westfalen
1955, 58 Seiten, 15 Abb., 3 Tabellen, DM 11,50

HEFT 128
Prof. Dr. O. Schmitz-DuMont, Bonn
Untersuchungen über Reaktionen in flüssigem Ammoniak
1955, 96 Seiten, 11 Abb., 6 Tabellen, DM 17,75

HEFT 129
Prof. Dr.-Ing. J. Mathieu und Dr. C. A. Roos,
Aachen
Die Anlernung von Industriearbeitern
I. Ergebnisse einer grundsätzlichen Untersuchung der gegenwärtigen Industriearbeiter-Kurzanlernung
1955, 106 Seiten, DM 19,70

HEFT 130
Prof. Dr.-Ing. J. Mathieu und Dr. C. A. Roos,
Aachen
Die Anlernung von Industriearbeitern
II. Beiträge zur Methodenfrage der Kurzanlernung
1955, 108 Seiten, DM 19,90

HEFT 131
Dr. W. Hoerburger, Köln
Versuche zur Biosynthese von Eiweiß aus Kohlenwasserstoff
1955, 34 Seiten, 2 Abb., DM 6,90

HEFT 132
Prof. Dr. W. Seith, Münster
Über Diffusionserscheinungen in festen Metallen
1955, 42 Seiten, 19 Abb., 4 Tabellen, DM 9,10

HEFT 133
Prof. Dr. E. Jenckel, Aachen
Über einen für Schwermetalle selektiven Ionenaustauscher
1955, 48 Seiten, 8 Abb., 13 Tabellen, DM 9,50

HEFT 134
Prof. Dr.-Ing. H. Winterhager, Aachen
Über die elektrochemischen Grundlagen der Schmelzfluß-Elektrolyse von Bleisulfid in geschmolzenen Mischungen mit Bleichlorid
1955, 54 Seiten, 20 Abb., 5 Tabellen, DM 11,80

HEFT 135
Prof. Dr.-Ing. K. Krekeler und Dr.-Ing. H. Peukert, Aachen
Die Änderung der mechanischen Eigenschaften thermoplastischer Kunststoffe durch Warmrecken
1955, 54 Seiten, 27 Abb., 1 Tabellen, DM 11,10

HEFT 136
Dipl.-Phys. P. Pilz, Remscheid
Über spezielle Probleme der Zerkleinerungstechnik von Weichstoffen
1955, 58 Seiten, 19 Abb., 2 Tabellen, DM 11,50

HEFT 137
Prof. Dr. W. Baumeister, Münster
Beiträge zur Mineralstoffernährung der Pflanzen
1955, 64 Seiten, 6 Tabellen, DM 11,80

HEFT 138
Dr. P. Hölemann und Ing. R. Hasselmann, Dortmund
Untersuchungen über die Zersetzungswärme von gasförmigem u. in Azeton gelöstem Azetylen
1955, 54 Seiten, 8 Abb., 7 Tabellen, DM 10,40

HEFT 139
Prof. Dr. W. Fuchs, Aachen
Studien über die thermische Zersetzung der Kohle und die Kohlendestillatprodukte
1955, 64 Seiten, 20 Abb., 22 Tabellen, DM 11,80

HEFT 140
Dr.-Ing. G. Hausberg, Essen
Modellversuche an Zyklonen
1955, 78 Seiten, 24 Abb., DM 15,70

HEFT 141
Dr. J. van Calker und Dr. R. Wienecke, Münster
Untersuchungen über den Einfluß dritter Analysenpartner auf die spektrochemische Analyse
1955, 42 Seiten, 15 Abb., DM 9,10

HEFT 142
Dipl.-Ing. G. M. F. Wiebel, Hannover, A. Konermann und A. Ottenheym, Sennelager
Entwicklung eines Kalksandleichtsteines
1955, 38 Seiten, 4 Abb., DM 8,—

HEFT 143
Prof. Dr. F. Wever, Dr. A. Rose und Dipl.-Ing. W. Straßburg, Düsseldorf
Härtbarkeit u. Umwandlungsverhalten der Stähle
1955, 50 Seiten, 12 Abb., 3 Tabellen, DM 10,70

HEFT 144
Prof. Dr. H. Wurmbach, Bonn
Steuerung von Wachstum und Formbildung
1955, 48 Seiten, 19 Abb., DM 10,30

HEFT 145
Dr. G. Hennemann, Werdohl (Westf.)
Beitrag zur Interpretation der modernen Atomphysik
1955, 34 Seiten, DM 10,—

HEFT 146
Dr.-Ing. F. Gruß, Düsseldorf
Sterilisation mit Heißluft
1955, 34 Seiten, 10 Abb., DM 7.70

HEFT 147
Dr.-Ing. W. Rudisch, Unna
Untersuchung einer drehelastischen Elektromagnet-Synchronkupplung
1955, 82 Seiten, 65 Abb., DM 17,70

HEFT 148
Prof. Dr. H. Bittel u. Dipl.-Phys. L. Storm, Münster
Untersuchungen über Widerstandsrauschen
1955, 40 Seiten, 5 Abb., DM 8,40

HEFT 149
Dipl.-Ing. K. Konopicky und Dipl.-Chem.
P. Kampa, Bonn
I. Beitrag zur flammenphotometrischen Bestimmung des Calciums.
Dr.-Ing. K. Konopicky, Bonn
II. Die Wanderung von Schlackenbestandteilen in feuerfesten Baustoffen
1955, 54 Seiten, 10 Abb., 5 Tabellen, DM 11,—

HEFT 150
Prof. Dr.-Ing. O. Kienzle und Dipl.-Ing. W. Timmerbeil, Hannover
Das Durchziehen enger Kragen an ebenen Fein- und Mittelblechen
1955, 52 Seiten, 20 Abb., 8 Tabellen, DM 11,30

HEFT 151
Dipl.-Ing. P. Karabasch, Aachen
Feststellung des optimalen Gasgehaltes von Bronzen zur Erzielung druckdichter Gußstücke
in Vorbereitung

HEFT 152
Dipl.-Ing. G. Müller, Köln
Ermittlung der Laufeigenschaften (Vergießbarkeit) von Bronze und Rotguß mittels der Schneider-Gießspirale
1955, 60 Seiten, 33 Abb., DM 13,30

HEFT 153
Prof. Dr. F. Wever, Dr.-Ing. W. A. Fischer und Dipl.-Ing. J. Engelbrecht, Düsseldorf
I. Die Reduktion sauerstoffhaltiger Eisenschmelzen im Hochvakuum mit Wasserstoff und Kohlenstoff
II. Einfluß geringer Sauerstoffgehalte auf das Gefüge und Alterungsverhalten von Reineisen
1955, 54 Seiten, 15 Abb., 2 Tabellen, DM 12,40

HEFT 154
Prof. Dr.-Ing. P. Bardenheuer und
Dr.-Ing. W. A. Fischer, Düsseldorf
Die Verschlackung von Titan aus Stahlschmelzen im sauren und basischen Hochfrequenzofen unter verschiedenen Schlacken
1955, 36 Seiten, 10 Abb., 1 Tabelle, DM 7,95

HEFT 155
Dipl.-Phys. K. H. Schirmer, München
Die auf Grau abgestimmte Farbwiedergabe im Dreifarbenbuchdruck
1955, 46 Seiten, 17 Abb., 2 Farbtafeln, DM. 10,—

HEFT 156
Prof. Dr.-Ing. B. von Borries und Mitarbeiter,
Düsseldorf
Die Entwicklung regelbarer permanentmagnetischer Elektronenlinsen hoher Brechkraft und eines mit ihnen ausgerüsteten Elektronenmikroskopes neuer Bauart
in Vorbereitung

HEFT 157
Dr. W. Jawtusch, Dr. G. Schuster und
Prof. Dr.-Ing. R. Jaeckel, Bonn
Untersuchungen über die Stoßvorgänge zwischen neutralen Atomen und Molekülen
1955, 48 Seiten, 15 Abb., 3 Tabellen, DM 10,50

HEFT 158
Dipl.-Ing. W. Rosenkranz, Meinerzhagen
Ein Beitrag zum Problem der Spannungskorrosion bei Preßprofilen und Preßteilen aus Aluminium-Legierungen
in Vorbereitung

HEFT 159
Dr.-Ing. O. Viertel und O. Oldenroth, Krefeld
Das Bleichen von Weißwäsche mit Wasserstoffsuperoxyd bzw. Natriumhypochlorit beim maschinellen Waschen
1955, 54 Seiten, 23 Abb., 2 Tabellen, DM 11,45

HEFT 160
Prof. Dr. W. Klemm, Münster
Über neue Sauerstoff- und Fluor-haltige Komplexe
1955, 50 Seiten, 13 Abb., 7 Tabellen, DM 10,80

HEFT 161
Prof. Dr. W. Weltzien und Dr. G. Hauschild,
Krefeld
Über Silikone und ihre Anwendung in der Textilveredlung
1955, 162 Seiten, 22 Abb., 10 Tabellen, DM 27,—

HEFT 162
Prof. Dr. F. Wever, Prof. Dr. A. Kochendörfer und Dr.-Ing. Chr. Rohrbach, Düsseldorf
Kennzeichnung der Sprödbruchneigung von Stählen durch Messung der Fließspannung, Reißspannung und Brucheinschnürung an dreiachsig beanspruchten Proben
1955, 58 Seiten, 26 Abb., DM 13,—

HEFT 163
Dipl.-Ing. W. Rohs und Text.-Ing. H. Griese,
Bielefeld
Untersuchungsarbeiten zur Verbesserung des Leinenwebstuhls III
1955, 80 Seiten, 15 Abb., 18 Tabellen, DM 15,80

HEFT 164
Dr.-Ing. H. Schmachtenberg, Köln
Neuartige Prüfeinrichtungen für Kraftfahrzeuge
1955, 44 Seiten, 23 Abb., DM 9,60

HEFT 165
Dr.-Ing. W. Wilhelm, Aachen
Instationäre Gasströmung im Auspuffsystem eines Zweitaktmotors
1955, 62 Seiten, 31 Abb., 8 Tabellen, DM 13,60

HEFT 166
Dr.-Ing. M. v. Stackelberg, Dr. H. Heindze,
Dr. H. Hübschke und Dr. K. H. Frangen, Bonn
Kolloidchemische Untersuchungen
1955, 106 Seiten, 8 Abb., 13 Tabellen, DM 21,25

HEFT 167
Prof. Dr.-Ing. F. Schuster, Essen
I. Über die Heißkarburierung von Brenngasen mit Ölen und Teeren
II. Die Strahlungsvorgänge in brennstoffbeheizten Öfen bei verschiedenen Verbrennungsatmosphären
1955, 38 Seiten, 8 Abb., DM 8,30

HEFT 168
Prof. Dr.-Ing. F. Schuster, Essen
I. Luftvorwärmung an Gasfeuerungen
II. Heizwerthöhe von Brenngasen und Wirkungsgrad sowie Gasverbrauch bei der Gasverwendung
III. Sauerstoffangereicherte Luft und feuerungstechnische Kenngrößen von Brenngasen
1955, 60 Seiten, 18 Abb., DM 12,50

HEFT 169
Forschungsinstitut für Pigmente und Lacke, Stuttgart
Arbeiten über die Bestimmung des Gebrauchswertes von Lackfilmen durch physikalische Prüfungen
1955, 70 Seiten, 23 Abb., 4 Tabellen, DM 15,—

HEFT 170
Prof. Dr. F. Wever, Dr. A. Rose und
Dipl.-Ing. L. Rademacher, Düsseldorf
Anwendung von Umwandlungsschaubildern auf Fragen der Werkstoffauswahl beim Schweißen und Flammhärten
1955, 64 Seiten, 25 Abb., DM 13,70

WESTDEUTSCHER VERLAG · KÖLN UND OPLADEN

HEFT 171
Wäschereiforschung Krefeld
Untersuchung der Wäscheentwässerung mit Hilfe von Zentrifugen und Pressen
1955, 42 Seiten, 16 Abb., 4 Tabellen, DM 9,70

HEFT 172
Dipl.-Ing. W. Rohs, Dr.-Ing. G. Satlow und Text.-Ing. G. Heller, Bielefeld
Trocknung von Hanfgarnen. Kreuzspultrocknung
1955, 60 Seiten, 7 Abb., 4 Tabellen, DM 10,30

HEFT 173
Prof. Dr. R. Hosemann und Dipl.-Phys. G. Schoknecht, Berlin, vorgelegt von Prof. Dr. W. Kast, Krefeld
Lichtoptische Herstellung und Diskussion der Faltungsquadrate parakristalliner Gitter
in Vorbereitung

HEFT 174
Prof. Dr. W. von Fragstein, Dr. J. Meingast und H. Hoch, Köln
Herstellung von Solen einheitlicher Teilchengröße und Ermittlung ihrer optischen Eigenschaften
1955, 78 Seiten, 80 Abb., 4 Tabellen, DM 18,25

HEFT 175
Dr.-Ing. H. Zeller, Aachen
Beitrag zur eindimensionalen stationären und nichtstationären Gasströmung mit Reibung und Wärmeleitung insbesondere in Rohren mit unstetigen Querschnittsänderungen
in Vorbereitung

HEFT 176
Dipl.-Ing. H. Schöberl, Duisburg
Über die Methoden zur Ermittlung der Verbrennungstemperatur von Brennstoffen und ein Vorschlag zu ihrer Verbesserung
1955, 30 Seiten, 3 Abb., DM 6,50

HEFT 177
Dipl.-Ing. H. Stüdemann, Solingen, und Dr.-Ing. W. Müchler, Essen
Entwicklung eines Verfahrens zur zahlenmäßigen Bestimmung der Schneideigenschaften von Messerklingen
in Vorbereitung

HEFT 178
Prof. Dr. M. von Stackelberg u. Dr. W. Hans, Bonn
Untersuchungen zur Ausarbeitung und Verbesserung von polarographischen Analysenmethoden
1955, 46 Seiten, 14 Abb., DM 10,50

HEFT 179
Dipl.-Ing. H. F. Reineke, Bochum
Entwicklungsarbeiten auf dem Gebiete der Meß- und Regeltechnik
1955, 46 Seiten, 10 Abb., DM 10,—

HEFT 180
Dr.-Ing. W. Piepenburg, Dipl.-Ing. B. Bühling und Bauing. J. Behnke, Köln
Putzarbeiten im Hochbau und Versuche mit aktiviertem Mörtel und mechanischem Mörtelauftrag
1955, 116 Seiten, 31 Abb., 68 Tabellen, DM 23,—

HEFT 181
Prof. Dr. W. Franz, Münster
Theorie der elektrischen Leitvorgänge in Halbleitern und isolierenden Festkörpern bei hohen elektrischen Feldern
1955, 28 Seiten, 2 Abb., 1 Tabelle, DM 6,20

HEFT 182
Dr.-Ing. P. Schenk u. Dr. K. Osterloh, Düsseldorf
Katalytisch-thermische Spaltung von gasförmigen und flüssigen Kohlenwasserstoffen zur Spitzengaserzeugung
1955, 50 Seiten, 11 Abb., 11 Tabellen, DM 10,90

HEFT 183
Dr. W. Bornheim, Köln
Entwicklungsarbeiten an Flaschen- und Ampullen-Behandlungsmaschinen für die pharmazeutische Industrie
in Vorbereitung

HEFT 184
Dr.-Ing. E. Printz, Kettwig
Vollhydraulische Parallel-Kupplung für Ackerschlepper
1955, 32 Seiten, 4 Abb., DM 7,80

HEFT 185
Dipl.-Ing. W. Rohs und Text.-Ing. G. Heller, Bielefeld
Studien an einem neuzeitlichen Kreuzspultrockner für Bastfasergarne mit Wiederbefeuchtungszone
1955, 52 Seiten, 9 Abb., 3 Tabellen, DM 10,70

HEFT 186
Dr. E. Wedekind, Krefeld
Untersuchungen zur Arbeitsbestgestaltung bei der Fertigstellung von Oberhemden in gewerblichen Wäschereien
1955, 124 Seiten, 28 Abb., 6 Tabellen, 2 Falttaf., DM 12,—

HEFT 187
Dipl.-Ing. F. Göttgens, Essen
Über die Eigenarten der Bimetall-, Thermo- und Flammenionisationssicherungsmethode in ihrer Anwendung auf Zündsicherungen
1955, 40 Seiten, 6 Abb., 4 Tabellen, DM 8,40

HEFT 188
W. Kinnebrock, Langenberg (Rhld.)
Der Einfluß des Austausches gleicher Gaskochbrenner bzw. Gaskochbrennerteile auf den Wirkungsgrad und insbesondere auf den CO-Gehalt der Verbrennungsgase
1955, 42 Seiten, 7 Tabellen, DM 8,70

HEFT 189
Fa. E. Leybold's Nachfolger, Köln
I. Ausgewählte Kapitel aus der Vakuumtechnik
II. Zum Verlust anorganisch-nichtflüchtiger Substanzen während der Gefriertrocknung
1955, 52 Seiten, 16 Abb., 3 Tabellen, DM 11,20

HEFT 190
Prof. Dr. A. Neuhaus, Prof. Dr O. Schmitz-DuMont und Dipl.-Chem. H. Reckhard, Bonn
Zur Kenntnis der Alkalititanate
1955, 60 Seiten, 13 Abb., 1 Tabelle, DM 12,20

HEFT 191
Dr. H. Söhngen, Darmstadt
Schwingungsverhalten eines Schaufelkranzes im Vakuum
1955, 36 Seiten, 7 Abb., DM 7,80

HEFT 192
Dipl.-Phys. E. M. Schneider, München
Kohlebogenlampen für Aufnahme und Kopie
1955, 48 Seiten, 21 Abb., 3 Tabellen, DM 10,60

HEFT 193
Prof. Dr. O. Schmitz-DuMont, Bonn
Untersuchungen über neue Pigmentfarbstoffe
in Vorbereitung

HEFT 194
Dr. K. Hecht, Köln
Entwicklung neuartiger physikalischer Unterrichtsgeräte
1955, 42 Seiten, 16 Abb., DM 9,90

HEFT 195
Dr.-Ing. E. Rößger, Köln
Gedanken über einen neuen deutschen Luftverkehr
1955, 342 Seiten, 29 Abb., 122 Tabellen, DM 50,—

HEFT 196
Dipl.-Ing. W. Rohs und Text.-Ing. H. Griese, Bielefeld
Auswirkungen von Garnfehlern bei der Verarbeitung von Leinengarnen
1955, 36 Seiten, 3 Abb., 6 Tabellen, DM 7,80

HEFT 197
Dr. E. Wedekind, Krefeld
Untersuchungen zur Bestimmung der optimalen Arbeitsplatzgröße bei Mehrstuhlarbeit in der Weberei
1955, 92 Seiten, 34 Abb., 6 Tabellen, DM 18,50

HEFT 198
Prof. Dr. J. Weissinger, Karlsruhe
Zur Aerodynamik des Ringflügels. Die Druckverteilung dünner, fast drehsymmetrischer Flügel in Unterschallströmung
1955, 42 Seiten, 5 Abb., DM 9,—

HEFT 199
Textilforschungsanstalt Krefeld
Die Messung von Gewebetemperaturen mittels Temperaturstrahlung
1955, 50 Seiten, 12 Abb., DM 10,90

HEFT 200
R. Seipenbusch, Langenberg (Rhld.)
Spitzengas durch Zusatz von Flüssiggas-, Wassergas- und Flüssiggas-Generatorgas-Gemischen zu Stadtgas
1955, 48 Seiten, 21 Tabellen, DM 10,35

HEFT 201
Dr.-Ing. E. W. Pleines, Frankfurt/Main
Die Sicherheit im Luftverkehr
in Vorbereitung

HEFT 202
Dipl.-Ing. D. Fiecke, Stuttgart/Zuffenhausen
Die Bestimmung der Flugzeugpolaren für Entwurfszwecke. I. Teil: Unterlagen
in Vorbereitung

HEFT 203
Dr. G. Wandel, Bonn
Uferbewachsung und Lebendverbauung an den Nordwestdeutschen Kanälen und ihren Zuflüssen sowie an der Ruhr
in Vorbereitung

HEFT 204
Dipl.-Ing. B. Naendorf, Langenberg (Rhld.)
Bestimmung der Brenneigenschaften und des Brennverhaltens verschiedener Gasarten und Einfluß verschiedener Düsengestaltung
1955, 32 Seiten, DM 7,10

HEFT 205
Dr. C. Schaarwächter, Düsseldorf
Über plastische Kupfer-, Eisen-, Phosphor-Legierungen
in Vorbereitung

HEFT 206
Dr. P. Hölemann, Ing. R. Hasselmann und Ing. G. Dix, Dortmund
Untersuchungen über die Vorgänge bei der Zersetzung von in Azeton gelöstem Azetylen
in Vorbereitung

HEFT 207
Prof. Dr.-Ing. H. Opitz, Dipl.-Ing. K. H. Fröhlich und Dipl.-Ing. H. Siebel, Aachen
Richtwerte für das Fräsen von unlegierten und legierten Baustählen mit Hartmetall. I. Teil
in Vorbereitung

HEFT 208
Prof. Dr.-Ing. H. Müller, Essen
Untersuchung von Elektrowärmegeräten für Laienbedienung hinsichtlich Sicherheit und Gebrauchsfähigkeit. I. Untersuchungen an Kochplatten
in Vorbereitung

HEFT 209
Dr. K. Bunge, Leverkusen
Materialabbau in Funkenentladungen. Untersuchungen an Zinkkathoden
in Vorbereitung

HEFT 210
Dr. W. Porschen und Prof. Dr. W. Riezler, Bonn
Langlebige Alphaaktivitäten bei natürlichen Elementen
1955, 40 Seiten, 5 Abb., 4 Tabellen, DM 8,80

HEFT 211
Prof. Dipl.-Ing. W. Sturtzel und Dr.-Ing. W. Graff, Duisburg
Die Versuchsanstalt für Binnenschiffbau, Duisburg
in Vorbereitung

HEFT 212
Dipl.-Ing. H. Spodig, Selm
Untersuchung zur Anwendung der Dauermagnete in der Technik
1955, 44 Seiten, 25 Abb., DM 9,80

HEFT 213
Dipl.-Ing. K. F. Rittinghaus, Aachen
Zusammenstellung eines Meßwagens für Bau- und Raumakustik
in Vorbereitung

HEFT 214
Dr.-Ing. J. Endres, München
Berechnung der optimalen Leistung, Kraftstoffverbräuche und Wirkungsgrade von Einkreis-Turbolader-Strahltriebwerken am Boden und in der Höhe bei Fluggeschwindigkeiten von 0—2 000 km/h
in Vorbereitung

HEFT 215
Prof. Dr.-Ing. H. Opitz und Dr.-Ing. G. Weber, Aachen
Einfluß der Wärmebehandlung von Baustählen auf Spanentstehungen, Schnittkraft- und Standzeitverhalten

HEFT 216
Dr. E. Kloth, Köln
Untersuchungen über die Ausbreitung kurzer Schallimpulse bei der Materialprüfung mit Ultraschall
in Vorbereitung

HEFT 217
Rationalisierungskuratorium der Deutschen Wirtschaft (RKW), Frankfurt/Main
Typenvielzahl bei Haushaltgeräten und Möglichkeiten einer Beschränkung
in Vorbereitung

HEFT 218
Dr. F. Keune, Aachen
Bericht über eine Theorie der Strömung um Rotationskörper ohne Anstellung bei Machzahl Eins
1955, 40 Seiten, 8 Abb., 5 Formelblätter, DM 8,80

HEFT 219
Prof. Dr. W. Fuchs, Aachen
Untersuchungen zur Holzabfallverwertung und zur Chemie des Lignins
1955, 54 Seiten, 11 Abb., 15 Tabellen, DM 11,40

WESTDEUTSCHER VERLAG · KÖLN UND OPLADEN

HEFT 220
Prof. Dr. W. Fuchs, Aachen
Die Entwicklung neuer Regel- und Kontroll-Apparate zur coulometrischen Analyse
in Vorbereitung

HEFT 221
Prof. Dr. W. Meyer-Eppler, Bonn
Experimentelle Untersuchungen zum Mechanismus von Stimme und Gehör in der lautsprachlichen Kommunikation
1955, 56 Seiten, 24 Abb., DM 13,45

HEFT 222
Dr. L. Köllner, Münster, und Dipl.-Volkswirt M. Kaiser, Bochum
Die internationale Wettbewerbsfähigkeit der westdeutschen Wollindustrie
in Vorbereitung

HEFT 223
Dr.-Ing. K. Alberti und Dr. F. Schwarz, Köln
Über das Problem Hartbrand-Weichbrand
in Vorbereitung

HEFT 224
Dipl.-Ing. H. Stüdeman und Ing. R. Beu, Solingen
Verfahren zur Prüfung der Korrosionsbeständigkeit von Messerklingen aus rostfreiem Stahl
in Vorbereitung

HEFT 225
Dr.-Ing. E. Barz, Remscheid
Der Spannungszustand von Gattersägeblättern
in Vorbereitung

HEFT 226
Technisch-wissenschaftliches Büro für die Bastfaserindustrie, Bielefeld
Untersuchungen zur Verbesserung des Leinenwebstuhles IV
Die Wirkung verschiedener Kettbaumbremsen auf die Verwebung von Leinengarnen
in Vorbereitung

HEFT 227
Prof. Dr. F. Wever, Düsseldorf und Dr. W. Wepner, Köln
Untersuchung der Alterungsneigung von weichen unlegierten Stählen durch Härteprüfung bei Temperaturen bis 300 Grad C
in Vorbereitung

HEFT 228
Prof. Dr. F. Wever, Dr. W. Koch, Düsseldorf und Dr. B. A. Steinkopf, Dortmund
Spektrochemische Grundlagen der Analyse von Gemischen aus Kohlenmonoxyd, Wasserstoff und Stickstoff
in Vorbereitung

HEFT 229
Prof. Dr. F. Wever, Dr. W. Koch und Dr.-Ing. H. Malissa, Düsseldorf
Über die Anwendung disubstituierter Dithiocarbamate der analytischen Chemie
in Vorbereitung

HEFT 230
Prof. Dr. F. Wever, Düsseldorf und Dr. W. Wepner, Köln
Bestimmung kleiner Kohlenstoffgehalte im Alpha-Eisen durch Dämpfungsmessung
in Vorbereitung

HEFT 231
Dr.-Ing. W. Küch, Dortmund
Über die Wechselwirkung zwischen Holzschutzbehandlung und Verleimung
in Vorbereitung

HEFT 232
Prof. Dr.-Ing. O. Kienzle, Hannover und Dr.-Ing. H. Münnich, Schweinfurt
Feststellung der Spannungen und Dehnungen und Bruchdrehzahlen der unter Fliehkraft und Bearbeitungskraft beanspruchten Schleifkörper
in Vorbereitung

HEFT 233
Dr. H. Haase, Hamburg
Infrarot-Bibliographie
in Vorbereitung

HEFT 234
Dr.-Ing. K. G. Speith und Dr.-Ing. A. Bungeroth, Duisburg
Versuche zur Steigerung des Kokillen-Schluckvermögens beim Stranggießen von Stahl
in Vorbereitung

HEFT 235
Prof. Dr.-Ing. K. Leist und Dipl.-Ing. W. Dettmering, Aachen
Turbinenschaufeln aus Kunststoff für Kaltluftversuchsanlagen
in Vorbereitung

HEFT 236
Dr.-Ing. O. Viertel und S. Lucas, Krefeld
Ergebnisse einer Hausfrauenbefragung über Wascheinrichtungen und Waschmethoden in städtischen Haushaltungen
in Vorbereitung

HEFT 237
Dr. P. Endler und Dr. H. Ludes, Köln
Bericht über eine Studienreise zur Orientierung der heutigen Behandlung der Lungentuberkulose in den Vereinigten Staaten von Nordamerika
in Vorbereitung

HEFT 238
Institut für textile Meßtechnik, M.-Gladbach, e. V.
Untersuchung der Verzugsvorgänge an den Streckwerken verschiedener Spinnereimaschinen. 3. Bericht: Theoretische Betrachtungen über den Einfluß schlagender Zylinder und Druckrollen
in Vorbereitung

HEFT 239
Prof. Dr.-Ing. K. Leist und Dipl.-Ing. H. Scheele Aachen und Dipl.-Ing. F. H. Flottmann, Herne
Versuche an einem neuartigen luftgekühlten Hochleistungs-Kolbenkompressor
in Vorbereitung

HEFT 240
Prof. Dr.-Ing. K. Leist und Dipl.-Ing. H. Scheele, Aachen
Temperaturmessungen an einem einstufigen luftgekühlten 4-Zylinder-Kolbenkompressor mit Kühlgebläse
in Vorbereitung

HEFT 241
Prof. Dr.-Ing. K. Leist und Dipl.-Ing. M. Pötke, Aachen
Leistungsversuche an einem Kühlluftgebläse
in Vorbereitung

HEFT 242
Prof. Dr.-Ing. K. Leist und Dipl.-Ing. K. Graf, Aachen
Straßenfahrzeuge mit Gasturbinenantrieb
in Vorbereitung

HEFT 243
Prof. Dr.-Ing. K. Leist und Dipl.-Ing. S. Förster, Aachen
Die französische Kleingasturbine Artouste — 1. Teil
in Vorbereitung

HEFT 244
Prof. Dr. F. Wever, Dr. W. Koch und Dr. S. Eckhard, Düsseldorf
Erfahrungen mit der spektrochemischen Analyse von Gefügebestandteilen des Stahles
in Vorbereitung

HEFT 245
Prof. Dr.-Ing. K. Krekeler, Aachen
Das Verbinden von Metallen durch Kunstharzkleber. Teil I: Eigenschaften und Verwendung der Metallklebstoffe
in Vorbereitung

HEFT 246
Prof. Dr.-Ing. K. Krekeler, Aachen
Das Verbinden von Metallen durch Kunstharzkleber. Teil II: Untersuchungen an geklebten Leichtmetall-Verbindungen
in Vorbereitung

HEFT 247
Dr. H. Söhngen, Darmstadt
Strömung vor einem Überschall-Laufrad
in Vorbereitung

HEFT 248
Rheinische Aktiengesellschaft für Braunkohlenbergbau und Brikettfabrikation, Köln
Untersuchungen der Bindemitteleigenschaften von Braunkohlenfilteraschen
in Vorbereitung

HEFT 249
Dr. M.-E. Meffert, Essen
Weitere Kulturversuche Scenedesmus obliquus
in Vorbereitung

HEFT 250
Dr. F. Schwarz und Dr.-Ing. K. Alberti, Köln
Entwicklung von Untersuchungsverfahren zur Gütebeurteilung von Industriekalken
in Vorbereitung

HEFT 251
Prof. Dr. H. Bittel, Münster
Zur Statistik der ferromagnetischen Elementarvorgänge und ihren Einfluß auf das Barkhausenrauschen
in Vorbereitung

HEFT 252
Dipl.-Ing. H. Frings, Geilenkirchen
Die Wirkung abfallender Wetterführung auf Wettertemperatur, Grubengasgehalt und Staubbildung
in Vorbereitung

HEFT 253
Dipl.-Ing. S. Schirmanski, Berghausen
Stand und Auswertung der Forschungsarbeiten über Temperatur- und Feuchtigkeitsgrenzen bei der bergmännischen Arbeit
in Vorbereitung

HEFT 254
Prof. Dr. R. Danneel, Bonn
Quantitative Untersuchungen über die Entwicklung des Ehrlich-Ascitesturmors bei Inzuchtmäusen
in Vorbereitung

HEFT 255
Ing. W. v. Schlippe, Bad Nauheim
Strömung von Flüssigkeiten mit temperaturabhängiger Zähigkeit (Kühlung von Ölen)
in Vorbereitung

HEFT 256
Prof. Dr. C. Schmieden und Dipl.-Math. K. H. Müller, Darmstadt
Die Strömung einer Quellstrecke im Halbraum — eine strenge Lösung der Navier-Stokes-Gleichungen
in Vorbereitung

HEFT 257
Prof. Dr. G. Lehmann und Dr. J. Tamm, Dortmund
Die Beeinflussung vegetativer Funktionen des Menschen durch Geräusche
in Vorbereitung

HEFT 258
Dr. H. Paul, Linz/Rhein und Prof. Dr. O. Graf, Dortmund
Zur Frage der Unfälle im Bergbau
in Vorbereitung

HEFT 259
Prof. D. W. Linke, Aachen
Strömungsvorgänge in künstlich belüfteten Räumen
in Vorbereitung

HEFT 260
Prof. Dr. W. Kast, Freiburg/Br., Prof. Dr. H. A. Stuart und Dipl.-Phys. H. G. Fendler, Hannover
Lichtzerstreuungsmessungen an Lösungen hochpolymerer Stoffe
in Vorbereitung

HEFT 261
Prof. Dr. W. Kast, Freiburg/Br.
Feinstruktur-Untersuchungen an künstlichen Zellulosefasern verschiedener Herstellungsverfahren. Teil II: Der Kristallisationszustand
in Vorbereitung

HEFT 262
Dr.-Ing. W. Batel, Aachen
Untersuchungen zur Absiebung feuchter, feinkörniger Haufwerke und Schwingsieben
in Vorbereitung

HEFT 263
Prof. Dr. H. Lange und Dipl.-Phys. R. Kohlhaas, Köln
Über die Wärmefähigkeit von Stählen bei hohen Temperaturen. Teil I: Literaturbericht
in Vorbereitung

HEFT 264
Prof. Dr. W. Weizel, Bonn
Durch schnelle Funkenzusammenbrüche ausgelöste Signale auf einer Leitung
in Vorbereitung

HEFT 265
Prof. Dr. F. Micheel und Dr. R. Engel, Münster
Eine Apparatur zur elektrophoretischen Trennung von Stoffgemischen
in Vorbereitung

HEFT 266
Fliesen-Beratungsstelle Bad Godesberg-Mehlem
Güteeigenschaften keramischer Wand- und Bodenfliesen und deren Prüfmethoden
in Vorbereitung

HEFT 267
Prof. Dr. W. Weizel und B. Brandt, Bonn
Zur Stabilität stromstarker Glimmentladungen
in Vorbereitung

HEFT 268
Prof. Dr.-Ing. G. Vogelpohl, Göttingen
Über die Tragfähigkeit von Gleitlagern und ihre Berechnung
in Vorbereitung

WESTDEUTSCHER VERLAG · KÖLN UND OPLADEN

Berichtigung

Mit Wirkung vom 1. März 1956 wurden die Ladenpreise der natur- und geisteswissenschaftlichen Veröffentlichungen der Arbeitsgemeinschaft für Forschung des Landes Nordrhein-Westfalen um ca. 25 % ermäßigt.

VERÖFFENTLICHUNGEN DER ARBEITSGEMEINSCHAFT FÜR FORSCHUNG DES LANDES NORDRHEIN-WESTFALEN

NATURWISSENSCHAFTEN

Im Auftrage des Ministerpräsidenten Karl Arnold
herausgegeben von Staatssekretär Prof. Leo Brandt

HEFT 1
Prof. Dr.-Ing. Friedrich Seewald, Aachen
Neue Entwicklungen auf dem Gebiet der Antriebsmaschinen
Prof. Dr.-Ing. Friedrich A. F. Schmidt, Aachen
Technischer Stand und Zukunftsaussichten der Verbrennungsmaschinen, insbesondere der Gasturbinen
Dr.-Ing. Rudolf Friedrich, Mülheim (Ruhr)
Möglichkeiten und Voraussetzungen der industriellen Verwertung der Gasturbine
1951, 52 Seiten, 15 Abb., kartoniert, DM 4,25

HEFT 2
Prof. Dr.-Ing. Wolfgang Riezler, Bonn
Probleme der Kernphysik
Prof. Dr. Fritz Micheel, Münster
Isotope als Forschungsmittel in der Chemie und Biochemie
1951, 40 Seiten, 10 Abb., kartoniert, DM 3,20

HEFT 3
Prof. Dr. Emil Lehnartz, Münster
Der Chemismus der Muskelmaschine
Prof. Dr. Gunther Lehmann, Dortmund
Physiologische Forschung als Voraussetzung der Bestgestaltung der menschlichen Arbeit
Prof. Dr. Heinrich Kraut, Dortmund
Ernährung und Leistungsfähigkeit
1951, 60 Seiten, 35 Abb., kartoniert, DM 5,—

HEFT 4
Prof. Dr. Franz Wever, Düsseldorf
Aufgaben der Eisenforschung
Prof. Dr.-Ing. Hermann Schenck, Aachen
Entwicklungslinien des deutschen Eisenhüttenwesens
Prof. Dr.-Ing. Max Haas, Aachen
Wirtschaftliche Bedeutung der Leichtmetalle und ihre Entwicklungsmöglichkeiten
1952, 60 Seiten, 20 Abb., kartoniert, DM 6,—

HEFT 5
Prof. Dr. Walter Kikuth, Düsseldorf
Virusforschung
Prof. Dr. Rolf Danneel, Bonn
Fortschritte der Krebsforschung
Prof. Dr. Dr. Werner Schulemann, Bonn
Wirtschaftliche und organisatorische Gesichtspunkte für die Verbesserung unserer Hochschulforschung
1952, 50 Seiten, 2 Abb., kartoniert, DM 4,—

HEFT 6
Prof. Dr. Walter Weizel, Bonn
Die gegenwärtige Situation der Grundlagenforschung in der Physik
Prof. Dr. Siegfried Strugger, Münster
Das Duplikantenproblem in der Biologie
Direktor Dr. Fritz Gummert, Essen
Überlegungen zu den Faktoren Raum und Zeit im biologischen Geschehen und Möglichkeiten einer Nutzanwendung
1952, 64 Seiten, 20 Abb., kartoniert, DM 4,—

HEFT 7
Prof. Dr.-Ing. August Götte, Aachen
Steinkohle als Rohstoff und Energiequelle
Prof. Dr. Dr. E. h. Karl Ziegler, Mülheim (Ruhr)
Über Arbeiten des Max-Planck-Institutes für Kohlenforschung
1953, 66 Seiten, 4 Abb., kartoniert, DM 4,75

HEFT 8
Prof. Dr.-Ing. Wilhelm Fucks, Aachen
Die Naturwissenschaft, die Technik und der Mensch
Prof. Dr. Walther Hoffmann, Münster
Wirtschaftliche und soziologische Probleme des technischen Fortschritts
1952, 84 Seiten, 12 Abb., kartoniert, DM 6,50

HEFT 9
Prof. Dr.-Ing. Franz Bollenrath, Aachen
Zur Entwicklung warmfester Werkstoffe
Prof. Dr. Heinrich Kaiser, Dortmund
Stand spektralanalytischer Prüfverfahren und Folgerung für deutsche Verhältnisse
1952, 100 Seiten, 62 Abb., kartoniert, DM 7,50

HEFT 10
Prof. Dr. Hans Braun, Bonn
Möglichkeiten und Grenzen der Resistenzzüchtung
Prof. Dr.-Ing. Carl Heinrich Dencker, Bonn
Der Weg der Landwirtschaft von der Energieautarkie zur Fremdenergie
1952, 74 Seiten, 23 Abb., kartoniert, DM 6,80

HEFT 11
Prof. Dr.-Ing. Herwart Opitz, Aachen
Entwicklungslinien der Fertigungstechnik in der Metallbearbeitung
Prof. Dr.-Ing. Karl Krekeler, Aachen
Stand und Aussichten der schweißtechnischen Fertigungsverfahren
1952, 72 Seiten, 49 Abb., kartoniert, DM 6,40

HEFT 12
Dr. Hermann Rathert, Wuppertal-Elberfeld
Entwicklung auf dem Gebiet der Chemiefaser-Herstellung
Prof. Dr. Wilhelm Weltzien, Krefeld
Rohstoff und Veredlung in der Textilwirtschaft
1952, 84 Seiten, 29 Abb., kartoniert, DM 7,—

HEFT 13
Dr.-Ing. E. h. Karl Herz, Frankfurt a. M.
Die technischen Entwicklungstendenzen im elektrischen Nachrichtenwesen
Staatssekretär Prof. Leo Brandt, Düsseldorf
Navigation und Luftsicherung
1952, 102 Seiten, 97 Abb., kartoniert, DM 9,75

HEFT 14
Prof. Dr. Burckhardt Helferich, Bonn
Stand der Enzymchemie und ihre Bedeutung
Prof. Dr. Hugo Wilhelm Knipping, Köln
Ausschnitt aus der klinischen Carcinomforschung am Beispiel des Lungenkrebses
1952, 72 Seiten, 12 Abb., kartoniert, DM 6,25

HEFT 15
Prof. Dr. Abraham Esau †, Aachen
Ortung mit elektrischen und Ultraschallwellen in Technik und Natur
Prof. Dr.-Ing. Eugen Flegler, Aachen
Die ferromagnetischen Werkstoffe der Elektrotechnik und ihre neueste Entwicklung
1953, 84 Seiten, 25 Abb., kartoniert, DM 6,25

HEFT 16
Prof. Dr. Rudolf Seyffert, Köln
Die Problematik der Distribution
Prof. Dr. Theodor Beste, Köln
Der Leistungslohn
1952, 70 Seiten, 1 Abb., kartoniert, DM 4,50

HEFT 17
Prof. Dr.-Ing. Friedrich Seewald, Aachen
Luftfahrtforschung in Deutschland und ihre Bedeutung für die allgemeine Technik
Prof. Dr.-Ing. Edouard Houdremont, Essen
Art und Organisation der Forschung in einem Industrieforschungsinstitut der Eisenindustrie
1953, 90 Seiten, 4 Abb., kartoniert, DM 5,50

HEFT 18
Prof. Dr. Dr. Werner Schulemann, Bonn
Theorie und Praxis pharmakologischer Forschung
Prof. Dr. Wilhelm Groth, Bonn
Technische Verfahren zur Isotopentrennung
1953, 72 Seiten, 17 Abb., kartoniert, DM 5,—

HEFT 19
Dipl.-Ing. Kurt Traenckner, Essen
Entwicklungstendenzen der Gaserzeugung
1953, 26 Seiten, 12 Abb., kartoniert, DM 2,50

HEFT 20
M. Zvegintzow, London
Wissenschaftliche Forschung und die Auswertung ihrer Ergebnisse
Ziel und Tätigkeit der National Research Development Corporation
Dr. Alexander King, London
Wissenschaft und internationale Beziehungen
1954, 88 Seiten, kartoniert, DM 4,60

HEFT 21
Prof. Dr. Robert Schwarz, Aachen
Wesen und Bedeutung der Silicium-Chemie
Prof. Dr. Dr. h. c. Kurt Alder, Köln
Fortschritte in der Synthese von Kohlenstoffverbindungen
1954, 76 Seiten, 49 Abb., kartoniert, DM 5,20

HEFT 21a
Prof. Dr. Dr. h. c. Otto Hahn, Göttingen
Die Bedeutung der Grundlagenforschung für die Wirtschaft
Prof. Dr. Siegfried Strugger, Münster
Die Erforschung des Wasser- und Nährsalztransportes in Pflanzenkörper mit Hilfe der fluoreszenzmikroskopischen Kinematographie
1953, 74 Seiten, 26 Abb., kartoniert, DM 5,80

HEFT 22
Prof. Dr. Johannes von Allesch, Göttingen
Die Bedeutung der Psychologie im öffentlichen Leben
Prof. Dr. Otto Graf, Dortmund
Triebfedern menschlicher Leistung
1953, 80 Seiten, 19 Abb., kartoniert, DM 4,80

HEFT 23
Prof. Dr. Dr. h. c. Bruno Kuske, Köln
Zur Problematik der wirtschaftswissenschaftlichen Raumforschung
Prof. Dr. Dr.-Ing. E. h. Stephan Prager, Düsseldorf
Städtebau und Landesplanung
1954, 84 Seiten, kartoniert, DM 4,—

HEFT 24
Prof. Dr. Rolf Danneel, Bonn
Über die Wirkungsweise der Erbfaktoren
Prof. Dr. Kurt Herzog, Krefeld
Bewegungsbedarf der menschlichen Gliedmaßengelenke bei der Berufsarbeit
1953, 76 Seiten, 18 Abb., kartoniert, DM 4,80

WESTDEUTSCHER VERLAG · KÖLN UND OPLADEN

HEFT 25
Prof. Dr. Otto Haxel, Heidelberg
Energiegewinnung aus Kernprozessen
Dr.-Ing. Dr. Max Wolf, Düsseldorf
Gegenwartsprobleme der energiewirtschaftlichen Forschung
1953, 98 Seiten, 27 Abb., kartoniert, DM 6,25

HEFT 26
Prof. Dr. Friedrich Becker, Bonn
Ultrakurzwellenstrahlung aus dem Weltraum
Dr. Hans Straßl, Bonn
Bemerkenswerte Doppelsterne und das Problem der Sternentwicklung
1954, 70 Seiten, 8 Abb., kartoniert, DM 4,—

HEFT 27
Prof. Dr. Heinrich Behnke, Münster
Der Strukturwandel der Mathematik in der ersten Hälfte des 20. Jahrhunderts
Prof. Dr. Emanuel Sperner, Hamburg
Eine mathematische Analyse der Luftdruckverteilungen in großen Gebieten
in Vorbereitung

HEFT 28
Prof. Dr. Oskar Niemczyk, Aachen
Die Problematik gebirgsmechanischer Vorgänge im Steinkohlenbergbau
Prof. Dr. Wilhelm Ahrens, Krefeld
Die Bedeutung geologischer Forschung für die Wirtschaft, besonders in Nordrhein-Westfalen
1955, 96 Seiten, 12 Abb., kartoniert, DM 6,40

HEFT 29
Prof. Dr. Bernhard Rensch, Münster
Das Problem der Residuen bei Lernleistungen
Prof. Dr. Hermann Fink, Köln
Über Leberschäden bei der Bestimmung des biologischen Wertes verschiedener Eiweiße von Mikroorganismen
1954, 96 Seiten, 23 Abb., kartoniert, DM 6,—

HEFT 30
Prof. Dr.-Ing. Friedrich Seewald, Aachen
Forschungen auf dem Gebiete der Aerodynamik
Prof. Dr.-Ing. Karl Leist, Aachen
Einige Forschungsarbeiten aus der Gasturbinentechnik
1955, 98 Seiten, 45 Abb., kartoniert, DM 8,80

HEFT 31
Prof. Dr.-Ing. Dr. h. c. Fritz Mietzsch, Wuppertal
Chemie und wirtschaftliche Bedeutung der Sulfonamide
Prof. Dr. Dr. h. c. Gerhard Domagk, Wuppertal
Die experimentellen Grundlagen der bakteriellen Infektionen
1954, 82 Seiten, 2 Abb., kartoniert, DM 5,25

HEFT 32
Prof. Dr. Hans Braun, Bonn
Die Verschleppung von Pflanzenkrankheiten und -schädigungen über die Welt
Prof. Dr. Wilhelm Rudorf, Voldagsen
Der Beitrag von Genetik und Züchtung zur Bekämpfung von Viruskrankheiten der Nutzpflanzen
1953, 88 Seiten, 36 Abb., kartoniert, DM 6,75

HEFT 33
Prof. Dr.-Ing. Volker Aschoff, Aachen
Probleme der elektroakustischen Einkanalübertragung
Prof. Dr.-Ing. Herbert Döring, Aachen
Erzeugung und Verstärkung von Mikrowellen
1954, 74 Seiten, 23 Abb., kartoniert, DM 4,50

HEFT 34
Geheimrat Prof. Dr. Dr. Rudolf Schenck, Aachen
Bedingungen und Gang der Kohlenhydratsynthese im Licht
Prof. Dr. Emil Lehnartz, Münster
Die Endstufen des Stoffabbaues im Organismus
1954, 80 Seiten, 11 Abb., kartoniert, DM 5,50

HEFT 35
Prof. Dr.-Ing. Hermann Schenck, Aachen
Gegenwartsprobleme der Eisenindustrie in Deutschland
Prof. Dr.-Ing. Eugen Piwowarsky †, Aachen
Gelöste und ungelöste Probleme im Gießereiwesen
1954, 110 Seiten, 67 Abb., kartoniert, DM 9,—

HEFT 36
Prof. Dr. Wolfgang Riezler, Bonn
Teilchenbeschleuniger
Prof. Dr. Gerhard Schubert, Hamburg
Anwendung neuer Strahlenquellen in der Krebstherapie
1954, 104 Seiten, 43 Abb., kartoniert, DM 8,20

HEFT 37
Prof. Dr. Franz Lotze, Münster
Probleme der Gebirgsbildung
Bergwerksdirektor Bergassessor a.D. G. Rauschenbach, Essen
Die Erhaltung der Förderungskapazität des Ruhrbergbaues auf lange Sicht
in Vorbereitung

HEFT 38
Dr. E. Colin Cherry, London
Kybernetik
Prof. Dr. Erich Pietsch, Clausthal-Zellerfeld
Dokumentation und mechanisches Gedächtnis — zur Frage der Ökonomie der geistigen Arbeit
1954, 108 Seiten, 31 Abb., kartoniert, DM 7,20

HEFT 39
Dr. Heinz Haase, Hamburg
Infrarot und seine technischen Anwendungen
Prof. Dr. Abraham Esau †, Aachen
Ultraschall und seine technischen Anwendungen
1955, 80 Seiten, 25 Abb., kartoniert, DM 6,20

HEFT 40
Bergassessor Fritz Lange, Bochum-Hordel
Die wirtschaftliche und soziale Bedeutung der Silikose im Bergbau
Prof. Dr. Walter Kikuth, Düsseldorf
Die Entstehung der Silikose und ihre Verhütungsmaßnahmen
1954, 120 Seiten, 40 Abb., kartoniert, DM 9,50

HEFT 40a
Prof. Dr. Eberhard Gross, Bonn
Berufskrebs und Krebsforschung
Prof. Dr. Hugo Wilhelm Knipping, Köln
Die Situation der Krebsforschung vom Standpunkt der Klinik
1955, 88 Seiten, 31 Abb., kartoniert, DM 6,70

HEFT 41
Direktor Dr.-Ing. Gustav-Victor Lachmann, London
An einer neuen Entwicklungsschwelle im Flugzeugbau
Direktor Dr.-Ing. A. Gerber, Zürich-Oerlikon
Stand der Entwicklung der Raketen- und Lenktechnik
1955, 88 Seiten, 44 Abb., kartoniert, DM 8,40

HEFT 42
Prof. Dr. Theodor Kraus, Köln
Lokalisationsphänomene und Raumordnung vom Standpunkt der geographischen Wissenschaft
Direktor Dr. Fritz Gummert, Essen
Vom Ernährungsversuchsfeld der Kohlenstoffbiologischen Forschungsstation Essen
in Vorbereitung

HEFT 42a
Prof. Dr. Dr. h. c. Gerhard Domagk, Wuppertal
Fortschritte auf dem Gebiet der experimentellen Krebsforschung
1954, 46 Seiten, kartoniert, DM 2,60

HEFT 43
Prof. Giovanni Lampariello, Rom
Über Leben und Werk von Heinrich Hertz
Prof. Dr. Walter Weizel, Bonn
Über das Problem der Kausalität in der Physik
1955, 76 Seiten, kartoniert, DM 4,40

HEFT 43a
Prof. Dr. José Mª Albareda, Madrid
Die Entwicklung der Forschung in Spanien
in Vorbereitung

HEFT 44
Prof. Dr. Burckhardt Helferich, Bonn
Über Glykoside
Prof. Dr. Fritz Micheel, Münster
Kohlenhydrat-Eiweiß-Verbindungen und ihre biochemische Bedeutung
in Vorbereitung

HEFT 45
Prof. Dr. John von Neumann, Princeton, USA
Entwicklung und Ausnutzung neuerer mathematischer Maschinen
Prof. Dr. E. Stiefel, Zürich
Rechenautomaten im Dienste der Technik mit Beispielen aus dem Züricher Institut für angewandte Mathematik
1955, 74 Seiten, 6 Abb., kartoniert, DM 4,80

HEFT 46
Prof. Dr. Wilhelm Weltzien, Krefeld
Ausblick auf die Entwicklung synthetischer Fasern
Prof. Dr. Walther Hoffmann, Münster
Wachstumsformen der Industriewirtschaft
in Vorbereitung

HEFT 47
Staatssekretär Prof. Leo Brandt, Düsseldorf
Die praktische Förderung der Forschung in Nordrhein-Westfalen
Prof. Dr. Ludwig Raiser, Bad Godesberg
Die Förderung der angewandten Forschung durch die Deutsche Forschungsgemeinschaft
in Vorbereitung

HEFT 48
Dr. Hermann Tromp, Rom
Bestandsaufnahme der Wälder der Welt als internationale und wissenschaftliche Aufgabe
Prof. Dr. Franz Heske, Schloß Reinbek
Die Wohlfahrtswirkungen des Waldes als internationales Problem
in Vorbereitung

HEFT 49
Präsident Dr. G. Böhnecke, Hamburg
Zeitfragen der Ozeanographie
Reg.-Direktor Dr. H. Gabler, Hamburg
Nautische Technik und Schiffssicherheit
1955, 120 Seiten, 49 Abb., kartoniert, DM 10,20

HEFT 50
Prof. Dr.-Ing. Friedrich A. F. Schmidt, Aachen
Probleme der Selbstzündung und Verbrennung bei der Entwicklung der Hochleistungskraftmaschinen
Prof. Dr.-Ing. A. W. Quick, Aachen
Ein Verfahren zur Untersuchung des Austauschvorganges in verwirbelten Strömungen hinter Körpern mit abgelöster Strömung
in Vorbereitung

HEFT 51
Prof. Dr. Siegfried Strugger, Münster
Struktur, Entwicklungsgeschichte und Physiologie der Chloroplasten
Direktor Dr. J. Pätzold, Erlangen
Therapeutische Anwendung mechanischer und elektrischer Energie
in Vorbereitung

HEFT 52
Mr. Patmore, London
Lufttüchtigkeit und technische Prüfung der Flugzeuge in England
Pro. A. D. Young, Cranfield
Die Ausbildung des Ingenieurnachwuchses auf dem Luftfahrtgebiet in England
in Vorbereitung

JAHRESFEIER 1955
Prof. Dr. Josef Pieper, Münster
Über den Philosophie-Begriff Platons
Prof. Dr. Walter Weizel, Bonn
Die Mathematik und die physikalische Realität
1955, 62 Seiten, kartoniert, DM 4,40

HEFT 52a
Dr. D. C. Martin, London
Geschichte und Organisation der Royal Society
Dr. Roux, Südafrika
Probleme der wissenschaftlichen Forschung in der Südafrikanischen Union
in Vorbereitung

HEFT 53
Prof. Dr.-Ing. Georg Schnadel, Hamburg
Forschungsaufgaben zur Untersuchung der Festigkeitsprobleme im Schiffbau
Prof. Dipl.-Ing. Wilhelm Sturtzel, Duisburg
Forschungsaufgaben zur Untersuchung der Widerstandsprobleme im Schiffbau
in Vorbereitung

HEFT 53a
Prof. Giovanni Lampariello, Rom
Von Galilei zu Einstein
in Vorbereitung

HEFT 54
Prof. Dr. Julius Bartels, Göttingen
Sonne und Erde — das Thema des internationalen geophysikalischen Jahres
Direktor Dr. Walter Dieminger, Lindau/Harz
Ionosphäre und drahtloser Weitverkehr
in Vorbereitung

HEFT 54a
Sir John Cockcroft, London
Die friedliche Anwendung der Kernenergie
in Vorbereitung

HEFT 55
Prof. Dr.-Ing. Fritz Schultz-Grunow, Aachen
Das Kriechen und Fließen hochzäher und plastischer Stoffe
Prof. Dr.-Ing. Hans Ebner, Aachen
Wege und Ziele der Festigkeitsforschung besonders im Hinblick auf den Leichtbau
in Vorbereitung

WESTDEUTSCHER VERLAG · KÖLN UND OPLADEN

HEFT 56
Prof. Dr. Ernst Derra, Düsseldorf
Der Entwicklungsstand der Herzchirurgie
Prof. Dr. Gunther Lehmann, Dortmund
Muskelarbeit und Muskelermüdung in Theorie und Praxis
in Vorbereitung

HEFT 57
Prof. Dr. Theodor von Kármán, Pasadena
Freiheit und Organisation in der Luftfahrtforschung
in Vorbereitung

HEFT 58
Prof. Dr. Fritz Schröter, Ulm
Neue Forschungs- und Entwicklungsrichtungen im Fernsehen
Prof. Dr. Albert Narath, Berlin
Der gegenwärtige Stand der Filmtechnik
in Vorbereitung

VERÖFFENTLICHUNGEN DER ARBEITSGEMEINSCHAFT FÜR FORSCHUNG DES LANDES NORDRHEIN-WESTFALEN

GEISTESWISSENSCHAFTEN

Im Auftrage des Ministerpräsidenten Karl Arnold
herausgegeben von Staatssekretär Prof. Leo Brandt

HEFT 1
Prof. Dr. Werner Richter, Bonn
Die Bedeutung der Geisteswissenschaften für die Bildung unserer Zeit
Prof. Dr. Joachim Ritter, Münster
Die aristotelische Lehre vom Ursprung und Sinn der Theorie
1953, 64 Seiten, kartoniert, DM 3,50

HEFT 2
Prof. Dr. Josef Kroll, Köln
Elysium
Prof. Dr. Günther Jachmann, Köln
Die vierte Ekloge Vergils
1953, 72 Seiten, kartoniert, DM 3,75

HEFT 3
Prof. Dr. Hans Erich Stier, Münster
Die klassische Demokratie
1954, 100 Seiten, kartoniert, DM 6,—

HEFT 4
Prof. Dr. Werner Caskel, Köln
Lihyan und Lihyanisch. Sprache und Kultur eines frühabischen Königreiches
1954, 168 Seiten, 6 Abb., kartoniert, DM 11,—

HEFT 5
Prof. Dr. Thomas Ohm, Münster
Stammesreligionen im südlichen Tanganyika-Territorium
1953, 80 Seiten, 25 Abb., kartoniert, DM 11,50

HEFT 6
Prälat Prof. Dr. Dr. h. c. Georg Schreiber, Münster
Deutsche Wissenschaftspolitik von Bismarck bis zum Atomwissenschaftler Otto Hahn
1954, 102 Seiten, 7 Bilder, kartoniert, DM 6,25

HEFT 7
Prof. Dr. Walter Holtzmann, Bonn
Das mittelalterliche Imperium und die werdenden Nationen
1953, 28 Seiten, kartoniert, DM 2,50

HEFT 8
Prof. Dr. Werner Caskel, Köln
Die Bedeutung der Beduinen in der Geschichte der Araber
1954, 44 Seiten, kartoniert, DM 2,75

HEFT 9
Prälat Prof. Dr. Dr. h. c. Georg Schreiber, Münster
Irland im deutschen und abendländischen Sakralraum
in Vorbereitung

HEFT 10
Prof. Dr. Peter Rassow, Köln
Forschungen zur Reichsidee im 16. und 17. Jahrhundert
1955, 32 Seiten, kartoniert, DM 1,90

HEFT 11
Prof. Dr. Hans Erich Stier, Münster
Roms Aufstieg zur Weltherrschaft
in Vorbereitung

HEFT 12
Prof. D. Karl Heinrich Rengstorf, Münster
Mann und Frau im Urchristentum
Prof. Dr. Hermann Conrad, Bonn
Grundprobleme einer Reform des Familienrechts
1954, 106 Seiten, kartoniert, DM 6,—

HEFT 13
Prof. Dr. Max Braubach, Bonn
Der Weg zum 20. Juli 1944
1953, 48 Seiten, kartoniert, DM 3,25

HEFT 14
Prof. Dr. Paul Hübinger, Münster
Das deutsch-französische Verhältnis und seine mittelalterlichen Grundlagen
in Vorbereitung

HEFT 15
Prof. Dr. Franz Steinbach, Bonn
Der geschichtliche Weg des wirtschaftenden Menschen in die soziale Freiheit und politische Verantwortung
1954, 76 Seiten, kartoniert, DM 3,80

HEFT 16
Prof. Dr. Josef Koch, Köln
Die Ars coniecturalis des Nikolaus von Cues
in Vorbereitung

HEFT 17
Prof. Dr. James Conant, US-Hochkommissar für Deutschland
Staatsbürger und Wissenschaftler
Prof. D. Karl Heinrich Rengstorf, Münster
Antike und Christentum
1953, 48 Seiten, 2 Abb., kartoniert, DM 3,50

HEFT 18
Prof. Dr. Richard Alewyn, Köln
Klopstocks Publikum
in Vorbereitung

HEFT 19
Prof. Dr. Fritz Schalk, Köln
Das Lächerliche in der französischen Literatur des Ancien Régime
1954, 42 Seiten, kartoniert, DM 2,25

HEFT 20
Prof. Dr. Ludwig Raiser, Bad Godesberg
Rechtsfragen der Mitbestimmung
1954, 48 Seiten, kartoniert, DM 2,50

HEFT 21
Prof. D. Martin Noth, Bonn
Das Geschichtsverständnis der alttestamentlichen Apokalyptik
1953, 36 Seiten, kartoniert, DM 2,20

HEFT 22
Prof. Dr. Walter F. Schirmer, Bonn
Glück und Ende des Könige in Shakespeares Historien
1954, 32 Seiten, kartoniert, DM 1,60

HEFT 23
Prof. Dr. Günther Jachmann, Köln
Der homerische Schiffskatalog und die Ilias
in Vorbereitung

HEFT 24
Prof. Dr. Theodor Klauser, Bonn
Die römischen Petrustraditionen im Lichte der neuen Ausgrabungen unter der Peterskirche
in Vorbereitung

HEFT 25
Prof. Dr. Hans Peters, Köln
Die Gewaltentrennung in moderner Sicht
1955, 48 Seiten, kartoniert, DM 3,10

HEFT 26
Prof. Dr. Fritz Schalk, Köln
Calderon und die Mythologie
in Vorbereitung

HEFT 27
Prof. Dr. Josef Kroll, Köln
Vom Leben geflügelter Worte
in Vorbereitung

WESTDEUTSCHER VERLAG · KÖLN UND OPLADEN

HEFT 28
Prof. Dr. Thomas Ohm, Münster
Die Religionen in Asien
1954, 50 Seiten, 4 Abb., kartoniert, DM 7,—

HEFT 29
Prof. Dr. Johann Leo Weisgerber, Bonn
Die Ordnung der Sprache im persönlichen und öffentlichen Leben
1955, 64 Seiten, kartoniert, DM 3,50

HEFT 30
Prof. Dr. Werner Caskel, Köln
Entdeckungen in Arabien
1954, 44 Seiten, kartoniert, DM 3,20

HEFT 31
Prof. Dr. Max Braubach, Bonn
Entstehung und Entwicklung der landesgeschichtlichen Bestrebungen und historischen Vereine im Rheinland
1955, 32 Seiten, kartoniert, DM 2.20

HEFT 32
Prof. Dr. Fritz Schalk, Köln
Somnium und verwandte Wörter in den romanischen Sprachen
1955, 48 Seiten, 3 Abb., kartoniert, DM 3,60

HEFT 33
Prof. Dr. Friedrich Dessauer, Frankfurt a. M.
Erbe und Zukunft des Abendlandes
in Vorbereitung

HEFT 34
Prof. Dr. Thomas Ohm, Münster
Ruhe und Frömmigkeit
1955, 128 Seiten, 30 Abb., kartoniert, DM 10,70

HEFT 35
Prof. Dr. Hermann Conrad, Bonn
Die mittelalterliche Besiedlung des deutschen Ostens und das Deutsche Recht
1955, 40 Seiten, kartoniert, DM 2,80

HEFT 36
Prof. Dr. Hans Sckommodau, Köln
Die religiösen Dichtungen Margaretes von Navarra
1955, 172 Seiten, kartoniert, DM 9,60

HEFT 37
Prof. Dr. Herbert von Einem, Bonn
Der Mainzer Kopf mit der Binde
1955, 88 Seiten, 40 Abb., kartoniert, DM 9,20

HEFT 38
Prof. Dr. Joseph Höffner, Münster
Statik und Dynamik in der scholastischen Wirtschaftsethik
1955, 48 Seiten, kartoniert, DM 2,85

HEFT 39
Prof. Dr. Fritz Schalk, Köln
Diderots Essai über Claudius und Nero
in Vorbereitung

HEFT 40
Prof. Dr. Gerhard Kegel, Köln
Probleme des internationalen Enteignungs- und Währungsrechts
in Vorbereitung

HEFT 41
Prof. Dr. Johann Leo Weisgerber, Bonn
Die Grenzen der Schrift — Der Kern der Rechtschreibreform
1955, 72 Seiten, kartoniert, DM 4,80

HEFT 42
Prof. Dr. Richard Alewyn, Köln
Von der Empfindsamkeit zur Romantik
in Vorbereitung

HEFT 43
Prof. Dr. Theodor Schieder, Köln
Die Probleme des Rapallo-Vertrages 1922
in Vorbereitung

HEFT 44
Prof. Dr. Andreas Rumpf, Köln
Stilphasen der spätantiken Kunst
in Vorbereitung

HEFT 45
Dr. Ulrich Luck, Münster
Kerygma und Tradition in der Hermeneutik Adolf Schlatters
1955, 136 Seiten, kartoniert, DM 9,—

HEFT 46
Prof. Dr. Walther Holtzmann, Rom
Das Deutsche Historische Institut in Rom
Prof. Dr. Graf Wolff Metternich, Rom
Die Bibliotheca Hertziana und der Palazzo Zuccari
1955, 68 Seiten, 7 Abb., kartoniert, DM 5,—

JAHRESFEIER 1955
Prof. Dr. Josef Pieper, Münster
Über den Philosophie-Begriff Platons
Prof. Dr. Walter Weizel, Bonn
Die Mathematik und die physikalische Realität
1955, 62 Seiten, kartoniert, DM 4,40

HEFT 47
Prof. Dr. Harry Westermann, Münster
Person und Persönlichkeit im Zivilrecht
in Vorbereitung

HEFT 48
Prof. Dr. Johann Leo Weisgerber, Bonn
Die Namen der Ubier
in Vorbereitung

HEFT 49
Prof. Dr. Friedrich Karl Schumann, Münster
Mythos und Technik
in Vorbereitung

HEFT 51
Prälat Prof. Dr. Dr. h. c. Georg Schreiber, Münster
Der Bergbau in Geschichte, Ethos und Sakralkultur
in Vorbereitung

HEFT 52
Prof. Dr. Hans J. Wolff, Münster
Die Rechtsgestalt der Universität
in Vorbereitung

HEFT 53
Prof. Dr. Heinrich Vogt, Bonn
Schadenersatzprobleme im Verhältnis von Haftungsgrund und Schaden
in Vorbereitung

HEFT 54
Prof. Dr. Max Braubach, Bonn
Der Einmarsch der deutschen Truppen in die entmilitarisierte Zone am Rhein im März 1936. Ein Beitrag zur Vorgeschichte des zweiten Weltkrieges
in Vorbereitung

HEFT 55
Prof. Dr. Herbert von Einem, Bonn
Die Menschwerdung Christi des Isenheimer Altars
in Vorbereitung

HEFT 56
Prof. Dr. E. J. Cohn, London
Der englische Gerichtstag
in Vorbereitung

WESTDEUTSCHER VERLAG · KÖLN UND OPLADEN

If you have any concerns about our products,
you can contact us on
ProductSafety@springernature.com

In case Publisher is established outside the EU,
the EU authorized representative is:
**Springer Nature Customer Service Center GmbH
Europaplatz 3, 69115 Heidelberg, Germany**

Printed by Libri Plureos GmbH
in Hamburg, Germany